高职高专交通运输与制造类专业规划教材

机电设备
检修技术

主编 ◎ 张永革

人民交通出版社股份有限公司

北 京

内 容 提 要

　　本书是高职高专交通运输与制造类专业规划教材之一。全书共分为七个单元,系统讲述了机电设备检修的基础知识、机电设备的拆卸与装配、机械零件的修复技术、典型机械结构部件的维修、电气系统的维修、典型机电设备的维修、铁路大型养路机械的检修等内容,并以常见的典型机电设备维修、铁路行业最先进的大型机电设备检修为例,将机械与电气知识有机融于一体,内容丰富、结构完整、先进实用。

　　本书适于高职高专及各类成人教育机电工程类、铁道工程类专业学生学习使用,也可供相关工程技术人员学习参考。

图书在版编目(CIP)数据

机电设备检修技术/张永革主编. —北京:人民交通出版社,2012.8

高职高专交通运输与制造类专业规划教材

ISBN 978-7-114-09999-1

Ⅰ.①机…　Ⅱ.①张…　Ⅲ.①机电设备—检修—高等职业教育—教材　Ⅳ.①TM07

中国版本图书馆 CIP 数据核字(2012)第 189202 号

书　　　名:	机电设备检修技术
著 作 者:	张永革
责任编辑:	杜　琛(dc@ccpress.com.cn)
责任印制:	刘高彤
出版发行:	人民交通出版社股份有限公司
地　　　址:	(100011)北京市朝阳区安定门外外馆斜街 3 号
网　　　址:	http://www.ccpcl.com.cn
销售电话:	(010)59757973
总 经 销:	人民交通出版社股份有限公司发行部
经　　　销:	各地新华书店
印　　　刷:	北京虎彩文化传播有限公司
开　　　本:	787×1092　1/16
印　　　张:	12
字　　　数:	287 千
版　　　次:	2012 年 8 月　第 1 版
印　　　次:	2022 年 5 月　第 3 次印刷
书　　　号:	ISBN 978-7-114-09999-1
定　　　价:	32.00 元

前　言

随着科学技术的迅猛发展,机电设备正朝着大型化、自动化、高精度化方向发展,设备的结构也随之变得越来越复杂,设备在生产施工中的重要性日益显现。和其他许多发展迅速的行业一样,铁路行业的设备检修人员遇到越来越多的是大型的、复杂的机电一体化的设备,先进的设备与落后的检修技术之间的矛盾正严重困扰着企业,并可能成为整个行业发展的瓶颈。因此,为了保证设备安全有效地运转,必须对设备检修人员提出更高的要求。为了适应这种趋势,编者从机电设备检修技术课程的培养目标及知识、能力结构要求出发,按照《高职铁道工程(铁路机械化维修技术)专业规划教材指导性编写方案》及该课程教学大纲编写了这本书。

全书共分七个单元,主要介绍了机电设备检修的基础知识,机电设备的拆卸与装配,机械零件的修复技术,典型机械结构部件的维修,电气系统的检修,典型机电设备的检修及铁路大型养路机械的检修等内容。

本书编写特点有:将机械与电气知识有机融合于一体,兼顾机电设备检修的基础知识与基本技能,将传统设备维修技术与现代大型机电设备检修新技术、新工艺相结合;强调理论联系实际,列举了大量的典型现场维修、检修实例,既涉及了常见的机电设备维修,也包含了铁路行业最先进的大型机电设备的检修。全书内容丰富、结构完整、先进实用。

本书由郑州铁路职业技术学院的张永革担任主编,郑州铁路职业技术学院戴明宏、索小娟、毛胜辉担任副主编。具体编写分工如下:单元一、单元六、单元七由张永革编写,单元二由戴明宏编写,单元三、单元四由索小娟编写,单元五由毛胜辉编写。本书在编写过程中得到了郑州工务机械段检修基地李秋霞、高剑的大力支持和帮助,在此衷心地表示感谢。

由于时间仓促,水平有限,书中难免存在不妥或疏漏之处,恳请广大读者批评指正。

编　者

2012 年 5 月

目　　录

单元一

机电设备检修的基础知识

【知识目标】

1. 了解机电设备维修技术的发展概况和发展趋势。

2. 掌握机电设备故障类型和一般规律，掌握机电设备检修的主要内容。

3. 掌握机电设备故障诊断技术。

4. 掌握机电设备大修的内容和过程。

【能力目标】

1. 有随时了解机电设备维修技术的发展情况和发展趋势的习惯和能力。

2. 能对典型机电设备做基本的检查维护。

3. 能够应用一种机电设备故障诊断技术。

4. 能根据实际需要做好机电设备大修的准备工作。

机电设备是企业生产的物质技术基础,作为现代化的生产工具在各行各业都有广泛的应用。随着生产力水平的提高,设备技术状态对企业生产的正常运行,对产品生产率、质量、成本、安全、环保和能源消耗等在一定意义上起着决定性的作用。

机电设备在使用过程中,不可避免地会由于磨损、疲劳、断裂、变形、腐蚀和老化等原因造成设备性能的劣化以致出现故障,从而使其不能正常运行,最终导致设备损坏和停产而使企业蒙受经济损失,甚至造成灾难性的后果。因此,减缓机电设备劣化速度,排除故障、恢复设备原有的性能和技术要求,需要设备检修从业人员掌握一整套系统的、科学的维护和修理设备的技术和方法。

机电设备检修技术是以机电设备为研究对象,探讨设备出现性能劣化的原因,研究并寻找减缓和防止设备性能劣化的技术及方法,保持或恢复设备的规定功能并延长其使用寿命。

学习项目一　机电设备维修技术的发展概况

设备的维护与修理和设备本身应该是结伴产生的,但其发展并不平衡,设备管理与有计划的预防性维修是最近几十年才发展起来的。越是工业发达的国家,设备管理与维修工作发展得越迅速,投入的人力、物力、财力也越多。随着工业生产的发展,设备维修的生产组织、科学研究也不断发展。

▶▶ 一、设备维修技术的发展概况

设备维修技术是随着经济的发展,科学技术水平的不断进步,以及管理科学的发展而逐步发展起来的。设备维修管理的发展过程可以分为三个时期。

1. 事后维修时期

事后维修就是将一些未列入预防检修计划的生产设备,在其发生故障后或性能、精度降低到不能满足生产要求时再进行修理。采用事后维修(即坏了再修),可以发挥主要零件的最大寿命,检修经济性好。

一般适用范围有:

(1)故障停机后再修理不会给生产造成损失的设备。

(2)修理技术不复杂而又能及时提供配件的设备。

(3)一些利用率低或有备用的设备。

随着工业生产的发展,设备结构渐变复杂,设备修理难度逐步提高,设备的维修费用不断增加,设备维修需要由专门人员来承担,这样就从生产操作人员中逐步分离出一部分从事设备维修和管理的专门人员。

2. 预防维修(检修)时期

预防维修是根据设备磨损的一般规律(图1-1),按预定修理周期及修理周期结构对设备进行维护、检查和修理,以保证设备经常处于良好技术状态的一种检修制度。主要特征如下:

①按规定要求,对设备进行日常清扫、检查、润滑、紧固和调整等,以延缓设备的磨损,保证设备正常运行。

②按规定的日程表对设备的运动状态、性能和磨损程度等进行定期检查和调整,以便及时消除设备隐患,掌握设备技术状态的变化情况,为设备定期修理做好物质准备。

③有计划有准备地对设备进行预防性修理。

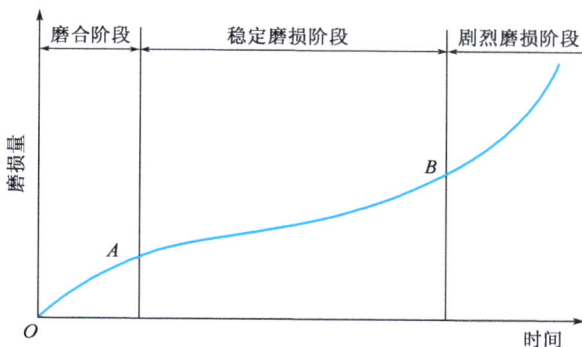

图 1-1 设备磨损的一般规律

1)定期维修(计划检修)

定期检修是一种以时间为基础的预防检修方式,根据设备磨损的统计规律或经验,事先确定检修类别、检修周期、设备检修内容、检修备件及材料等的检修方式。定期检修适合于已知设备磨损规律的设备,以及难以随时停机进行检修的流程工业、自动生产线设备。

其主要特点是:

①根据设备的特点和状况,按照设备运转小时(产量和里程)等规定不同的检修维护类别和间隔期。

②在维护的基础上制订设备不同的修理类别和修理周期。

③当设备运转到规定时限时,不论其技术状态如何,也不考虑生产任务的轻重,都要严格地按要求进行检查、维护和计划修理。

2)状态监测维修(状态检修)

状态监测检修是一种以设备技术状态为基础,按实际需要进行修理的预防检修方式。这种检修方式的基础是将各种检查、维护、使用和修理,尤其是诊断和监测提供的大量信息,通过统计分析,正确判断设备的劣化程度、发生(或将要发生)故障的部位、技术状态的发展趋势,从而采取正确的检修类别。因受到诊断技术发展的限制,它主要适用于重点设备以及利用率高、精度高、大型稀有类设备,即值得投入诊断与监测费用的设备,以使设备故障后果影响最小和避免盲目安排检修。

事后维修与预防检修的局限性在于:

①只注重设备的维护修理阶段,而较少注意设备的全过程管理。

②设备的设计和制造管理与设备的使用和检修管理相脱节。

③只侧重于设备的技术管理,忽视设备的经济问题和组织管理。

④传统设备管理由于受传统的垂直专业职能分工的影响,没有把同设备管理有关的职能加以协调与组织,经常是配合不紧密,步调不一致,从而影响设备管理整体目标的实现。

3.设备综合管理时期

为了摆脱传统设备管理的局限性,实现现代工业生产无事故、无缺陷、无伤亡、无公害的要求,世界上工业发达国家先后提出了设备综合管理理论。

1）设备综合工程学

1974年，英国工商部给设备综合工程学下的定义是"为了求得经济的寿命周期费用而把适用于有形资产的有关工程技术、管理、财务以及其业务工作加以综合的科学就是设备综合工程学"。

设备综合工程学的内容可归纳成五个方面：

（1）把设备寿命周期费用的最经济作为其研究目标。

（2）关于有形资产的工程技术、管理、财务等方面的综合管理学。

（3）进行设备的可靠性、检修性设计。

（4）关于有形资产（设备、机械、装置、建筑物），即关于设备一生（方案、设计、制造、安装、运转、检修维护、改造和更新等）机能的管理学。

（5）关于设计、使用效果、费用信息反馈的管理学。

2）全员生产维修

日本在学习英国、美国维修理论的基础上，根据本国企业的管理经验，将可靠性工程理论和现代管理技术加以综合应用，逐步形成了全员生产维修，它是全员参加的，以提高设备综合效能为目标，以设备寿命周期为对象的生产维修制度。

具体内容如下：

（1）目标是使设备的综合效能最大。

（2）建立包括设备整个寿命周期的生产维修系统（即管理设备的一生）。

（3）包括与设备有关的所有部门，如设备规划、设备使用、维修部门等。

（4）从最高管理部门到基层员工的全体人员都参加。

（5）开展小组自主活动推进生产维修与管理。

目前，维修性技术基本实现了规范化、标准化和应用制度化。

我国是一个设备大国，设备运行中的磨损、腐蚀、疲劳又是不可避免的。发展先进的维修技术除了能保障设备的正常运行之外，还能延长其使用寿命，充分利用维修件的剩余价值，节约新品采购费用等，其产生的节资、节材、节能、环保的效益是不言而喻的。20世纪80年代以来，经过多年的发展特别是在"十五"期间，我国机电设备维修技术取得了长足的进步，在修复工艺、故障诊断等方面取得了一批成果，为维修技术持续、快速、健康地发展奠定了技术基础。但是，我国目前对状态监测与故障诊断的研究和应用还不够广泛、深入，维修保障的综合化、信息化水平仍然较低，维修性的设计与验证技术还很不成熟，软件密集型机械设备的故障与修复机理、腐蚀与防护机理等基础问题的研究也刚刚起步，维修技术发展仍然面临巨大的挑战，其整体水平与我国现代化建设的需求还存在相当大的差距。

▶▶▶ 二、机电设备维修技术的发展趋势

随着机电设备的技术进步，企业的设备操作人员不断减少，而维修人员则不断增加，如图1-2所示。另一方面，操作的技术含量不断降低，而维修的技术含量却在逐年上升，如图1-3所示。现今的维修人员遇到的多是机电一体化，集光电技术、液压技术、气动技术、激光技术和计算机技术为一体的复杂设备。当代的机电设备维修已经不是传统意义上的维修工所能胜任的工作。当前，我们面临的任务是大力抓好人才的开发和培养，通过高等院校培养和对在职人员进行补充更新知识的继续教育，尽快造就一批具有现代维修管理知识和技

术的维修专业人员。了解和掌握机电设备维修技术的发展概况和发展趋势不仅是学习本课程的基础,也为今后从事机电设备维修工作打开发展的空间。

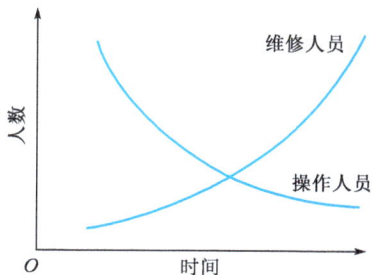

图 1-2　设备操作人员与维修
人员的比例关系

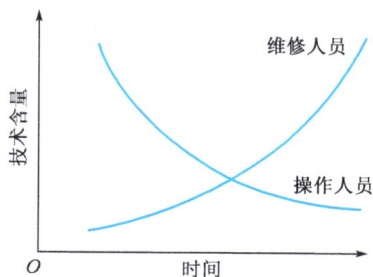

图 1-3　设备维修人员和操作人员
与技术含量的关系

　　现代科学技术和社会经济相互渗透、相互促进、相互结合,机电设备越来越趋向于机电一体化、高速化、微电子化,这使机电设备的操作越来越容易,但机电设备故障的诊断和维修则变得困难。而且,机电设备一旦发生故障,尤其是连续化生产设备,往往会导致整套设备停机,轻则造成一定的经济损失,如果危及安全和环境,还会造成严重的社会影响。因而,随着社会经济的迅速发展,生产规模的日益扩大,先进生产方式的出现和采用,机电设备维修技术不断得到人们的重视和关注。

　　机电设备维修技术是一门较为典型的综合性工程技术,其发展和创新越来越依赖于多学科的综合、渗透和交叉。不仅新兴的维修技术研究领域很多都跨越了传统的学科分类,而且许多传统的维修技术研究领域也都通过更深入的开发、创新,突破了原有的传统技术界限。设备维修技术必然朝着以计算机技术、信号处理技术、测试技术、表面工程技术等现代技术为依托,以现代设备状态监测与故障诊断技术为先导,以机电一体化为背景,以满足现代化工业生产日益提高的要求为目标,以不断完善的维修技术为手段的方向迅猛地发展。

▶▶▶ **三、机电设备检修技术课程的性质和任务**

　　机电设备检修技术课程既是机电一体化专业的主要专业课程之一,又是机电工程类专业的重要专业课程之一。

　　通过本课程的学习,应使学生达到以下基本要求:

　　(1)掌握机电设备检修的基础理论与基本知识。

　　(2)熟悉机电设备的解体,设备零件的拆卸、清洗、技术鉴定方法;掌握轴与轴承、齿轮、蜗轮蜗杆以及过盈配合件的装配方法。

　　(3)熟悉机械零件各种修复技术;具有分析、选择和应用机械零件修复技术的基本能力。

　　(4)掌握螺纹连接件、轴与轴承、丝杠螺母副、壳体零件、曲轴连杆机构、分度蜗轮副、齿轮、过盈配合件等典型机械零部件的修理、装配和调试方法;掌握液压系统的检修方法。

　　(5)掌握常见电气元件和电气设备故障处理和检修技术。

　　(6)熟悉普通机床、数控机床等典型机电设备以及铁路大型养路机械专用机电设备的修理技术,常见故障分析及其排除方法。

学习项目二　机电设备的故障与检修

　　机电设备在使用中因某种原因丧失了规定机能而中断生产或降低效能的状态称为设备故障。设备在使用中，由于零部件发生各种磨损、腐蚀、疲劳、变形或老化等劣化现象，导致精度下降，性能降低，影响产品加工质量，情况严重时，会造成设备停机而使企业蒙受经济损失。机电设备的检修就是通过对设备进行检查、维护和修理，降低其劣化速度和故障率，延长使用寿命，保持或恢复设备规定功能而采取的一种技术活动，具体包括日常检查、维护和修理等作业。

▶▶ 一、机电设备故障的类型

　　机械故障分类方法很多，主要有以下几种。

　　1. 按故障发生的时间性分类

　　按故障发生的时间性可分为突发性故障和渐进性故障。

　　1) 突发性故障

　　突发性故障是由于各种不利因素和偶然的外界影响共同作用的结果。这种故障发生的特点是具有偶然性，一般与使用的时间无关，因而这种故障是难以预测的，但它一般容易排除。这类故障的例子有：因润滑油中断而零件产生热变形裂纹；因机械使用不当或出现超负荷现象而引起零件折断；因各参数达到极限值而引起零件变形和断裂等。

　　2) 渐进性故障

　　渐进性故障是由于机械产品参数的劣化过程（磨损、腐蚀、疲劳、老化）逐渐发展而形成的。它的主要特点是故障发生可能性的大小与使用时间有关，使用的时间越长，发生故障的可能性就越大。大部分机器的故障都属于这类故障。这类故障只是在机械设备的有效寿命的后期才明显地表现出来。这种故障一经发生，就标志着机械设备寿命的终结，需要进行大修。

　　2. 按故障出现的现象分类

　　按故障出现的现象可分为功能（已发生）故障和潜在（可能发生）故障。

　　1) 功能故障

　　功能故障是指机械设备丧失了它应有的功能而不能工作或参数（特性）超出规定的指标而使设备工作能力降低。这类故障可以通过操作者的直接感受或测定其输出参数来判断。

　　2) 潜在故障

　　潜在故障和渐发性故障相联系，当故障是在逐渐发展中，但尚未在功能和特性上表现出来，而同时又接近萌芽的阶段时（当这种情况能够鉴别出来时），即认为也是一种故障现象，并称之为潜在故障。例如，零件在疲劳破坏过程中，其裂纹的深度是逐渐扩展的，同时其深度又是可以探测的，当探测到扩展的深度已接近于允许的临界值时，便认为是存在潜在故障，必须按实际故障一样来处理。探明了机械的潜在故障，就有可能在机械达到功能故障之前排除，这有利于保持设备完好状态，避免由于发生功能性故障而可能带来的不利后果，这在设备使用和检修中有着重要的意义。

3. 按故障发生的原因分类

按故障发生的原因可分为人为故障和自然故障。

1) 人为故障

由于维护和调整不当,违反操作规程或使用了质量不合格的零件材料等,致使设备过早的丧失工作性能和功能,这种故障称为人为故障。人为故障是可以避免的。

2) 自然故障

机电设备在使用过程中,由于受外部和内部各种不可抗拒的自然因素的影响所引起的故障称为自然故障。例如因自然磨损或物理化学变化而造成机械零件的变形、断裂、蚀损等失效形式所引起的故障都属于自然故障这一范畴。这种故障虽不可避免,但随着零件设计、制造、使用和修理水平的提高,可使机械有效工作时间大大延长,而使故障较迟发生。

4. 按故障发生的部位分类

按故障发生的部位可分为机械故障和电气故障。

1) 机械故障

机械的故障是指机械的各项技术指标(包括经济指标)偏离了它的正常状况。如某些零件或部件损坏,致使工作能力丧失;发动机功率降低;传动系统失去平衡和噪声增大;工作机构的工作能力下降;燃料和润滑油的消耗增加等。当其超出了规定的指标时,均属于机械故障。机械故障大多是由于机械零件的失效引起的,一般发生在机械运动部位,如零件的断裂、变形,配合件的间隙增大或过盈丧失,固定和紧固装置的松动等。

2) 电气故障

电气故障一般发生在电气控制系统,一般是由于电气元件的品质因素下降,元器件焊接松动,插接件接触不良或损坏等因素引起。这些故障表现为时有时无,需要借助测量工具检查工作电压、电流或测量波形进行分析。电气故障又分弱电故障与强电故障。

▶▶ 二、机电设备的故障一般规律

机电设备在运行中发生故障的可能性随时间而变化的规律称为机电设备的故障规律。如图 1-4 中横坐标为使用时间,纵坐标为失效率。这一变化过程,主要分为三个阶段。

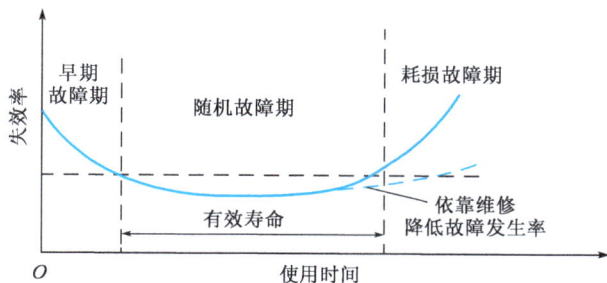

图 1-4 设备故障规律"浴盆"曲线

1. 早期故障期

设备处于早期故障期,开始故障率很高,但随时间的推移故障率迅速下降。早期故障期对于机械产品又称为"磨合期"。此段时间的长短,随产品、系统的设计与制造质量而异。此期间发生的故障,主要是由设计、制造的缺陷所致,或是使用环境不当所造成,因此故障率一般较高,经过运转、磨合、调整,故障率将逐渐下降并趋于稳定。

2. 随机故障期

设备进入随机故障期,故障率大致处于稳定状态,趋于定值。在此期间,故障发生是随机的。在随机故障期内,设备的故障率最低,而且稳定。因而可以说,这是设备的最佳状态期或称正常工作期。这个区段称为"有效寿命"。随机故障期的故障,多起因于设计、使用不当及检修不力。故通过提高设计质量,改进使用管理,加强监视诊断与维护等工作,可使故障率降低到最低水平。

3. 耗损故障期

在设备使用的后期,故障率开始上升。这是由于设备零部件的磨损、疲劳、老化、腐蚀等造成的。这时如加强维护保养,及时更换即将达到寿命周期的零部件,则可使正常运行期延长,但如检修费过高,则应考虑设备更新。

设备故障率曲线变化的三个阶段,真实地反映出设备从磨合、调试、正常工作到大修或报废的故障率变化规律。

▶▶ 三、机电设备的可靠性与维修

机电设备的可靠性是指在规定的条件下(如环境温度、湿度、使用条件及使用方法等在正常情况下),机电设备维持无故障的工作能力。衡量该要求的有以下指标。

1. 平均无故障时间 MTBF(Mean Time Between Failure)

$$MTBF = \frac{t}{n}$$

式中:MTBF——平均无故障时间;

t——总工作时间;

n——总故障次数。

平均无故障时间越长越好,因而必须减少故障次数。

2. 平均修理时间 MTTR(Mean Time To Repair)

平均修理时间是指从机电设备出现故障开始直至能正常使用所用的平均时间,当设备出了故障后,要求排除故障的修理时间 MTTR 越短越好。

3. 平均有效度 A

平均有效度是指一台可检修的设备,在某一段时间内,维持其性能的概率。用平均无故障时间除以平均无故障时间与平均修理时间的和来计算,即

$$A = \frac{MTBF}{MTBF + MTTR}$$

式中:A——平均有效度;

MTBF——平均无故障时间;

MTTR——平均修理时间。

机电设备维修是设备维护和修理两类作业的总称。维护是一种保持设备规定的技术性能的日常活动,修理是一种排除故障恢复技术性能的活动。要充分发挥机电设备的效率,就要加强设备维护,提高修理水平,保证设备的开动率,这就对机电设备提出了稳定性和可靠性的要求。为了提高平均无故障时间,降低平均修理时间,一方面要加强维护,延长无故障

的时间;另一方面当出现故障后,要尽快诊断出故障的原因并加以修复。通过检修,可恢复设备规定的功能,提高设备的可靠性或者消除设备检修前存在的缺陷,并充分利用零件、部件的有效寿命。

▶▶ 四、机电设备的检修

机电设备检修的主要内容包括:设备的检查、保养和修理。

设备检查是指对设备的运行情况、工作精度、磨损或腐蚀程度进行测量和校验。通过检查,全面掌握机器设备的技术状况和磨损情况,及时查明和消除设备的隐患,有目的地做好修理前的准备工作,以提高修理质量,缩短修理时间。

设备"保养"和"维护"是同一概念,其主要内容是:清洁、润滑、紧固、调整、防腐。实践证明,设备的寿命在很大程度上决定于维护的好坏。

1.日常检查保养

日常检查保养,每天由设备操作者例行保养,又称例行保养。这类保养的项目和部位较少,大多数在设备的外部。机械设备保养的要求主要有以下四项。

(1)清洁。设备内外整洁,各滑动面、丝杠、齿条、齿轮箱、油孔等处无油污,各部位不漏油、不漏气,设备周围的切屑、杂物、脏物要清扫干净。

(2)整齐。工具、附件、工件(产品)要放置整齐,管道、线路要有条理。

(3)润滑良好。按时加油或换油,不断油,无干摩现象,油压正常,油标明亮,油路畅通,油质符合要求,油枪、油杯、油毡清洁。某机床润滑示意图如图 1-5 所示。

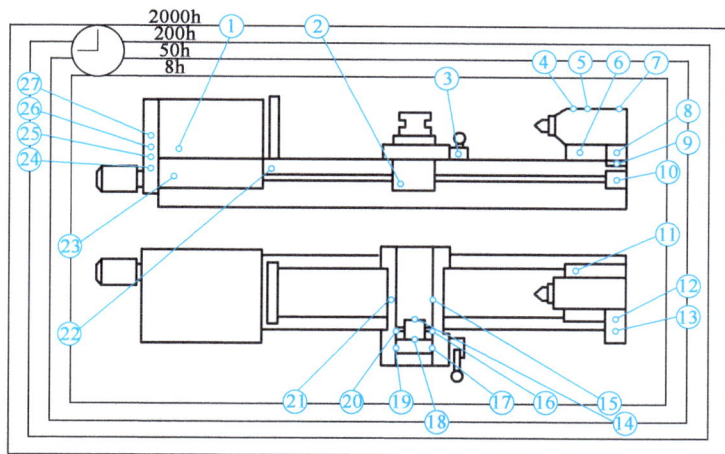

a)润滑部位及间隔时间

润滑部位编号	①	②	③	④ ~ ㉓	㉔ ~ ㉗
润滑方法					
润滑油牌号	N46	N46	N46	N46	油脂
过滤精度(μm)	65	15	5	65	—

b)润滑方法及材料

图 1-5 某机床润滑示意图

(4)安全。遵守安全操作规程,不超负荷使用设备,设备的安全防护装置齐全可靠,及时消除不安全因素。

2.定期检查保养

(1)一级保养。主要内容是:全面地进行拧紧、清洁、润滑、紧固,还要部分地进行调整。日常检查保养和一级保养一般由操作工人承担。

(2)二级保养。主要内容包括内部清洁、润滑、局部解体检查和调整。

(3)三级保养。主要是对设备主体部分进行解体检查和调整工作,必要时对达到规定磨损限度的零件加以更换。此外,还要对主要零部件的磨损情况进行测量、鉴定和记录。二级保养、三级保养在操作工人参加下,一般由专职保养检修工人承担。

在各类保养中,日常检查保养是基础。保养的类别和内容,要针对不同设备的特点加以规定,不仅要考虑到设备的生产工艺、结构复杂程度、规模大小等具体情况和特点,同时要考虑到不同工业企业内部长期形成的检修习惯。

3.针对性检查保养

针对性检查保养是根据设备的技术状况和使用情况而采取的针对性较强的特殊保养。

▶▶▶ 五、机电设备的修理的类别

机电设备在使用中由于磨损、腐蚀或维护不良、操作不当等原因,使设备技术状态发生劣化以致出现故障。为保持或恢复机械设备应有的精度、性能和效率等,必须对机电设备及时进行修理。机电设备修理类别按修理内容、技术要求和工作量大小可分为大修、项修、小修三个类别。

1.大修

设备的大修是工作量最大的一种全面修理。它要把设备的全部或大部分部件解体,修复基准件,更换或修复全部失效的零部件,修理、调整设备的电气系统,修复设备的附件以及翻新外观等,从而达到全面消除修前存在的缺陷,恢复设备原有的精度和性能,达到出厂标准。

2.项修

设备的项修是根据设备的实际技术状态,对设备精度和性能的劣化项目进行针对性的局部修理。项修时,一般要进行部分拆卸、检查,更换或修复失效的零件,必要时对基准件进行局部修理和校正坐标,从而恢复所修部分的性能和精度。其工作量视实际情况而定。

3.小修

设备的小修是工作量最小的一种修理。对于实行状态(监测)检修的设备,小修的工作内容主要是针对日查发现的问题,拆卸有关的零部件,进行检查、调整、更换或修复失效的零件(主要是易损件),以恢复设备的正常功能,保证设备能运行到下一次小修理。对于实行定期检修的设备,小修的工作内容主要是根据掌握的磨损规律,更换或修复在修理间隔期内失效或将要失效的零件,并进行调整,以保证设备的正常工作能力。

学习项目三　机电设备故障诊断技术

设备故障诊断是一种给设备"看病"的技术,是了解和掌握设备在使用过程中的状态,确定其整体或局部是正常或异常,早期发现故障及其原因并能预报故障发展趋势的技术。随着科学技术与生产的发展,设备工作强度不断增大,生产效率、自动化程度越来越高,同时设备更加复杂、各部分的关联愈加密切,从而往往某处微小故障就会爆发连锁反应,导致整个设备乃至与设备有关的环境遭受灾难性的毁坏,这不仅会造成巨大的经济损失,而且会危及人身安全,后果极为严重。因此,设备诊断技术日益发挥重要作用,它可使设备无故障、工作可靠,发挥最大效益;保证设备在将有故障或已有故障时,能及时诊断出来,从而正确地加以检修,以减少检修时间,提高检修质量,节约检修费用。

▶▶ 一、机电设备故障诊断内容

对于设备的诊断,一是防患于未然,早期诊断;二是诊断故障,采取措施。机电设备故障诊断的基本过程和内容如图 1-6 所示。其主要内容包括:

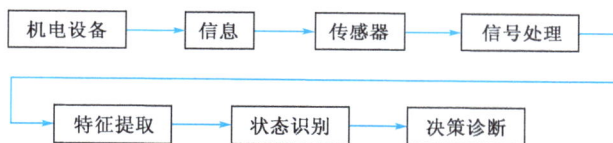

图 1-6　机电设备故障诊断的基本过程和内容

(1)正确选择与测取设备有关状态的特征信号。所测取的信号应该包含设备有关状态的信息,如振动、噪声、压力、温度、流量、润滑状态及其指标等。

(2)正确地从特征信号中提取设备有关状态的有用信息。从特征信号直接判明故障的有无,一般是比较难的。例如从振动信号一般无法直接判明结构有无裂纹,还需根据振动理论、信号分析理论、控制理论等提供的理论与方法,加上试验,对特征信号加以处理,涉取有用的信息(称为征兆),才有可能判明设备的有关状态。征兆信息包括结构的物理参数(如质量、刚度等),结构的模态参数(如固有频率、模态阻尼等),设备的工作特性(如耗油率、工作转速、功率等),信号统计特性及其他特征量。

(3)根据征兆进行设备的状态诊断,识别设备的状态。可采有多种模式识别设备的状态。可采用多种模式识别理论与方法,对征兆加以处理,构成判别准则,进行状态的识别与分类。状态诊断是设备诊断的重点,而特征信号与征兆的获取正确与否是进行正确状态诊断的前提。征兆用于由外表现象推断内部状态时,可称为症候,用于由现在现象推断未来状态时,可称为预兆。

(4)根据征兆与状态进行设备的状态分析,包括故障位置、类型、性质、原因与趋势等。例如,故障树分析过程可知故障的原因往往是次一级的故障,如轴承烧坏是故障,其原因是输油管不输油,不输油是因油管堵塞,即后者原因亦可能是次级故障。因而有关的状态诊断方法也可用于状态分析。

(5)根据状态分析作出决策,干预设备及其工作进程,以保证设备安全可靠、高效地发挥其应有功能,达到设备诊断目的。所谓干预和自动干预,即包括调整、修理、控制、自诊断等。

▶▶ 二、机电设备故障诊断常用方法

1. 简易监测法

一般由现场作业人员进行。凭着听、摸、看、闻、问来检查。具有实用简便、快速有效的特点,但诊断效果的好坏在很大程度上要凭借检修技术人员的经验,而且有一定的局限性,对一些疑难故障难以奏效。

2. 温度监测法

通过温度测量可以找出零件的缺陷并能诊断出各种由热应力引起的故障。不仅如此,温度测量法还可以弥补射线、超声波、涡流等无损探测法的不足,用来探测零件内部的各种故障隐患。研究和应用实践表明,温度测量法是目前故障诊断中的一项十分实用而有效的诊断方法。

1)热电偶

热电偶与后续仪表配套可以直接测量出 0~1800℃ 范围内液体、气体内部以及固体表面的温度。测量范围非常广,对象可以是气体、液体温度,也可以是固体表面的温度。

2)热电阻温度计

热电阻温度计利用材料的电阻率随温度变化而变化的特性,与电桥相配合,将温度按一定函数关系转换为电量。

3)红外测温仪器

核心是红外探测器,它能把红外辐射能转变为电能。红外测温仪器是利用红外辐射原理,采用非接触方式,对被测物体表面进行观测,并能记录其温度变化的设备。常用的红外测温仪器有红外测温仪和红外热像仪。红外热像仪的工作原理如图 1-7 所示。

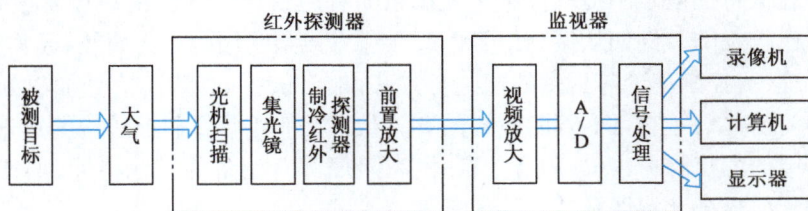

图 1-7 红外热像仪工作原理

3. 噪声监测法

物体内部发生变形、裂纹时,将有部分能量以声、光、热的形式释放出来,通过分析辐射出的声能便可知道裂纹的情况,是一种无损检测方法。物体在状态改变时自动发出声音的现象为声发射,其实质是物体受到外力或内力的作用产生变形或断裂时,以弹性波形式释放能量的一种现象。由于声发射提供了材料状态变化的有关信息,所以可用于设备的状态监测和故障诊断。根据材料的微观变形和开裂以及裂纹的发生和发展过程所产生声发射的特点及强度来推知声发射源目前的状态(存在、位置、严重程度),而且可知道它形成的历史,并预报其发展趋势。

4.振动监测法

设备的零部件、整机都有不同程度的振动,机械设备的振动往往会影响其工作精度,加剧设备的磨损,加速疲劳破坏;而随着磨损的增加和疲劳损伤的扩大,机械设备的振动将更加剧烈,如此恶性循环,直至设备发生故障、破坏。

设备发生故障时,常表现为振动频率的变化,通过检测振动的频率、转数、振动的速度、加速度、位移量、相位等参数,并进行分析,从中可以找出产生振动变化的原因。图 1-8 所示为典型齿轮故障振动波形。

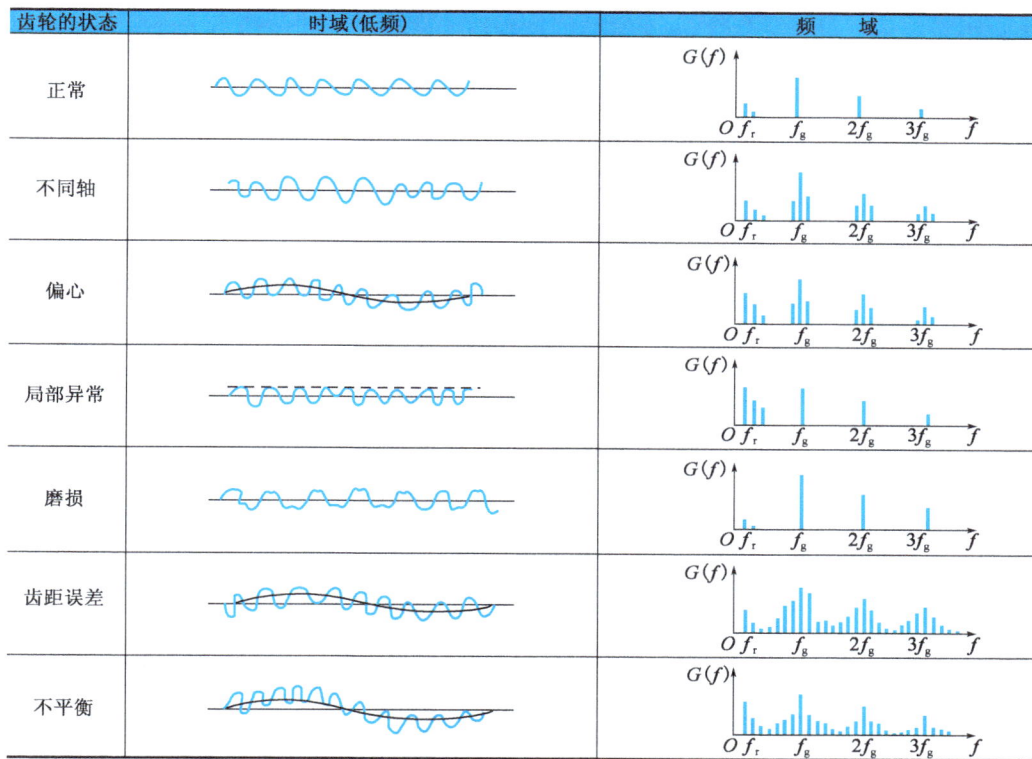

齿轮的状态	时域(低频)	频域
正常		
不同轴		
偏心		
局部异常		
磨损		
齿距误差		
不平衡		

图 1-8 典型齿轮故障振动波形

5.无损监测法

无损监测法是一种从材料和产品的无损检验技术中发展起来的方法,它是在不破坏材料表面及其内部结构的情况下,检验机械零部件缺陷的方法。裂纹是机器零部件最严重的缺陷。裂纹可能在原材料生产、零部件加工以及设备使用等各个阶段产生。对设备零部件裂纹的检查,主要采用无损探测法。利用无损探测技术不仅能发现零部件的裂纹,以及腐蚀、力学性能超差等变化,而且还可以根据零部件损伤的种类、形状、大小、产生部位、应力水平、应力方向等信息预测损伤或缺陷发展的趋势,以便及时采取措施,排除隐患。

有多种无损探测法供选用,如渗透探测法、磁粉探测法、射线探测法、超声波探测法。

6.油液监测法

根据监测和分析油液中污染物的元素成分、数量、尺寸、形态等物理化学性质的变化,便可以判断是否发生了磨损及磨损程度。常用的方法包括油液光谱分析法、油液铁谱分析法、磁塞检查法。

1）油液光谱分析法

即利用原子发射光谱或原子吸收光谱分析油液中金属磨损产物的化学成分和含量，从而判断零件磨损的部位和磨损严重程度的一种污染诊断法。

光谱分析法对分析油液中有色金属磨损产物比较适用。用于早期、精密的磨损诊断。磨屑粒度一般小于 $10\mu m$。

2）油液铁谱分析法

即从油样中将微粒分离出来，并按照微粒的大小排列在基片上，通过光学或电子显微镜读出大小微粒的相对质量分数，并对微粒的物理性能做出进一步分析的方法。油液铁谱分析能提供磨损产物的数量、粒度、形态和成分四种参数，通过研究即可掌握有关的磨损情况。

3）磁塞检查法

即用一个带有磁性的金属棒，直接伸到机器内部润滑油的底部，然后把油泥吸上来，用肉眼观察的方法。用于检查磨损后期磨粒尺寸大于 $70\mu m$ 的情况。

学习项目四　机电设备的大修

为了保证设备正常运行和安全生产，对设备实行有计划的预防性修理，是工业企业设备管理与检修工作的重要组成部分。本学习项目介绍设备大修的内容、技术要求，大修过程以及设备修理前的技术和物质准备等内容。

▶▶一、设备大修的内容和技术要求

1. 大修的内容

在设备预防性计划修理类别中，设备大修是工作量最大、修理时间较长的一类修理。一般包括以下内容：

（1）将设备全部或大部分部件解体。

（2）修复基础件。

（3）更换或修复机械零件。

（4）修理电气元件，调整电气系统。

（5）整机装配和调试。

（6）翻新外观。

2. 大修的技术要求

（1）全面清除大修前存在的缺陷。

（2）恢复设备规定的精度与性能。

▶▶二、机电设备的大修过程

机电设备的大修过程一般可分为修前准备、大修施工和修后验收三个阶段。

1. 修前准备

1）修前技术准备

机电设备大修前的准备工作很多,大多是技术性很强的工作,其完善程度和准确性、及时性都会直接影响大修进度计划、修理质量和经济效益。各企业的设备检修组织和管理分工有所不同,但设备大修前的技术准备工作内容及程序大致相同,如图1-9所示。

(1)预检。为了全面深入了解设备技术状态劣化的具体情况,在大修前安排的停机检查,通常称为预检。预检工作由主修技术人员负责,设备使用单位的机械员和检修工人参加,并共同承担。预检工作量由设备的复杂程度、劣化程度决定,设备越复杂,劣化程度越严重,预检工作量就越大,预检时间也越长。预检既可验证事先预测的设备劣化部位及程度,又可发现事先未预测到的问题,从而全面深入了解设备的实际技术状态,并结合已经掌握的设备技术状态劣化规律,作为制订修理方案的依据。

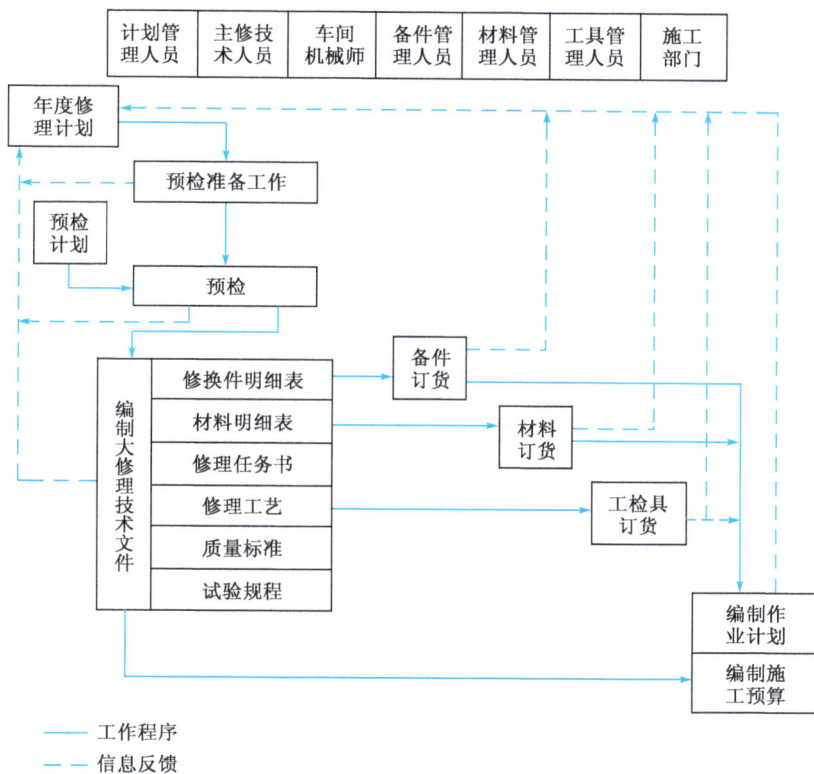

图1-9 设备大修准备工作及程序

(2)编制大修理技术文件。通过预检和分析确定修理方案后,必须以大修理技术文件的形式做好修理前的技术准备。机电设备大修理技术文件包括修理技术任务书、修换件明细表、材料明细表、修理工艺和修理质量标准等。这些技术文件是编制修理作业计划,准备备品、配件、材料,校算修理工时与成本,指导修理作业以及检查和验收修理质量的依据,它的正确性和先进性是衡量企业设备检修技术水平的重要标志之一。

2)修前物质准备

设备修理前的物质准备是一项非常重要的工作,是搞好检修工作的物质条件。实际工作中经常由于备品配件供应不上而影响修理工作的正常进行,延长修理停歇时间,造成"窝工"现象,使生产受到损失。因此,必须加强设备修理前的物质准备工作。

主修技术人员在编制好修换件明细表和材料明细表后,应及时将明细表交给备件、材料管理人员,备件、材料管理人员在核对库存后提出订货。主修技术人员在制订好修理工艺后,应及时把专用工具、检具明细表和图样交给工具管理人员,工具管理人员经校对库存后,把所需用的库存专用工具、检具,送有关部门鉴定,按鉴定结果,如需修理,提请有关部门安排修理,同时要对新的专用的工具、检具提出订货。

常用修理工具、备件和材料的准备如下。

(1)工具。

钳工工具:大小铁锤、铜棒、平头钳、尖嘴钳、斜口钳、大小活扳手、各种尺寸的呆扳手、内六角扳手、套筒扳手、螺丝刀、锉刀、刮刀等,如图1-10所示。

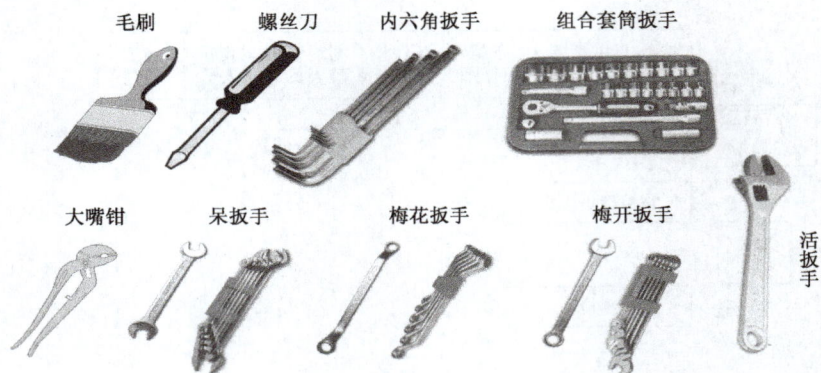

图1-10 机电设备维修常用的工具

电工工具:万用表、验电器、电烙铁、吸锡器、螺丝刀、剥线钳、电工刀等。

其他:剪刀、镊子、刷子、吹尘器、清洗盘、带鳄鱼夹的连接线等。

(2)消耗材料:砂布、锯条、棉纱、煤油、汽油、显示剂、垫圈等。

2. 大修施工过程

机电设备大修的修理技术和工作量,在大修前难以预测得十分准确。因此,在大修施工过程中,应从实际情况出发,及时地采取各种措施来弥补大修前预测的不足,并保证修理工期按计划或提前完成。图1-11为大修施工过程框图。

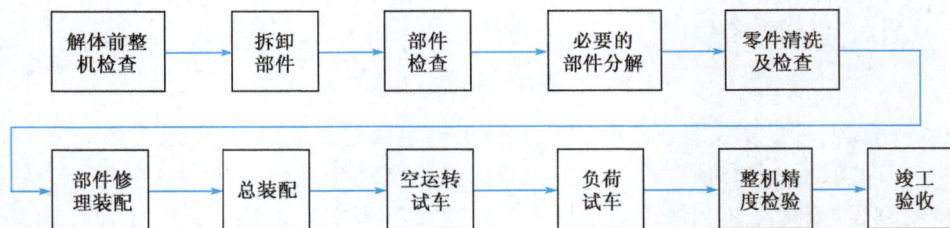

图1-11 大修施工过程框图

修理过程开始后,首先进行设备的解体工作,按照与装配相反的顺序和方向,即"先上后下,先外后里"的方法,有次序地解除零部件在设备中相互约束和固定的形式。拆卸下来的零件应进行二次预检,根据二次预检的情况提出二次补修件;还要根据更换件和修复件的供应、修复情况,大致制订修理工作进度,以使修理工作有步骤、按计划地进行,以免因组织工作的衔接不当而延长修理周期。

3.修后验收

凡是经过修理装配调整好的设备,都必须按有关规定的精度标准项目或修前拟定的精度项目,进行各项精度检验和试验,如几何精度检验、空运转试验、载荷试验和工作精度检验等,全面检查衡量所修理设备的质量、精度和工作性能的恢复情况。

设备修理后,应记录对原技术资料的修改情况和修理中的经验教训,做好修后工作小结,与原始资料一起归档,以备下次修理时参考。

练 习 题

1.你能简单介绍机电设备检修技术的发展概况吗?

2.什么是状态监测检修? 状态监测检修适用于哪些设备?

3.机电设备的故障是怎样分类的?

4.机电设备在运行中发生故障有哪些规律和特点?

5.机电设备修理的类别有哪些? 各有什么特点?

6.机电设备故障诊断常用方法有哪些?

7.设备大修前的准备工作内容有哪些?

8.你知道设备大修理施工过程吗?

单元二

机电设备的拆卸与装配

【知识目标】

1. 熟悉典型零部件的拆卸方法。
2. 掌握典型机械零件的检验。
3. 掌握典型零部件的装配方法和工艺。

【能力目标】

1. 能够采用用正确的方法和步骤对典型零部件进行拆卸、清洗。
2. 能够采用用正确的方法和步骤对典型机械零件进行检验。
3. 能够采用用正确的方法和步骤完成典型零部件的装配。

学习项目一　机电设备的拆卸与清洗

▶▶ 一、机电设备拆卸的一般规则和要求

任何机电设备都是由许多零部件组合成的。需要修理的机电设备,必须经过拆卸才能对失效零部件进行修复或更换。如果拆卸不当,往往会造成零部件损坏,设备精度降低,有时甚至无法修复。机电设备拆卸的目的是为了便于检查和修理零部件,拆卸工作量约占整个修理工作量的 20%。因此,为保证修理质量,在动手解体机电设备前,必须周密计划,对可能遇到的问题有所估计,做到有步骤地进行拆卸,一般应遵循下列规则和要求。

1. 拆卸前的准备工作

1）拆卸场地的选择与清理

拆卸前应选择好工作场地,不要选有风沙、尘土的地方。工作场地应是避免闲杂人员频繁出入的地方,以防止造成意外的混乱。不要使泥土、油污等弄脏工作场地的地面。机电设备进入拆卸场地之前应进行外部清洗,以保证机电设备的拆卸不影响其精度。

2）保护措施

在清洗机电设备外部之前,应预先拆下或保护好电气设备,以免其受潮损坏。对于易氧化、锈蚀等的零件要及时采取相应的保护、维护措施。

3）拆卸前的放油

尽可能在拆卸前将机电设备中的润滑油趁热放出,以利于拆卸工作的顺利进行。

4）了解机电设备的结构、性能和工作原理

为避免拆卸工作的盲目性,确保修理工作的正常进行,在拆卸前,应详细了解机电设备各方面的状况,熟悉机电设备各个部分的结构特点、传动系统以及零部件的结构特点和相互间的配合关系,明确其用途和相互间的作用,以便合理安排拆卸步骤和选用适宜的拆卸工具或设施。

2. 拆卸的一般原则

1）选择合理的拆卸步骤

机电设备的拆卸顺序,一般是由整体拆成总成,由总成拆成部件,由部件拆成零件;或由附件到主机,由外部到内部。在拆卸比较复杂的部件时,必须熟读装配图,并详细分析部件的结构以及零件在部件中所起的作用,特别应注意那些装配精度要求高的零部件。这样,可以避免混乱,使拆卸有序,达到利于清洗、检查和鉴定的目的,为修理工作打下良好的基础。

2）合理拆卸

在机电设备的修理拆卸中,应坚持能不拆的就不拆、该拆的必须拆的原则。若零部件可不必经拆卸就符合要求,则不必拆开,这样不但可减少拆卸工作量,而且还能延长零部件的使用寿命。如对于过盈配合的零部件,拆装次数过多会使过盈量消失而致使装配不紧固;对较精密的间隙配合件,拆后再装,很难恢复已磨合的配合关系,从而加速零件的磨损。但是,对于不拆开难以判断其技术状态而又可能产生故障的,或无法进行必要维护的零部件,则一定要拆开。

3.拆卸时的注意事项

在机电设备修理中,拆卸时还应考虑到修理后的装配工作,为此应注意以下事项。

1)做好核对工作和标记

机电设备中有许多配合的组件和零件,因为经过选配或质量平衡等,所以装配的位置和方向均不允许改变。如汽车发动机中各缸的挺杆、推杆和摇臂,在运行中各配合副表面得到较好的磨合,不宜变更原有的配合关系;如多缸发动机的活塞连杆组件,是按质量成组选配的,不能在拆装后互换,例如:发动机的连杆与下盖,拆卸时应该先检查有无装配记号或平衡标记。因此在拆卸时,有原记号的要核对,如果原记号已错乱或有不清晰者,则应按原样重新标记,以便安装时对号入位,避免发生错乱。

2)分类存放零件

对拆卸下来零件的存放应遵循如下原则:同一总成或同一部件的零件应尽量放在一起,根据零件的大小与精密度分别存放;不应互换的零件要分组存放;怕脏、怕碰的精密零部件应单独拆卸与存放;怕油的橡胶件不应与带油的零件一起存放;易丢失的零件(如垫圈、螺母)要用铁丝串在一起或放在专门的容器里;各种螺栓和螺柱应装上螺母存放;钢铁件、铝质件、橡胶件和皮质件等零件,应按材质的不同,分别存放于不同的容器中。

3)保护拆卸零件的加工表面

在拆卸过程中,一定不要损伤拆卸下来的零件的加工表面,否则将给修复工作带来麻烦,并会因此而引起漏气、漏油、漏水等故障,也会导致机械设备的技术性能降低。

▶▶▶ 二、机电设备常用的拆卸方法

常用的零件拆卸方法可分为击卸法、拉卸法、顶压法、温差法和破坏法等。在拆卸中应根据被拆卸零部件结构特点和连接方式的实际情况,采用相应的拆卸方法。

1.击卸法

击卸法是利用锤子或其他重物在敲击或撞击零件时产生的冲击能量,把零件拆卸下来。它是拆卸工作中最常用的一种方法,具有操作简单、灵活方便、适用范围广等优点,但如果击卸方法不正确容易损坏零件。击卸法拆卸轴承如图 2-1 所示。

用锤子敲击拆卸时应注意以下事项。

(1)要根据被拆卸件的尺寸大小、质量及结合的牢固程度,选择大小适当的锤子。如果击卸件质量大、配合紧,而选择的锤子太轻,则零件不易击动,且容易将零件打毛。

(2)要对击卸件采取保护措施,通常使用铜棒、胶木棒、木棒及木板等保护受击部位的轴端、套端及轮缘等。

(3)要选择合适的锤击点,且受力均匀分布。应先对击卸件进行试击,注意观察是否拆卸方向相反或漏拆紧固件。发现零件配合面严重锈蚀时,可用煤油浸润锈蚀面,待其略有松动时再拆卸。

(4)要注意安全。击卸前应检查锤柄是否松动,以防猛击时锤头飞出伤人损物。要观察锤子所划过的空间是否有人或其他障碍物。

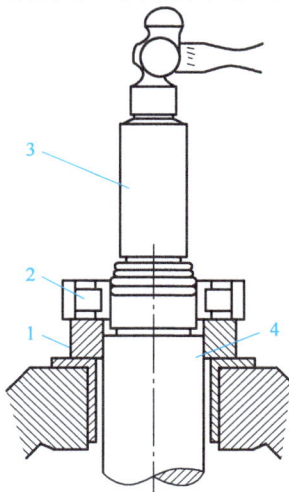

图 2-1　击卸法拆卸轴承
1-垫块;2-轴承;3-铜棒;4-轴

2.拉卸法

拉卸是使用专用拉卸器把零件拆卸下来的一种静力或冲击力不大的拆卸方法。它具有拆卸比较安全，不易损坏零件等优点，适用于拆卸精度较高的零件和无法敲击的零件。

(1)锥销、圆柱销的拉卸可采用拔销器拉出端部带内螺纹的锥销、圆柱销。

(2)轴端零件的拉卸。位于轴端的带轮、链轮、齿轮以及轴承等零件，可用各种顶拔器拉卸，如图 2-2、图 2-3 所示。

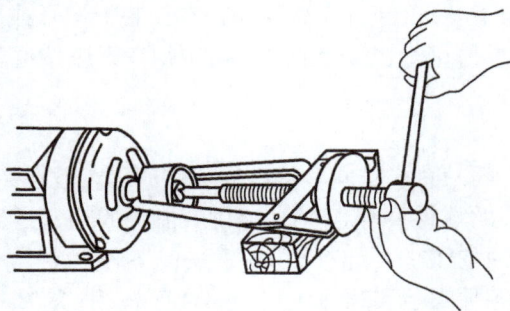

图 2-2　用顶拔器拆卸带轮或联轴器　　　　　　图 2-3　拔轮器拆卸轴承

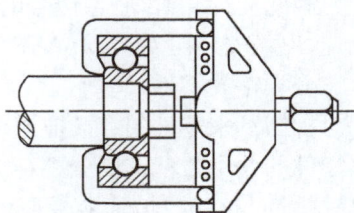

(3)轴套的拉卸。轴套一般是以铜、铸铁、轴承合金等较软的材料制成，若拉卸不当易变形，不需要更换的轴套一般不拆卸，必须拆卸时需用专用拉具拉卸。

(4)钩头键在拉卸时常用锤子、錾子将键挤出，但易损坏零件。若用专用拉具则拆卸较为可靠，不易损坏零件。

3.顶压法

顶压法是一种静力拆卸的方法，适用于拆卸形状简单的过盈配合件。常利用螺旋 C 型夹头、手压机、油压机或千斤顶等工具和设备进行拆卸，图 2-4 所示为压力机拆卸轴承。

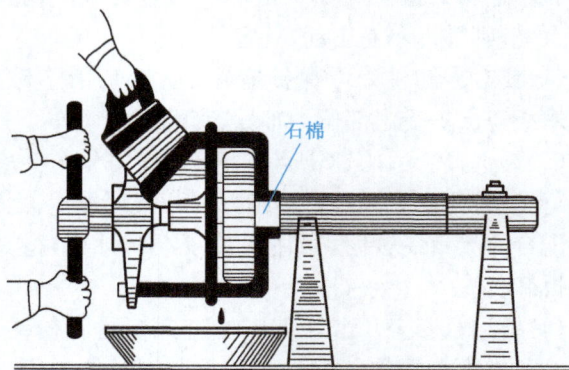

4.温差法

温差法是利用材料热胀冷缩的性能，加热包容件或冷却被包容件使配合件拆卸的方法，常用于拆卸尺寸较大、过盈量较大的零件或热装的零件。例如拆卸尺寸较大的轴承与轴时，对轴承内圈加热来拆卸轴承，如图 2-5 所示。加热前把靠近轴承部分的轴颈用石棉隔离开来，防止轴颈受热膨胀，用顶拔器拉钩扣紧轴承内圈，给轴承施加一定拉力，然后迅速将 100℃左右的热油倾倒在轴承内圈上，待轴承内圈受热膨胀后，即可用顶拔器将轴承拆卸。

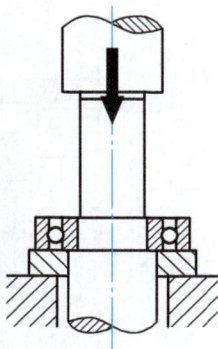

图 2-4　压力机拆卸轴承　　　　　　　　图 2-5　轴承的加热拆卸

5.破坏法

破坏法拆卸是拆卸中应用最少的一种方法,只有在拆卸焊接、铆接、密封连接等固定连接件和相互咬死的配合件时才不得已采用保存主件、破坏副件的措施。破坏法拆卸,一般采用车、铣、锯、錾、钻、气割等方法进行。图 2-6 所示为报废轴承的拆卸。

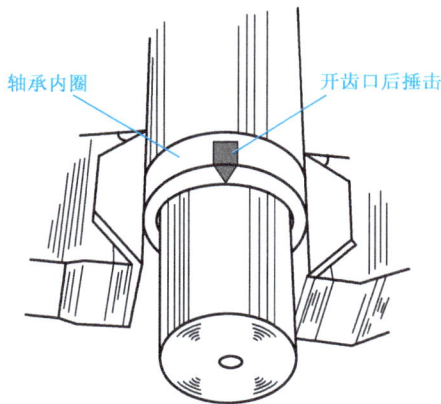

图 2-6 报废轴承的拆卸

▶▶ 三、典型零部件的拆卸方法

典型零部件的拆卸应遵循拆卸的一般原则,结合其各自的特点,采用相应的拆卸方法来达到拆卸的目的。

1.齿轮副的拆卸

为了提高传动链精度,对传动比为 1 的齿轮副采用误差相消法装配,即将一个外齿轮的最大径向圆跳动处的齿间与另一个齿轮的最小径向圆跳动处的齿间相啮合。为避免拆卸后再装配的误差不能消除,拆卸时在两齿轮的相互啮合处作上记号,以便装配时恢复原精度。

2.轴上定位零件的拆卸

在拆卸齿轮箱中的轴类零件时,必须先了解轴的阶梯方向,进而决定拆卸轴时的移动方向,然后拆去两端轴盖和轴上的轴向定位零件,如紧固螺钉、圆螺母、弹簧垫圈、保险弹簧等零件。先要松开装在轴上的齿轮、套等不能通过轴盖孔的零件的轴向紧固关系,并注意轴上的键能随轴通过各孔,才能用木锤击打轴端而拆下轴。否则不仅拆不下轴,还会造成对轴的损伤。

3.螺纹连接件的拆卸

螺纹连接在机电设备中是最为广泛的连接方式,具有结构简单、调整方便和可多次拆卸装配等优点。其拆卸虽比较容易,但往往因重视不够、工具选用不当、拆卸方法不正确等而造成损坏。因此拆卸螺纹连接件时,一定要注意选用合适的呆扳手或旋具,尽量不用活扳手。对于较难拆卸的螺纹连接件,应先弄清楚螺纹的旋向,不要盲目乱拧或用过长的加力杆。拆卸双头螺柱,要用专用的扳手。

1)断头螺钉的拆卸

有螺钉断头在机体表面及以下和螺钉断头露在机体表面外一部分等情况,根据这些情况,可选用不同的方法进行拆卸。

当螺钉断头在机体表面及以下时,可以采用下列方法进行拆卸。

(1)在螺钉上钻孔,打入多角淬火钢杆,将螺钉拧出,如图 2-7 所示。注意打击力不可过大,以防损坏机体上的螺纹。

(2)在螺钉中心钻孔,攻反向螺纹,拧入反向螺钉旋出,如图 2-8 所示。

(3)在螺钉上钻直径相当于螺纹小径的孔,再用同规格的丝锥攻螺纹或钻相当于螺纹大径的孔,重新攻一比原螺纹直径大一级的螺纹,并选配相应的螺钉。

(4)用电火花在螺钉上打出方形或扁形槽,再用相应的工具拧出螺钉。

(5)当螺钉的断头露在机体表面外一部分时,可以采用图 2-9 所示方法进行拆卸。

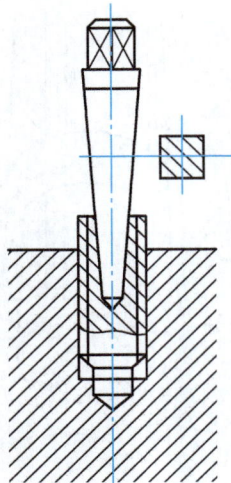

图 2-7　多角淬火钢杆拆卸断头螺钉

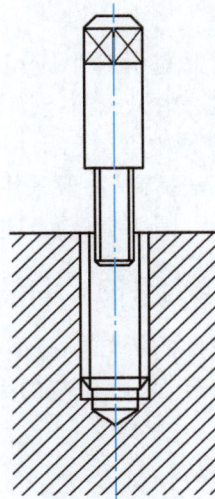

图 2-8　攻反向螺纹拆卸断头螺钉

2)打滑内六角圆柱头螺钉的拆卸

内六角圆柱头螺钉用于紧固连接的场合较多。当内六角磨圆后会产生打滑现象而不容易拆卸,这时用一个孔径比内六角圆柱头螺钉头外径稍小一点的六角螺母,放在内六角圆柱头螺钉头上,如图 2-10 所示,然后将螺母与螺钉焊接成一体,待冷却后用扳手拧六角螺母,即可将螺钉迅速拧出。

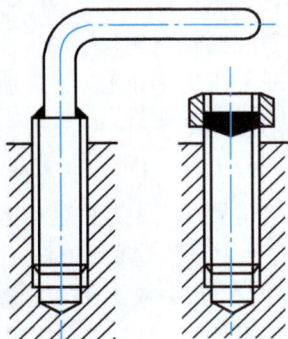

a)加焊弯杆　　b)加焊螺母

图 2-9　露在机体表面外断头螺钉的拆卸

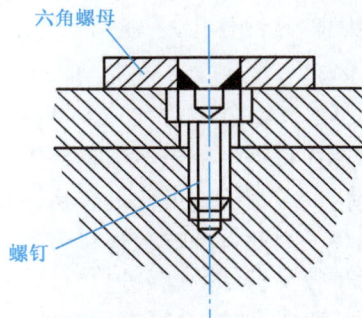

图 2-10　拆卸打滑内六角圆柱头螺钉

3)锈死螺纹件的拆卸

锈死螺纹件有螺钉、螺柱、螺母等,当其用于紧固或连接时,由于生锈而很不容易拆卸,这时可采用下列方法进行拆卸:

(1)用锤子敲击螺纹件的四周,以振松锈层,然后拧出。

(2)可先向拧紧方向稍拧一点,再向反方向拧,如此反复拧紧和拧松,逐步拧出。

(3)在螺纹件四周浇些煤油或松动剂,浸渗一定时间后,先轻轻锤击四周,使锈蚀面略微松动后,再拧出。

(4)若零件允许,还可采用快速加热包容件的方法,使其膨胀,然后迅速拧出螺纹件。

(5)采用车、锯、錾、气割等方法,破坏螺纹件。

4.过盈配合件的拆卸

拆卸过盈配合件,应视零件配合尺寸和过盈量的大小,选择合适的拆卸方法以及工具和设备,如拔轮器、压力机等,不允许使用铁锤直接敲击零部件,以防损坏零部件。在无专用工具的情况下,可用木锤、铜锤、塑料锤或垫以木棒(块)、铜棒(块)用铁锤敲击。无论使用何种方法拆卸,都要检查有无销钉、螺钉等附加固定或定位装置,若有应先拆下;施力部位必须正确,以使零件受力均匀不歪斜,如对轴类零件,力应作用在受力面的中心;要保证拆卸方向的正确性,特别是带台阶、有锥度的过盈配合件的拆卸。

滚动轴承的拆卸属于过盈配合件的拆卸范畴,它的使用范围较广泛,因为其有拆卸特点,所以在拆卸时,除要遵循过盈配合件的拆卸要点外,还要考虑到它自身的特殊性。

【任务实施】

现以图 2-2 所示电动机的拆卸为例说明拆卸工作的一般方法与步骤。

电动机在检修和维护时,经常需要拆装,如果拆装时操作不当,就会损害零部件。拆卸前,应预先在线头、端盖、刷架等处做好标记,以便于修复后的装配。在拆卸过程中,应同时进行检查和测量,并做好记录。

▶▶▶ 一、电动机的拆卸

1.拆卸步骤

(1)拆开端接头器。

(2)拆卸风罩和风叶。

(3)拆卸轴承盖和端盖(先拆卸联轴端,后拆卸集电环或换向端)。

(4)抽出或吊出转子。拆绕线转子电动机时,抬起或提出电刷,拆卸刷架。

(5)拆卸带轮或联轴。

2.主要零部件的拆卸

(1)带轮或联轴器的拆卸。首先在带轮(或联轴器)的轴伸端(或联轴端)上做好尺寸标记,再拆开电动机的端接头;然后把带轮或联轴器上的定位螺钉或销子松脱取下,用两爪或三爪顶拔器,把带轮或联轴器慢慢拉出。丝杠尖端必须对准电动机轴端的中心,使其受力均匀,便于拉出。若拉不下来时,切忌硬卸,可在定位螺钉孔内注入煤油,待数小时后再拆;如仍然拉不出,可用喷灯在带轮或联轴器四周加热,使其膨胀,就可拉出,但加热温度不能太高,以防轴变形。不能用锤子直接敲出带轮,防止带轮或联轴器碎裂,使轴变形或端盖等部件受损。

(2)刷架、风罩和风叶的拆卸。先松开刷架弹簧,抬起刷架卸下电刷,然后取下刷架。拆卸时应该做好记号,这样便于装配。对于封闭式电动机,在拆下带轮或联轴器后,就可以把外风罩螺栓松脱,取下风罩;然后把转尾轴端风叶上的定位螺钉或销子松脱取下,用金属棒或锤子在风叶四周均匀地轻敲,风叶就可脱落下来。对于小型电动机的风叶,一般不用拆下,可随转子一起抽出;但如果后端盖内的轴承需加油或更换时,就必须拆卸,可把转子连同风叶放在压床中一起压出。对于 J02、J03 等型的电动机,由于风叶是用塑料制成的,内孔有螺纹,故可用热水使塑料风叶膨胀后再卸下。

(3)轴承盖和端盖的拆卸。先把轴承的外盖螺栓松下,拆下轴承外盖,然后松开端盖的紧固螺栓,在端盖与机座的接缝处做好记号,随后用木锤均匀敲打端盖四周,把端盖取下。

较大型电动机端盖较重，应先用起重机吊住，以免端盖卸下时跌碎或碰坏绕组。对于大型电动机，可先把轴伸端的轴承外盖卸下，再松下端盖的紧固螺栓，然后用木锤敲打轴伸端，这样就可以把转子连同端盖一起取出。

（4）抽出转子。对于小型电动机的转子，如上所述，可以连同端盖一起取出。抽出转子时应小心，动作要慢一些，注意不可歪斜以免碰伤定子绕组；对于绕线转子异步电动机，还要注意不要损伤集电环和刷架。对于大型电动机，转子较重，要用起重设备将转子吊出，方法如图 2-11 所示。

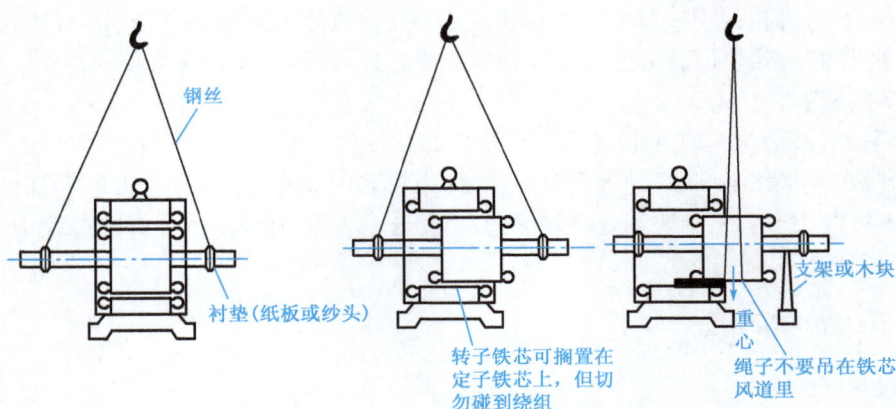

图 2-11　用起重设备吊出转子

▶▶ 二、车床主轴部件的拆卸

图 2-12 所示为某车床主轴部件的拆卸方法，主轴的阶梯状向左直径减小，拆卸主轴的方向应向右。

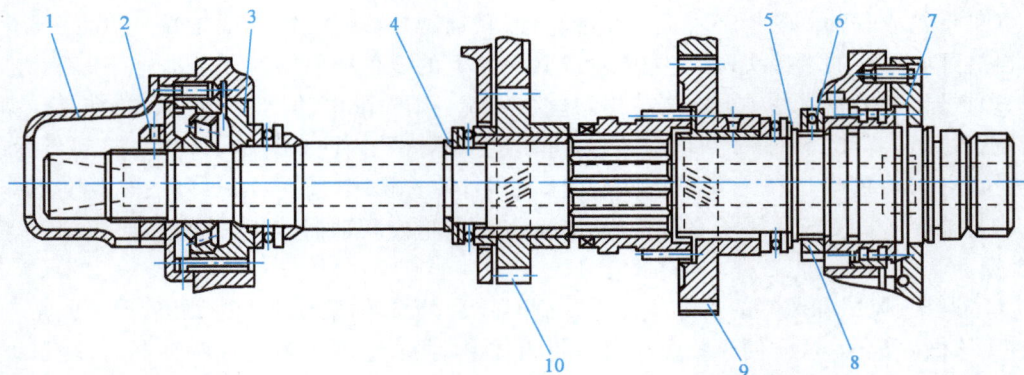

图 2-12　车床主轴部件

1-后罩盖；2、8-圆螺母；3-轴承座；4-卡簧；5-垫圈；6-螺钉；7-端盖；9、10-齿轮

拆卸的具体步骤如下：

（1）先将端盖 7、后罩盖 1 与主轴箱间的连接螺钉松脱，拆卸端盖 7 及后罩盖 1。

（2）松开锁紧螺钉 6 后，接着松开主轴上的圆螺母 8 及 2（由于推力轴承的关系，圆螺母 8 只能松开到碰至垫圈 5）。

（3）用相应尺寸的装拆钳，将轴向定位用的卡簧 4 撑开向左移出沟槽，并置于轴的外表面上。

（4）当主轴向右移动而完全没有零件障碍时，在主轴的尾部（左端）垫铜或铝等较软金属圆棒后，才用大木锤敲击主轴。边向右移动主轴，边向左移动相关零件，当轴上全部零件松开用压力机拆卸轴承时，从主轴箱后端插入铁棒（使轴上零件落在铁棒上，以免落入主轴箱内），从主轴箱前端抽出主轴。

（5）轴承座 3 在松开其固定螺钉后，可垫铜棒向左敲出。

（6）主轴上的前轴承垫了铜套后，可向左敲击取下内圈，向右敲击取出外圈。

▶▶ 三、机械零件的清洗

对拆卸后的机械零件进行清洗是修理工作的重要环节。清洗方法和清理质量，对零件鉴定的准确性、设备的修复质量、修理成本和使用寿命等都将产生重要影响。

零件的污垢包括油污、水垢、积炭、锈层和旧涂装层等。

1．除油污

清除零件上的油污，常采用清洗液，如有机溶剂、碱性溶液、化学清洗液等。清洗方法有擦洗、浸洗、喷洗、气相清洗及超声波清洗等。清洗方式有人工清洗和机械清洗。

机电设备修理中常用擦洗的方法，即将零件放入装在煤油、轻柴油或化学清洗剂的容器中，用棉纱擦洗或毛刷刷洗，以去除零件表面的油污。这种方法操作简便、设备简单，但效率低，用于单件小批量生产的中小型零件及大型零件工作表面的脱脂。一般不宜用汽油作清洗剂，因其有溶脂性，会损害工人身体且容易造成火灾。

喷洗是将具有一定压力和温度的清洗液喷射到零件表面，以清除油污。这种方法清洗效果好、生产率高，但设备复杂，适用形状不太复杂、表面有较严重油垢的零件的清洗。

清洗不同材料的零件和不同润滑材料产生的油污，应采用不同的清洗剂。清洗动物油污、植物油污，可用碱性溶液，因为它能与碱性溶液起皂化反应，生成肥皂和甘油溶于水。但碱性溶液对不同的金属有不同程度的腐蚀性，尤其对铝的腐蚀较强。因此清洗不同的金属零件应该采用不同的配方，表 2-1 和表 2-2 分别列出了清洗钢铁零件和铝合金零件的配方。

清洗钢铁零件的配方（单位：kg）　　　　　　　　　　　　　表 2-1

成　　分	配方 1	配方 2	配方 3	配方 4
苛性钠	7.5	20		
碳酸钠	50		5	
磷酸钠	10	50		
硅酸钠		30	2.5	
软肥皂	1.5		5	3.6
磷酸三钠			1.25	9
磷酸氢二钠			1.25	
偏硅酸钠				4.5
重铝酸钠				0.9
水（L）	1000	1000	1000	450

矿物油不溶于碱溶液,因此清洗零件表面的矿物油油垢,需加入乳化剂,使油脂形成乳油液而脱离零件表面。为加速去除油垢的过程,可采用加热、搅拌、压力喷洗、超声波清洗等措施。

清洗铝合金零件的配方(单位:kg)   表 2-2

成　　分	配方 1	配方 2	配方 3
碳酸钠	1.0	0.4	1.5~2.0
重铝酸钠	0.05		0.05
硅酸钠			0.5~1.0
肥皂			0.2
水(L)	100	100	100

2. 除锈

零件表面的腐蚀物,如钢铁零件的表面锈蚀,在机械设备修理中,为保证修理质量,必须彻底清除。根据具体情况,目前主要采用机械、化学和电化学等方法进行清除。

1)机械法除锈

利用机械摩擦、切削等作用清除零件表面锈层,常用方法有刷、磨、抛光、喷砂等。单件小批量生产或修理中可由人工打磨锈蚀表面;大批量生产或有条件的场合,可采用机器除锈,如电动磨光、抛光、滚光等。喷砂法除锈是利用压缩空气,把一定粒度的砂子通过喷枪喷在零件锈蚀的表面上,这样不仅除锈快,还可为涂装、喷涂、电镀等工艺做好表面准备,经喷砂处理的表面可达到干净的、有一定粗糙度的表面要求,从而提高覆盖层与零件的结合力。

2)化学法除锈

利用一些酸性溶液溶解金属表面的氧化物,以达到除锈的目的。目前使用的化学溶液主要是硫酸、盐酸、磷酸或其混合溶液,加入少量的缓蚀剂。其工艺过程是:脱脂→水冲洗→除锈→水冲洗→中和→水冲洗→去氢。为保证除锈效果,一般都将溶液加热到一定的温度,严格控制时间,并要根据被除锈零件的材料,采用合适的配方。

3)电化学法除锈

电化学除锈又称电解腐蚀,这种方法可节约化学药品,除锈效率高、除锈质量好,但消耗能量大且设备复杂。常用的方法有阳极腐蚀,即把锈蚀件作为阳极,故称为阳极腐蚀;还有阴极腐蚀,即把锈蚀件作为阴极,用铅或铅锑合金作阳极。阳极腐蚀的主要缺点是当电流密度过高时,易腐蚀过度,破坏零件表面,故适用于外形简单的零件;阴极腐蚀无过蚀问题,但氢容易浸入金属中,产生氢脆,降低零件塑性。

3. 清除涂层

清除零件表面的保护涂层,可根据涂层的损坏程度和保护涂层的要求,进行全部或部分清除。涂层清除后,要冲洗干净,准备再喷刷新涂层。

清除方法一般是采用手工工具(如刮刀、砂纸、油石、钢丝刷或手提式电动、风动工具)进行刮、磨、刷等。有条件时可采用化学方法,即用各种配制好的有机溶剂、碱性溶液退漆剂等。使用碱性溶液退漆剂时,可涂刷在零件的涂层上,使之溶解软化,然后再用手工工具进行清除。图 2-13 所示为清除涂层示意图。

使用有机溶液退漆时,要特别注意安全。工作场地要通风、防火,操作者要穿戴防护用具,工作结束后,要将手洗干净,以防中毒。使用碱性溶液退漆剂时,不要让铝制零件、皮革、橡胶、毡质零件接触,以免腐蚀损坏。操作者要戴耐碱手套,避免皮肤接触受伤。

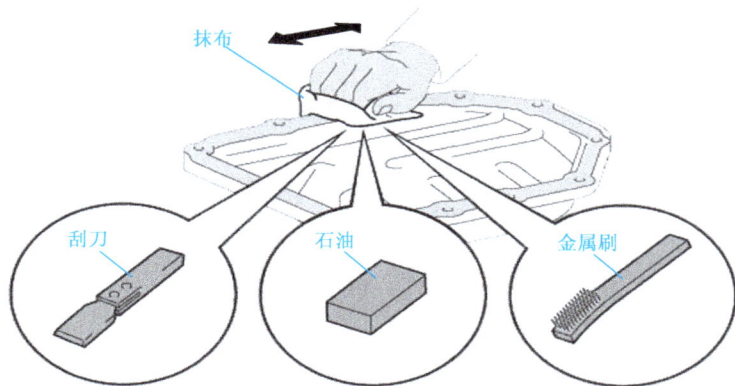

图 2-13　清除涂层

学习项目二　机械零件失效形式及其对策

机电设备越复杂,引起故障的原因越多样化,与机电设备的机械故障和机械零件的失效密不可分。在设备使用过程中,机械零件由于设计、材料、工艺及装配等各种原因,丧失规定的功能,无法继续工作的现象称为失效。当机械设备的关键零部件失效时,就意味着设备处于故障状态。设备发生故障后,其经济技术指标部分或全部下降而达不到预定要求,如功率下降、精度降低、加工表面粗糙度达不到预定等级或发生强烈振动、出现不正常的声响等。

机械零件失效形式也很多,主要有磨损、变形、断裂、蚀损四种普通的、有代表性的失效模式。

▶▶ 一、机械零件的磨损及其对策

相接触的物体相互移动时发生阻力的现象称为摩擦。相对运动的零件的摩擦表面发生尺寸、形状和表面质量变化的现象称为磨损。摩擦是不可避免的自然现象;磨损是摩擦的必然结果,两者均发生于材料表面。摩擦与磨损相伴产生,造成机械零件的失效。

一般机械设备中约有 80% 的零件因磨损而失效报废。据估计,世界上的能源消耗有 30%～50% 是由于摩擦和磨损造成的。机械零件的磨损过程一般可分为磨合阶段、稳定磨损阶段和剧烈磨损阶段,如图 1-1 所示。

1.磨损的类型和特点

通常将机械零件的磨损分为粘着磨损、磨料磨损、疲劳磨损、腐蚀磨损和微动磨损五种类型,如表 2-3 所示。

2.防止和减少磨损的对策

防止和减少磨损的对策如表 2-4 所示。

类　型	内　容	特　点	举　例
黏着磨损	构成摩擦副的两个摩擦表面相互接触并发生相对运动时,由于黏着作用,接触表面的材料从一个表面转移到另一个表面所引起的磨损	接触点黏着剪切破坏,表面呈现擦痕、鱼鳞片状、麻点	发动机的铝活塞壁与缸体摩擦擦伤
磨料磨损	当摩擦副的接触表面之间存在着硬质颗粒,或者当摩擦副材料一方的硬度比另一方的硬度大得多时,所产生的一种类似金属切削过程的磨损	磨料作用于材料表面而破坏,表面呈现切痕、刮伤	球磨机的衬板与钢球、农业与矿山机械零件磨损
疲劳磨损	摩擦表面材料受循环接触应力作用产生重复变形,导致产生裂纹和分离出微片或颗粒的一种磨损	表层受接触应力反复作用而疲劳破坏,表面呈现裂纹、剥落	滚动轴承、齿轮副
腐蚀磨损	在摩擦过程中,金属同时与周围介质发生化学或电化学反应,产生材料损失现象,即腐蚀磨损	有化学反应或电化学反应的表面腐蚀破坏,表面有反应产物	曲轴轴颈氧化磨损、化工设备中的零件表面
微动磨损	两个接触表面由于受相对低振幅振荡运动而产生的磨损称为微动磨损	复合式磨损	键连接处、过盈配合处、螺栓连接处、片式摩擦离合器的内外摩擦片的接合面上

类　型	内　容
黏着磨损	(1)控制摩擦表面的状态; (2)控制摩擦表面材料的成分和金相组织
磨料磨损	(1)减少磨料的进入; (2)增强零件的耐磨性; (3)合理选用润滑剂
疲劳磨损	(1)合理选用摩擦副材料,避免应力集中; (2)适当降低表面粗糙度; (3)合理选用润滑剂
腐蚀磨损	(1)控制氧化膜生长的速度与厚度; (2)控制金属表面形成的氧化膜的性质; (3)控制氧化膜硬度
微动磨损	(1)合理选用摩擦副材料; (2)控制荷载、温度、振幅; (3)合理选用润滑剂

▶▶ 二、机械零件的变形及其对策

机械零件或构件在外力的作用下,产生形状或尺寸变化的现象称为变形。过量的变形是机械失效的重要类型,也是判断韧性断裂的明显征兆。例如,各类传动轴的弯曲变形、桥式起重机主梁在变形下挠曲或扭曲、汽车大梁的扭曲变形、弹簧的变形等。变形量随着时间的不断增加,逐渐改变了产品的初始参数,当超过允许极限时,将丧失规定的功能。图 2-14所示为齿轮的失效形式。

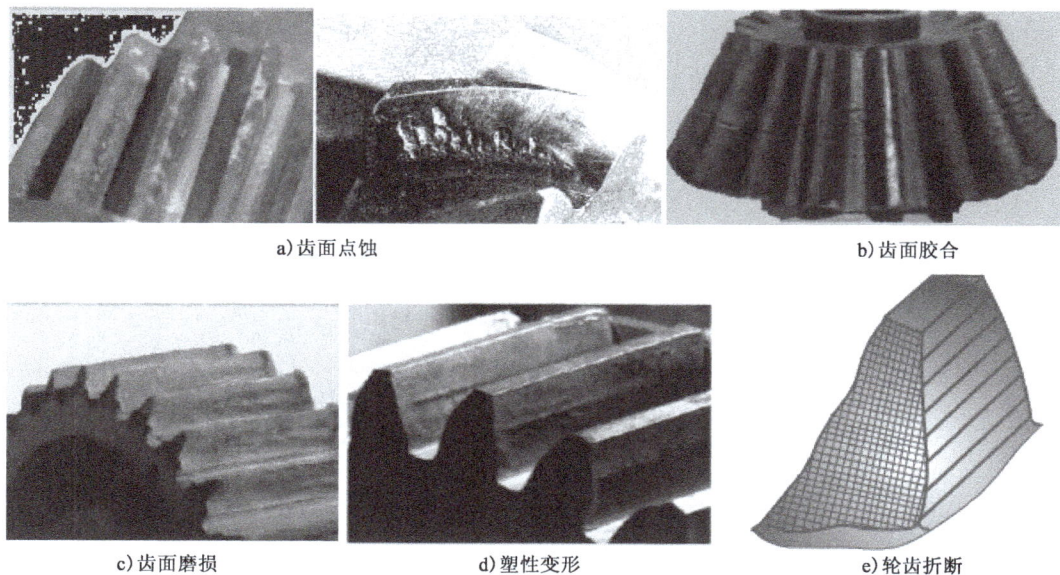

a)齿面点蚀   b)齿面胶合

c)齿面磨损   d)塑性变形   e)轮齿折断

图 2-14　齿轮的失效形式

1. 弹性变形

金属零件在作用应力小于材料屈服强度时产生的变形称为弹性变形。

弹性变形的特点如下。

(1)当外力去除后,零件变形消除,恢复原状。

(2)材料弹性变形时,应变与应力成正比,其比值称为弹性模量,它表示材料对弹性变形的阻力。在其他条件相同时,材料的弹性模量越高,由这种材料制成的机械零件或构件的刚度便越高,在受到外力作用时保持其固有尺寸和形状的能力就越强。

(3)弹性变形量很小,一般不超过材料原长度的 $0.1\% \sim 1.0\%$。

在金属零件使用过程中,若产生超量弹性变形(超量弹性变形是指超过设计允许的弹性变形),则会影响零件正常工作。

2. 塑性变形

塑性变形又称永久变形,是指机械零件在外加载荷去除后留下来的一部分不可恢复的变形。金属零件的塑性变形从宏观形貌特征上看,主要有翘曲变形、体积变形和时效变形三种形式。

塑性变形导致机械零件各部分尺寸和外形的变化,将引起一系列不良后果。例如,机床主轴塑性弯曲,将不能保证加工精度,导致废品率增大,甚至使主轴不能工作。

3. 防止和减少机械零件变形的对策

变形是不可避免的,可从下列四个方面采取相应的对策防止和减少机械零件变形。

1)设计

设计时不仅要考虑零件的强度,还要重视零件的刚度和制造、装配、使用、拆卸、修理等问题。

(1)正确选用材料,注意工艺性能。

(2)合理布置零件,选择适当的结构尺寸。

（3）在设计中，注意应用新技术、新工艺和新材料，减少制造时的内应力和变形。

2）加工

在加工中要采取一系列工艺措施来防止和减少变形。对毛坯要进行时效处理以消除其残余内应力。时效处理有自然时效处理和人工时效处理两种。自然时效处理，可以将生产出来的毛坯在露天存放 1～2 年，这是因为毛坯材料的内应力有在 12～20 月逐渐消失的特点，其处理效果最佳；缺点是处理周期太长。人工时效处理可使毛坯通过高温退火、保温缓冷而消除内应力，也可利用振动作用来进行人工时效处理。高精度零件在精加工过程中必须安排人工时效处理。

3）修理

在修理中，既要满足恢复零件的尺寸、配合精度、表面质量等技术要求，还要检查和修复主要零件的形状误差、位置误差。为了尽量减少零件在修理中产生的应力和变形，应当制定出与变形有关的标准和修理规范，设计简单可靠、好用的专用量具和工件夹具，同时注意大力推广"三新"技术，特别是新的修复技术，如刷镀、粘接等。

4）使用

加强设备管理，制订并严格执行操作规程，加强机械设备的检查和维护，不超负荷运行，避免局部超载或过热等。

▶▶▶ 三、机械零件的断裂及其对策

断裂是零件在机械、热、磁、腐蚀等单独作用或者联合作用下，其本身连续性遭到破坏，发生局部开裂或分裂成几部分的现象。机械零件断裂后不仅完全丧失工作能力，而且还可能造成重大的经济损失或伤亡事故。

1. 延性断裂

延性断裂又称塑性断裂或韧性断裂。当外力引起的应力超过抗拉强度时发生塑性变形后造成断裂就称为延性断裂。延性断裂的宏观特点是断裂前有明显的塑性变形，常出现"缩颈"现象。延性断裂断口形貌的微观特点是断面有大量韧窝（即微坑）覆盖。延性断裂实际上是显微空洞形成、长大、连接以致最终导致断裂的一种破坏方式。

2. 脆性断裂

金属零件或构件在断裂之前无明显的塑性变形，发展速度极快的一类断裂称为脆性断裂。它通常在没有预示信号的情况下突然发生，是一种极危险的断裂形式。

3. 疲劳断裂

机械设备中的许多零件，如轴、齿轮、凸轮等，都是在交变应力作用下工作的。它们工作时所承受的应力一般都低于材料的屈服强度或抗拉强度，按静强度设计的标准是安全的。但在实际生产中，在重复及交变载荷的长期作用下，机械零件或构件仍然会发生断裂，这种现象称为疲劳断裂，它是一种普通却严重的失效形式。在机械零件的断裂失效中，疲劳断裂占很大的比重，为 80%～90%。

4. 环境断裂

环境断裂是指材料与某种特殊环境相互作用而引起的具有一定环境特征的断裂方式。延性断裂、脆性断裂、疲劳断裂，均未涉及材料所处的环境，实际上机械零件的断裂，除了与材料的特性、应力状态和应变速度有关外，还与周围的环境密切相关，尤其是在腐蚀环境中

材料表面的裂纹边沿由于氧化、腐蚀或其他过程使材料强度下降，促使材料发生断裂。环境断裂主要有应力腐蚀断裂、氢脆断裂、高温蠕变断裂、腐蚀疲劳断裂及冷脆断裂等形式。

5. 减少或消除机械零件断裂的对策

（1）设计。在金属结构设计上要合理，尽可能减少或避免应力集中，合理选择材料。

（2）工艺。采用合理的工艺结构，注意消除残余应力，严格控制热处理工艺。

（3）使用。按设备说明书操作使用机电设备，杜绝超载使用机电设备。

▶▶ 四、机械零件的蚀损及其对策

蚀损即腐蚀损伤。机械零件的蚀损，是指金属材料与周围介质产生化学反应或电化学反应而导致的破坏。金属腐蚀是普遍存在的自然现象，它所造成的经济损失十分惊人。据不完全统计，全世界因腐蚀而不能继续使用的金属零件，约占其产量的10％以上。

1. 机械零件的化学腐蚀

化学腐蚀是指单纯由化学作用而引起的腐蚀。在这一腐蚀过程中不产生电流，介质是非导电的。化学腐蚀的介质一般有两种形式：一种是气体腐蚀，指干燥空气、高温气体等介质中的腐蚀；另一种是非电解质溶液中的腐蚀，指有机液体、汽油、润滑油等介质中的腐蚀，它们与金属接触时进行化学反应形成表面膜，在不断脱落又不断生成的过程中使零件腐蚀。

大多数金属在室温下的空气中就能自发地氧化，但在表面形成氧化物层之后，如能有效地隔离金属与介质间的物质传递，就成为保护膜；如果氧化物层不能有效阻止氧化反应的进行，那么金属将不断地被氧化。

2. 金属零件的电化学腐蚀

电化学腐蚀是金属与电解质物质接触时产生的腐蚀。大多数金属的腐蚀都属于电化学腐蚀，其涉及面广，造成的经济损失大。电化学腐蚀与化学腐蚀的不同点在于其腐蚀过程有电流产生。电化学腐蚀过程比化学腐蚀强烈得多，这是由于电化学腐蚀的条件易形成和存在决定的。

电化学腐蚀的根本原因是腐蚀电池的形成。在原电池中，作为阳极的锌被溶解，作为阴极的铜未被溶解，在电解质溶液中有电流产生。电化学腐蚀原理与此很相近，同样需要形成原电池的三个条件：两个或两个以上的不同电极电位的物体，或在同一物体中具有不同电极电位的区域，以形成正、负极；电极之间需要有导体相连接或电极直接接触；有电解液。金属材料中一般都含有其他合金或杂质（如碳钢中含有渗碳体，铸铁中含有石墨等），由于这些杂质的电极电位的数值比铁本身大，便产生了电位差，而且它们又都能导电，杂质又与基体金属直接接触，所以当有电解质溶液存在时便会构成腐蚀电池。

3. 减少或消除机械零件蚀损的对策

1）正确选材

根据环境介质和使用条件，选择合适的耐腐蚀材料，如含有镍、铬、铝、硅、钛等元素的合金钢；在条件许可的情况下，尽量选用尼龙、塑料、陶瓷等材料。

2）合理设计

在制造机械设备时，即使采用了较优质的材料，如果在结构的设计上不从金属防护角度加以全面考虑，常会引起机械应力、热应力以及流体的停滞和聚集、局部过热等，从而加速腐蚀过程。因此设计结构时应尽量使整个部位的所有条件均匀一致，做到结构合理、外形简

化、表面粗糙度合适。

3）覆盖保护层

在金属表面上覆盖一层不同的材料，可改变表面结构，使金属与介质隔离开来，以防止腐蚀。常用的覆盖材料有金属或合金、非金属保护层和化学保护层等。

4）电化学保护

对被保护的机械设备通以直流电流进行极化，以消除电位差，使之达到某一电位时，被保护金属的腐蚀可以很小，甚至呈无腐蚀状态。这种方法要求介质必须是导电的、连续的。

5）添加缓蚀剂

在腐蚀性介质中加入少量缓蚀剂（缓蚀剂是指能降低腐蚀速度的物质），可减轻腐蚀。按化学性质的不同，缓蚀剂有无机化合物和有机化合物两类。无机化合物，能在金属表面形成保护，使金属与介质隔开，如重铬酸钾、硝酸钠、亚硫酸钠等；有机化合物，能吸附在金属表面上，使金属溶解和还原反应都受到抑制，减轻金属腐蚀，如胺盐、琼脂、动物胶、生物碱等。

6）改变环境条件

将环境中的腐蚀介质去除，可减少其腐蚀作用。如采用通风、除湿、去掉二氧化硫气体等。对常用金属材料来说，把相对湿度控制在临界湿度以下，可显著减缓大气腐蚀。

学习项目三　机械零件的检测

对清洗后的机械零件进行有针对性的检验和测量，鉴别其所处的技术状态，进行分类和决策，从而拟定出合理的修理技术方案及其相应的工艺措施，不仅是机电设备修理前的重要工作，而且要自始至终贯穿在全部修理过程中。

▶▶ 一、机械零件检测的内容和分类

1. 检验的主要内容

（1）零件的几何精度。包括尺寸、形状和表面相互位置精度。经常检验的有尺寸、圆柱度、圆度、平面度、直线度、同轴度、平行度、垂直度、跳动等项目。根据检修特点，有时不是追求单个零件的几何尺寸精度，而是要求相对配合精度。

（2）零件的表面质量。包括表面粗糙度、表面有无擦伤、腐蚀、裂纹、剥落、烧损、拉毛等缺陷。

（3）零件的物理力学性能。除硬度、硬化层深度外，对零件制造和修复过程中形成的性能（如应力状态、平衡状况、弹性、刚度、振动等）也需根据情况适当进行检测。

（4）零件的隐蔽缺陷。包括制造过程中的内部夹渣、气孔、疏松、空洞、焊缝等缺陷，还有使用过程中产生的微观裂纹。

（5）零部件的质量和静动平衡。如活塞、连杆组之间的质量；曲轴、风扇、传动轴、车轮等高速旋转的零部件进行静动平衡。

（6）零件的材料性质。如零件合金成分、渗碳层含碳量、各部分材料的均匀性、铸铁中石墨的析出、橡胶材料的老化变质程度等。

（7）零件表层材料与基体的结合强度。如电镀层、喷涂层、堆焊层与基体金属的结合强度，机械固定连接件的连接强度，轴承合金和轴承座的结合强度等。

(8)组件的配合情况。如组件的同轴度、平行度、啮合情况与配合的严密性等。

(9)零件的磨损程度。正确识别摩擦、磨损零件的可用性,由磨损极限确定是否能继续使用。

(10)密封性。如发动机缸体、缸盖需进行密封试验,检查有无泄漏。

2.检验后分类

零件通过上述分析、检验和测量,便可将其划分为可用的、不可用的和需修的三大类。可用零件是指其所处技术状态仍能满足各级修理技术标准,它可不经任何修理,便可直接进入装配阶段使用。如果零件所处技术状态已劣于各级修理技术标准或使用规范等,均属于需修零件。不过有些零件通过修理,不仅能达到各级修理技术标准,而且很经济合算,此时应尽量给予修理和重新使用;而有些零件,虽然通过修理能达到各级修理技术标准,但费用很高,极不经济,通常不予修理而换用新零件。当零件所处技术状态(如材料变质、强度不足等)已无法采用修理方法来达到规定的技术要求时,应作报废处理。

▶▶二、机械零件的检测方法

目前,常见的检测方法有:检视法、测量法和隐蔽缺陷的无损检测法。一般视生产需要选择其中某些适宜的方法来检测,以便作出全面的技术鉴定。

下面介绍几种常用的检测方法。

1.检视法

它主要是凭人的器官(眼、手和耳等)感觉或借助于简单工具(放大镜、锤子等)、标准块等进行检验、比较和判断零件的技术状态的一种方法。显然,此法简单、易行,且不受条件限制,因而普遍采用,但要求检视人员要有实践经验,而且只能作定性分析和判断,是目前检测中不可缺少的重要方法。

2.测量法

采用各种量具检查零件的配合尺寸、间隙、表面形状和位置偏差等,这是一种比较精确的鉴定方法。常用的量具包括钢直尺、钢带尺、卡钳、塞尺、游标卡尺、外径千分尺、内径百分表等,如图 2-15、图 2-16 所示。

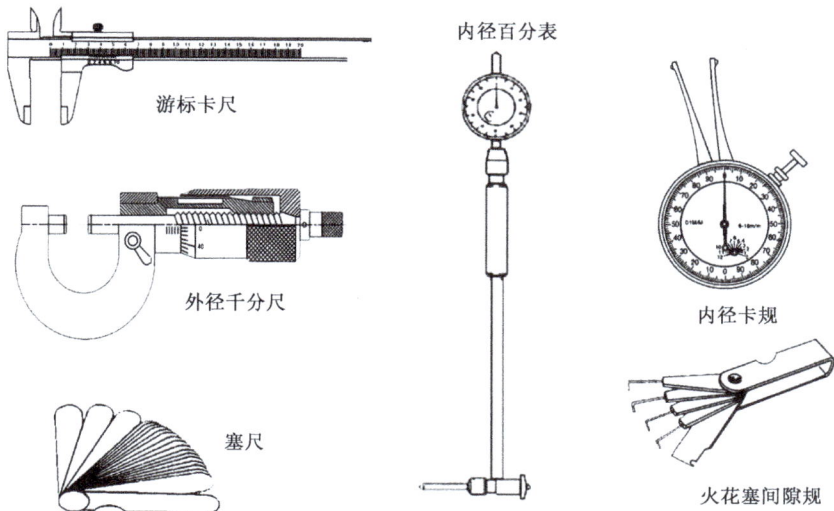

图 2-15　测量法常用的量具

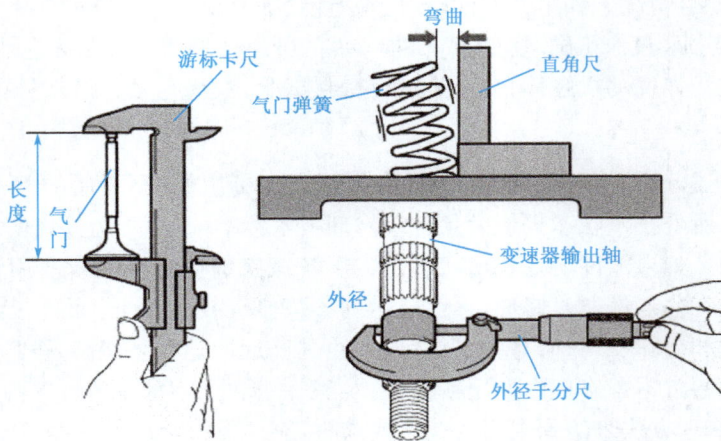

图 2-16　用测量法测量零件

3.无损检测法

无损检测的主要任务是确定零件隐蔽缺陷的性质、大小、部位及其取向等,因此,在具体选择无损检测法和操作时,必须结合零件的工作条件,考虑其受力状况、生产工艺、检测要求与效果及其经济性等。

目前,生产中常用的无损检测法主要有渗透、磁粉、超声波和射线等检测方法。

1)渗透检测法

其原理是在清洗后的零件表面上涂上渗透剂,渗透剂通过表面缺陷毛细管作用进入缺陷中,这时可利用缺陷中的渗透剂能以颜色显示缺陷,或在紫外线照射下能够产生荧光将缺陷的位置和形状显示出来。渗透检测的原理如图 2-17 所示。

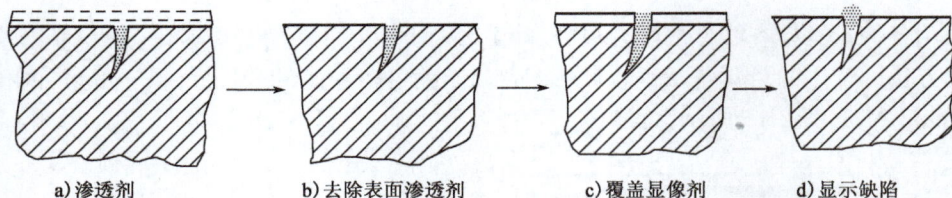

a)渗透剂　　b)去除表面渗透剂　　c)覆盖显像剂　　d)显示缺陷

图 2-17　渗透检测法原理及过程

用此法检测方便、简单,能检测出任何材料制作的零件和零件任何结构形状表面上1mm 左右宽的微裂纹。

2)磁粉检测法

其原理是利用铁磁材料在电磁场作用下能够产生磁化。被测零件在电磁场作用下,由于其表面或近表面(几毫米之内)存在缺陷,磁力线只得绕过缺陷产生磁力线泄漏或聚集形成局部磁化吸附磁粉,从而显示出缺陷的位置、形状和取向。图 2-18 所示为磁粉检测法的原理。

采用磁粉检测时,必须注意磁化方法的选择,使磁力线方向尽可能垂直或以一定角度穿过缺陷的取向,以获得最佳的检测效果;同时需注意检测后的退磁处理,以免影响使用。此法设备简单、检测可靠、操作方便,但是只能适用于铁磁材料零件表面和近表面缺陷的检测。

3)超声波检测法

其原理是利用某些物质的压电效应产生的超声波在介质中传播时遇到不同介质间的介面(内部裂纹、夹渣和缩孔等缺陷)会产生反射、折射等特性。通过检测仪器可将超声波在缺陷处产生的反射、折射波显示在荧光屏上,从而确定零件内部缺陷的位置、大小和性质等。超声波检测法原理如图 2-19 所示。

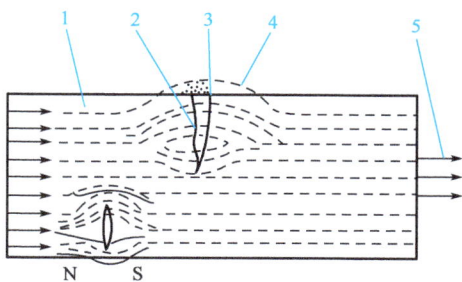

图 2-18 磁粉检测法原理
1-零件;2-缺陷;3-局部缺陷;4-泄漏磁通;5-磁力线

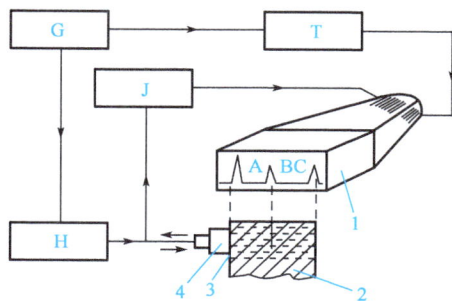

图 2-19 超声波检测法原理
A-初始脉冲;B-缺陷脉冲;C-底脉冲;G-同步发生器;H-高频脉冲发生器;J-接收放大器;T-时间扫描器;1-荧光屏;2-零件;3-耦合剂;4-探头

此法的主要特点是穿透能力强、灵敏度高;适用范围广,不受材料限制;设备轻巧、使用方便,可到现场检测,但只适用零件的内部缺陷。

4)射线检测法

其原理是利用射线(X 射线)照射,使其穿过零件,如果遇到缺陷(裂纹、气孔、疏松或夹渣等),射线则较容易透过的特点。这样从被测零件缺陷处透过射线的能量较其他地方多。当这些射线照射到软片,经过感光和显影后,形成不同的黑度(反差),从而分析判断出零件缺陷的形状、大小和位置来。图 2-20 所示为射线检测法原理。

此法最大的特点是从感光胶片上较容易判定此零件缺陷的形状、尺寸和性质,并且胶片可长期保存备查。但是检测设备投资及检测费用较高,且需要有相应的防射线的安全措施,只用于对重要零件的检测或者用超声波检测尚不能判定的检测。

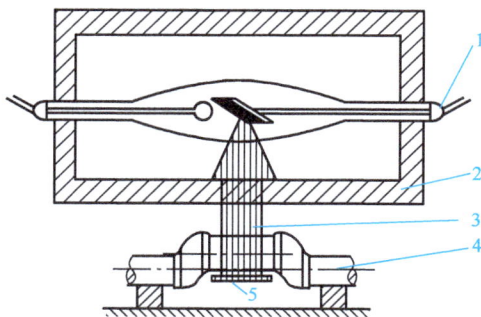

图 2-20 射线检测原理图
1-射线管;2-保护箱;3-射线;4-零件;5-感光胶片

必须指出,零件检测分类时,还必须注意结合件的特殊要求以进行相应的特殊试验,如高速运动的平衡试验、弹性件的弹性试验以及密封件的密封试验等,只有这样才能对零件作出全面的技术鉴定与正确的分类。

▶▶ 三、典型机械零件的检测

零件检验的内容分修前检验、修后检验和装配检验。修前检验在机电设备拆卸后进行,对已确定需要修复的零件,可根据零件损坏情况及生产条件,确定适当的修复工艺,并提出修理技术要求。对报废的零件,要提出需要补充的备件型号、规格和数量,没有备件的需提出零件工作图或测绘草图。修后检验是指检验零件加工或修理后的质量,是否达到了规定的技术标准,以确定是成品、废品还是返修品。装配检验是指检查待装零件(包括修复的和新的)质量是否合格、能否满足装配的技术要求。在装配过程中,对每道工序进行检验,以免装配过程中产生中间工序不合格,从而影响装配质量。组装后,检验累积误差是否超过装配的技术要求。机电设备总装后要进行试运转,检验工作精度、几何精度以及其他性能,以检查修理质量是否合格,同时要进行必要的调整工作。

1. 床身导轨的检查

床身是基础零件,最起码的要求是保持其形态完整。一般情况下,虽然床身导轨本身断面大,不易断裂,但是由于铸件本身的缺陷(砂眼、气孔、缩松),加之受力大,切削过程的振动和冲击,床身导轨也可能存在裂纹,这是首先应检查的。检查方法是:用锤子轻轻敲打床身各非工作面,凭发出的声音进行鉴别,当有破哑声发出时,则判断其部位可能有裂纹。微细的裂纹可用煤油渗透法检查。对导轨面上的凸凹、掉块或碰伤,均应查出,标注记号,以备修理。

2. 主轴的检查

主轴的损坏形式主要是轴颈磨损、外表拉伤,产生圆度误差、同轴度误差和弯曲变形及锥孔碰伤、键槽破裂、螺纹损坏等。常见的主轴同轴度检查方法如图 2-21 所示。

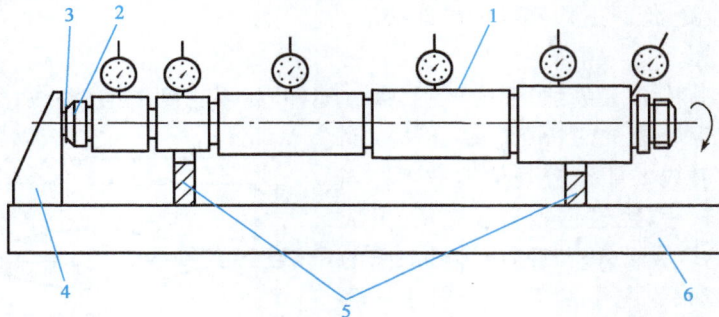

图 2-21 主轴各轴颈同轴度的检查
1-主轴;2-堵头;3-钢球;4-支撑板;5-V 形架;6-平板

主轴 1 放置于检验平板 6 上的两个 V 形架 5 上,主轴后端装入堵头 2,堵头 2 中心孔顶一钢球 3 紧靠支撑板 4,在主轴各轴颈处用百分表触头与轴颈表面接触,转动主轴,百分表指针的摆动差即为同轴度误差。轴肩端面圆跳动误差也可从端面处的百分表读出。一般应将同轴度误差控制在 0.015mm 之内,端面圆跳动误差应小于 0.01mm。

至于主轴锥孔中心线对支撑轴颈的径向圆跳动误差,可在放置好的主轴锥孔内放入锥柄检验棒,然后将百分表触头分别触及锥柄检验棒靠近主轴端及相距 300mm 处的两点,回转主轴,观察百分表指针,即可测得主轴锥孔中心线对支撑轴颈的径向圆跳动误差。

主轴的圆度误差可用千分尺和圆度仪测量;其他损坏、碰伤情况可目测看到。

3. 齿轮的检查

齿轮工作一个时期后,由于齿面磨损,齿形误差增大,将影响齿轮的工作性能。因此,要求齿形完整,不允许有挤压变形、裂纹和断齿现象。齿厚的磨损量应控制在不大于 15% 的模数内。

生产中常用专用齿厚游标卡尺来检查齿厚偏差,即用齿厚减薄量来控制侧隙。还可用公法线千分尺测量齿轮公法线长度的变动量来控制齿轮的运动准确性,这种方法简单易行,生产中常用。图 2-22 所示为齿轮公法线长度变动量的测量。

测量齿轮公法线长度的变动量,首先要根据被测齿轮的齿数计算跨齿数 k(k 值也可通过查阅资料确定)。

$$k = \frac{z}{9} + 0.5 \qquad (2\text{-}1)$$

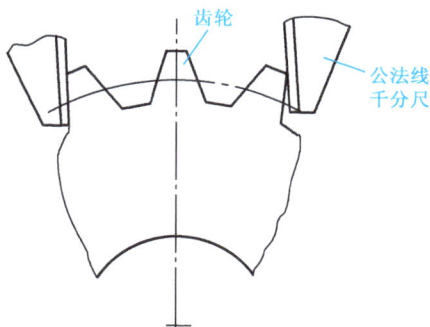

图 2-22　公法线的测量

k 值要取整数,然后按 k 值用公法线千分尺测量一周公法线长度。其中最大值与最小值之差即为公法线长度变动量,当该变动量小于规定的公差值时,则齿轮该项指标合格。齿轮的内孔、键槽、花键及螺纹都必须符合标准要求,不允许有拉伤和破坏现象。

4.滚动轴承的检查

对于滚动轴承,应着重检查内圈、外圈滚道。整个工作表面应光滑,不应该有裂纹、微孔、凹痕和脱皮等缺陷。滚动体的表面也应光滑,不应有裂纹、微孔和凹痕等缺陷。此外,保持架应该完整、铆钉应该紧固。如果发现滚动体轴承的内、外圈有间隙,不要轻易更换,可通过预加载荷调整,消除因磨损而增大的间隙,提高其旋转精度。

最后根据零件检查的结果,可编制、填写修换零件明细表。明细表一般可分为修理零件明细表、缺损零件明细表、外购外协件明细表、滚动轴承明细表及标准件明细表等。

学习项目四　典型零部件的装配

▶▶ 一、机械装配的一般工艺原则和要求

一部庞大复杂的机电设备都是由许多零件和部件所组成。按照规定的技术要求,将若干个零件组合成组件,由若干个组件和零件组合成部件,最后由所有的部件和零件组合成整台机电设备的过程,分别称为组装、部装和总装,统称为装配。图 2-23 所示为总装工艺系统图。

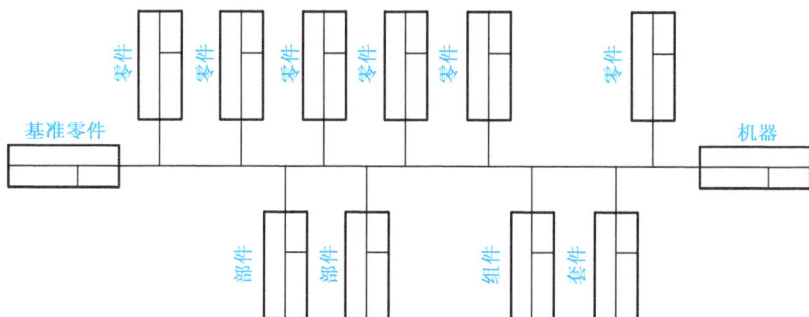

图 2-23　总装工艺系统图

机电设备修理后质量的好坏,与装配质量的高低有密切的关系。机电设备修理后的装配工艺是一个复杂细致的工作,是按技术要求将零部件连接或固定起来,使机电设备的各个零部件保持正确的相对位置和相对关系,以保证机电设备所应具有的各项性能指标。若装配工艺不当,即使有高质量的零件,机电设备的性能也很难达到要求,严重时还可造成机电设备事故或人身事故。因此,修理后的装配必须根据机电设备的性能指标,严肃认真地按照技术规范进行。做好充分周密的准备工作,正确选择并熟悉和遵守装配工艺是机电设备修理装配的两个基本要求。

1. 装配的技术准备工作

(1)研究和熟悉机电设备及各部件总成装配图和有关技术文件与技术资料。了解机电设备及零部件的结构特点、作用、相互连接关系及其连接方式。对于那些有配合要求、运动精度较高或有其他特殊技术条件的零部件,尤应引起特别的重视。

(2)根据零部件的结构特点和技术要求,确定合适的装配工艺、方法和程序。准备好必备的工具、量具、夹具和材料。

(3)按清单清理检测各备装零件的尺寸精度与制造或修复质量,核查技术要求,凡有不合格者一律不得装配。对于螺柱、键及销等标准件稍有损伤者,应予以更换,不得勉强留用。

(4)零件装配前必须进行清洗。对于经过钻孔、铰削、镗削等机械加工的零件,要将金属屑末清除干净;润滑油道要用高压空气或高压油吹洗干净;相对运动的配合表面要保持洁净,以免因脏物或尘粒等混杂其间而加速配合件表面的磨损。

2. 装配的一般工艺原则

装配时的顺序应与拆卸顺序相反。要根据零部件的结构特点,采用合适的工具或设备,严格仔细按顺序装配,注意零部件之间的方位和配合精度要求。

(1)对于过渡配合和过盈配合零件的装配,如滚动轴承的内、外圈等,必须采用相应的铜棒、铜套等专门工具和工艺措施进行手工装配,或按技术条件借助设备进行加温、加压装配。如遇到装配困难的情况,应先分析原因,排除故障,提出有效的改进方法,再继续装配,千万不可乱敲乱打、鲁莽行事。

(2)对油封件必须使用心棒压入,对配合表面要经过仔细检查和擦净,若有毛刺应经修整后方可装配;螺柱连接按规定的拧紧力矩值分次均匀紧固;螺母紧固后,螺柱的露出螺牙不少于两个且应等高。

(3)凡是摩擦表面,装配前均应涂上适量的润滑油,如轴颈、轴承、轴套、活塞、活塞销和缸壁等。各部件的密封垫(纸板、石棉、钢皮、软木垫等)应统一按规格制作。自行制作时,应细心加工,切勿让密封垫覆盖润滑油、水和空气的通道。机电设备中的各种密封管道和部件,装配后不得有渗漏现象。

(4)过盈配合件装配时,应先涂润滑油脂,以利于装配和减少配合表面的初磨损。另外,装配时应根据零件拆卸下来时所作的各种安装记号进行装配,以防装配出错而影响装配进度。

(5)对某些有装配技术要求的零部件,如装配间隙、过盈量、灵活度、啮合印痕等,应边安装边检查,并随时进行调整,以避免装配后返工。

(6)在装配前,要对有平衡要求的旋转零件按要求进行静平衡或动平衡试验,合格后才能装配。这是因为某些旋转零件,如带轮、飞轮、风扇叶轮、磨床主轴等新配件或修理件,可能会由于金属组织密度不匀、加工误差、本身形状不对称等原因,使零部件的重心与旋转轴线不重合,在高速旋转时,会因此而产生很大的离心力,引起机电设备的振动,加速零件磨损。

(7)每一个部件装配完毕,必须严格仔细地检查和清理,防止有遗漏或错装的零件,特别是对环境要求固定安装的零部件要检查。严防将工具、多余零件及杂物留存在箱体之中,确信无疑之后,再进行手动或低速试运行,以防机电设备运转时引起意外事故。

直齿圆柱齿轮减速器的装配工艺过程如表 2-5 所示。

直齿圆柱齿轮减速器的装配工艺过程　　　　　　表 2-5

工序号	工 序 内 容	减速器分解图
1	装配时按先内后外的顺序进行;按合理顺序装配轴、齿轮和滚动轴承,注意方向;滚动轴承装配按其合理装拆方法;挡油环、封油环,按技术要求合理调整轴向游隙	
2	合上箱盖	
3	安装好定位销	
4	装配上、下箱之间的连接螺栓	
5	装配轴承盖、观察孔盖板	

▶▶ 二、典型零部件的装配工艺

1. 螺纹连接件的装配

(1)螺纹的拧紧

螺纹连接件的装配和拆卸一样,不仅要使用合适的工具、设备,还要按技术文件的规定施加适当的拧紧力矩。表 2-6 列出的是拧紧碳素钢螺纹件的参考力矩。

拧紧碳素钢螺纹件的标准力矩(40 号钢)　　　　　　表 2-6

螺纹尺寸(mm)	M8	M10	M12	M14	M16	M18	M20	M22	M24
标准拧紧力矩(N·m)	10	30	35	53	85	120	190	230	270

用扳手拧紧螺柱时,应视其直径的大小来确定是否用套管加长扳手,尤其是螺柱直径在20mm 以内时要注意用力的大小,以免损坏螺纹。

重要的螺纹连接件都有规定的拧紧力矩,安装时必须用指针式扭力扳手按规定的拧紧力矩拧紧螺柱。对成组螺纹连接的装配,施力要均匀,按一定次序轮流拧紧,如图 2-24 所示。如有定位装置(销)时,应该先从定位装置(销)附近开始。

(2)螺纹的防松

螺纹连接中还应考虑其防松问题。如果螺纹连接一旦出现松脱,轻者会影响机械设备的正常运转,重者会造成严重的事故。因此,装配后采取有效的防松措施,才能防止螺纹连接松脱,保证螺纹连接安全可靠。

螺纹连接的防松方法,按照其工作原理可分为摩擦防松、机械防松、铆冲防松等。粘合防松法近年来得到了发展,它是在旋合的螺纹间涂以液体密封胶,硬化后使螺纹副紧密粘合。这种防松方法,效果良好且具有密封作用。此外,还有一些特殊的防松方法适用于某些专业产品的特殊需要(需要时可参考有关资料)。螺纹连接的常用防松方法如表 2-7 所示。

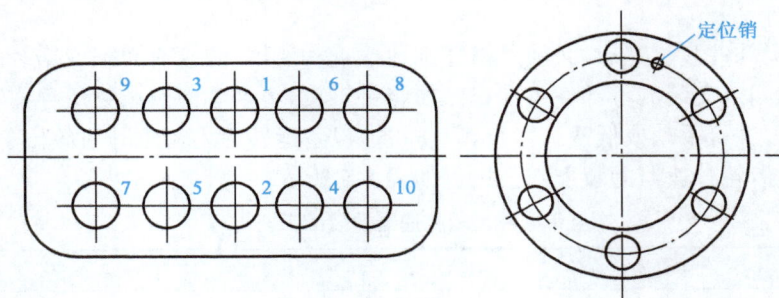

图 2-24 螺纹组拧紧顺序

螺纹连接常用的防松方法 　　　　　　　　表 2-7

防 松 方 法		结 构 类 型	特 点 和 应 用
	对顶螺母		两螺母对顶拧紧后,使旋合螺纹间始终受到附加的压力和摩擦力的作用。工作载荷有变动时,该摩擦力仍然存在,旋合螺纹间的接触情况如图所示,下螺母螺纹牙受力较小,其高度可小些,但为了防止装错,两螺母的高度取成相等为宜。 　结构简单,适用于平稳、低速和重载的连接
摩擦防松	弹簧垫圈		螺母拧紧后,靠垫圈压平而产生的弹性反力使旋合螺纹间压紧。同时垫圈斜口的尖端抵住螺母与被动连接件的支撑面也有防松作用。 　结构简单、防松方便,但由于垫圈的弹力不均,在冲击、振动的工作条件下,其防松效果较差。一般用于不甚重要的连接
	自锁螺母		螺母一端制成非圆形收口或开缝后径向收口。当螺母拧紧后,收口胀开,利用收口的弹力使旋合螺纹间压紧。 　防松可靠,可多次拆装而不降低防松性能。适用于较重要的连接

防 松 方 法		结 构 类 型	特 点 和 应 用
机械 防松	开口销与 槽形螺母		槽形螺母拧紧后将开口销穿入螺柱局部小孔和螺母的槽内,并将开口销尾部掰开与螺母侧面贴紧。也可用普通螺母代替槽形螺母,但需拧紧螺母后再配钻孔。 适用于较大冲击、振动的高速机械间的连接
	止动垫圈		螺母拧紧后,将单耳或双耳止动垫圈分别向螺母和被动连接件的侧面折弯贴紧,即可将螺母锁住。如两个螺柱需要双联锁紧时,可采用双联止动垫圈,使两个螺母互相制动。 结构简单,使用方便,防松可靠
	串联钢丝	 a)不正确　　　b)正确	用低碳钢丝穿入各螺钉头部的孔内,将各螺钉串联起来,使其互相制动。使用时必须注意钢丝的穿入方向[b)图正确、a)图错误]。 适用于螺钉组连接,防松可靠,但拆装不便
端冲 防松	端铆		螺母拧紧后,把螺柱末端伸出部分铆死。防松可靠,但拆卸后连接件不能重复使用。 适用于不需拆卸的特殊零件
	冲点		螺母拧紧后,利用冲头在螺柱末端与螺母的旋合缝处打冲,利用冲点防松。防松可靠,但拆卸后连接件不能重复使用。 适用于不需拆卸的特殊零件。

2.带轮的装配

圆锥轴配合的带轮装配,首先将键装在轴上,然后将带轮孔的键槽对准轴上的键套入,拧紧轴向固定螺钉即可。

对直轴配合的带轮,装配时将键装在轴上,带轮从轴上渐渐压入。压装带轮时,最好用专用工具或用木锤敲打装配。

3.滚动轴承的装配

滚动轴承在装配前必须经过洗涤,以使新轴承上的防锈油(由制造厂涂在其上)被清除掉,同时也清除掉在储存和拆箱时落在轴承上的灰尘和泥沙。根据轴承尺寸、轴承精度、装配要求和设备条件,可以采用手压床和液压机等装配方法。若无条件,可采用适当的套管,用锤子打入,但不能直接敲打轴承。图 2-25 所示为各种心轴安装滚动轴承的情况。

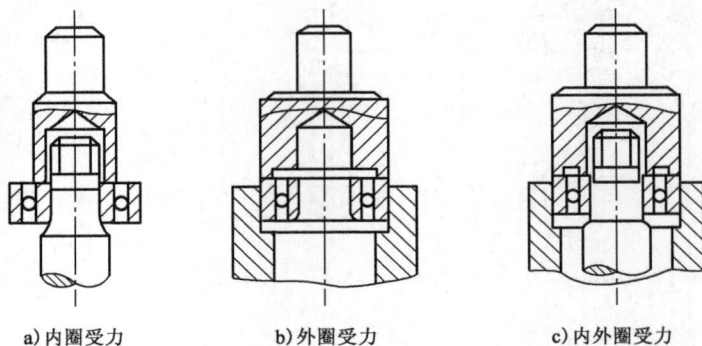

a)内圈受力　　　　　　b)外圈受力　　　　　　c)内外圈受力

图 2-25　滚动轴承的安装

根据轴承的不同特点,可以选用常温装配、加热装配和冷却装配等方法。

(1)常温装配。图 2-26 所示是用齿条手压床把轴承装在轴上的情况。轴承与手压床之间垫以垫套,用手扳动手压床的手把,通过垫套将轴承压在轴上。

图 2-27 所示为用垫棒敲击进行轴承装配(垫棒一般用黄铜制成)。

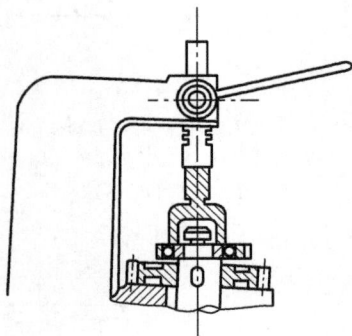

图 2-26　手压床安装轴承　　　　　　　　　图 2-27　垫棒敲击安装轴承

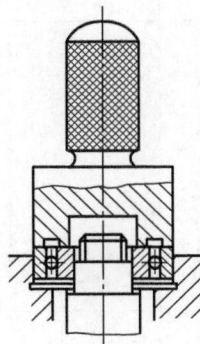

(2)加热装配。安装滚动轴承时,若过盈量较大,可利用热胀冷缩的原理装配。即用油浴加热等方法,把轴承预热至 $80\sim100℃$,然后进行装配。图 2-28 所示为用来加热轴承的特制油箱,轴承加热时放在槽内的格子上,格子与箱底有一定距离,以避免轴承接触到比油温高得多的箱底而形成局部过热,且使轴承不接触到箱底沉淀的脏物。

对有些小型轴承可以挂在吊钩上在油中加热,如图 2-29 所示。

(3)冷却装配。装在座体内的轴承外环,可以用干冰先行冷却或者将轴承放在 $-40\sim$ $-50℃$ 的工业冰箱里冰冷 $10\sim15min$,使轴承尺寸缩小,然后装入座孔。

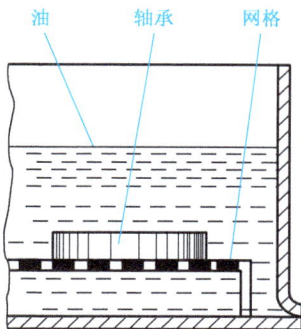

图 2-28　网格加热轴承

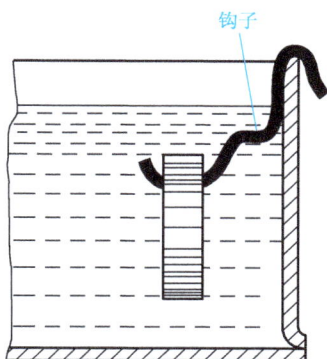

图 2-29　吊钩加热轴承

4.齿轮的装配方法

机床齿轮的修理装配并不是一个简单的机械装配过程,而是将被装配的齿轮、轴及轴承等多种零件,按照一定的工艺要求,通过正确的装配方法装配起来,并要经过必要的调整,从而提高齿轮的传动精度,减少噪声,避免冲击,使齿轮传动装置能长久可靠地工作。

修理装配中的齿轮多数是旧齿轮,已被磨损,而且两个啮合的齿轮,其磨损程度也不完全一致。这样,齿轮装配就较复杂。为了保证齿轮装配质量,应注意以下一些问题。

(1)对于主要用来传递动力的齿轮,应尽可能维持其原来的啮合状态,以减小噪声。

(2)对用于分度的齿轮传动,装配时不仅要减少噪声,并且还要保证分度均匀。在调整时尽量取齿侧间隙的最小值,同时使节圆半径的跳动量最小。

(3)装配时要使轴承的松紧程度适当。太松,轴承旋转时会产生噪声;太紧,则当轴受热时没有膨胀的余地,使轴弯曲变形,影响齿轮的啮合。

圆柱齿轮的装配方法如下。

(1)零件检查。圆柱齿轮的装配,要求成对啮合的齿轮,轴线必须在同一平面内,并且互相平行,两齿轮轴线应有正常啮合的中心距。因此装配前应检查全部零件,尤其是齿轮箱和轴。检查时应注意以下两点:

①齿轮箱各有关轴孔应互相平行,中心距偏差应在公差范围之内;否则,应进行修复。

②轴不能有弯曲,必要时要予以校正。

待所有零件检查合格后,要进行清洗以待装配。

(2)装配与检查。

①装配顺序最好按与传递运动相反的方向进行,即从最后由从动轴开始,以便于调整。

②当安装一对旧齿轮时,要仍按照原来磨合的轴向位置装配;否则将会产生振动,并使噪声增大。

③每装完一对齿轮,应进行检查齿面啮合情况和齿侧间隙。

a.齿面啮合检查。齿面啮合情况常用涂色法检查。在主动齿轮齿面上涂一薄层红丹粉,使齿轮啮合旋转,检查另一齿轮齿面上的啮合印痕(图 2-30)。正确的啮合应使印痕沿节圆线分布。印痕的啮合精度如表 2-8 所示。

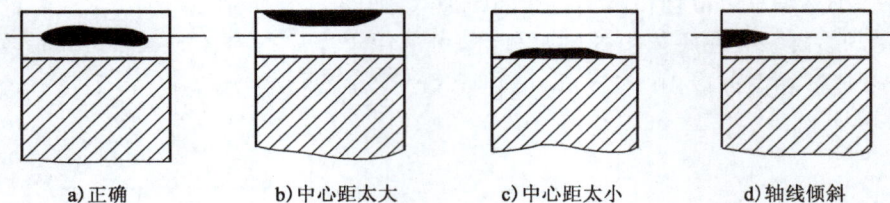

a)正确　　　b)中心距太大　　　c)中心距太小　　　d)轴线倾斜

图 2-30　圆柱齿轮啮合印痕

齿轮啮合精度　　　　　　　　　　　表 2-8

精度等级		6	7	8	9
印痕(%)	按齿高度≥	50	45	40	30
	按齿宽度≥	70	60	50	30

齿轮轴向位置啮合要求是:当啮合齿轮轮线宽度≤20mm 时,轴向错位不得超过 1mm;轮缘宽度>20mm 时,轴向错位不得大于 5‰齿宽,最大不得大于 5mm(两啮合齿轮轮缘宽度不同时,按其中较窄的计算)。

b. 齿侧间隙检查。齿侧间隙是指互相啮合的一对齿轮在非工作面之间沿法线方向的距离。齿侧间隙的检查,可用塞尺、百分表或压铅丝等方法来实现。

图 2-31 所示为用百分表检查齿侧间隙。将百分表架 4 放在箱体上,把检验杆 2 装在齿轮轴 1 上,百分表测头 3 顶住检验杆。然后转动与轴 1 配合的齿轮,让另一齿轮固定,记下百分表指针读数,按式(2-2)计算间隙。

$$\delta = \delta_1 \frac{R}{L} \qquad (2\text{-}2)$$

式中:δ——齿侧间隙,mm;

δ_1——百分表读数;

R——转动齿轮的节圆半径,mm;

L——检验杆旋转中心到百分表测点的距离,mm。

齿侧间隙应符合技术要求,否则须查明原因。

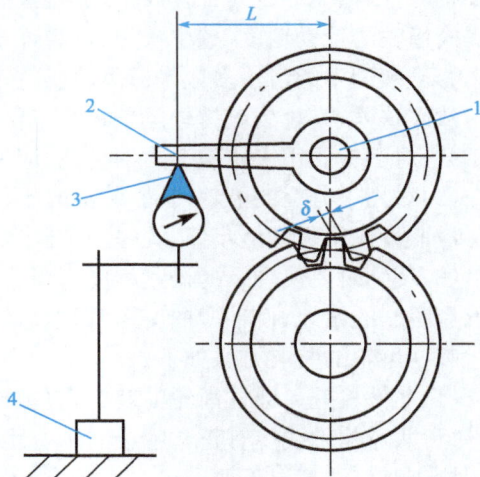

图 2-31　用百分表检测齿侧间隙
1-齿轮轴;2-检验杆;3-百分表测头;4-百分表架

5. 蜗轮蜗杆的装配方法

蜗轮蜗杆传动装置根据用途可分为传动蜗轮蜗杆和分度蜗轮蜗杆两种。为了保证蜗轮蜗杆传动的平稳性,要求蜗轮与蜗杆的轴线相互垂直并有准确的中心距和适当的啮合侧隙及正确的啮合接触面。

练 习 题

1. 机电设备拆卸前要做哪些准备工作? 拆卸的一般原则是什么?

2. 机电设备拆卸时的注意事项有哪些?

3. 常用零部件的拆卸方法有哪些?

4. 零件清洗的种类有哪些? 其清洗方法主要有哪些?

5. 机械零件的失效形式有哪几大类?

6. 机械零件的磨损的类型有哪些? 各有什么特点?

7. 对于机电设备中零件的变形,应从哪些方面进行控制?

8. 机械零件常见的断裂形式有哪几类? 实际工作中常采用哪些方法来减少断裂的发生?

9. 机电设备修理的零件检验有哪些内容? 在修理过程中的有哪些检验方法?

10. 机械装配的一般工艺原则有哪些?

11. 滚动轴承的装配有哪些方法?

12. 装配方法有哪几种? 各有何特点?

单元三

机械零件的修复技术

【知识目标】

1. 熟悉机械修复法、焊接修复法、热喷涂修复法的特点及其应用。

2. 熟悉电镀修复法、胶粘修复法的工艺特点、工艺过程。

3. 熟悉刮研修复方法的特点、步骤。

4. 掌握机械零件修复技术的选择方法。

【能力目标】

1. 具有分析、选择和应用机械零件修复技术的基本能力。

2. 能采用正确的修复技术对失效的机械零件进行修复。

机械设备在使用过程中，由于其零部件会逐渐产生磨损、变形、断裂、蚀损等失效形式，设备的精度、性能和生产率就要下降，导致设备发生故障、事故甚至报废，需要及时进行维护和修理。在设备检修中，一切措施都是为了以最短的时间、最少的费用来有效地消除故障，以提高设备的有效利用率，而采用修复工艺措施使失效的机械零件再生，能有效地达到此目的。

修复失效零件主要具有以下一些优点：①减少备件储备，从而减少资金的占用，取得节约的效果。②减少更换件制造，有利于缩短设备停修时间，提高设备利用率。③减少制造工时，节约原材料，大大降低修理费用。④利用新技术修复失效零件还可提高零件的某些性能，延长零件使用寿命。尤其是对于大型零件、贵重零件和加工周期长、精度要求高的零件，意义就更为重大。

零件的修复工艺如图 3-1 所示。

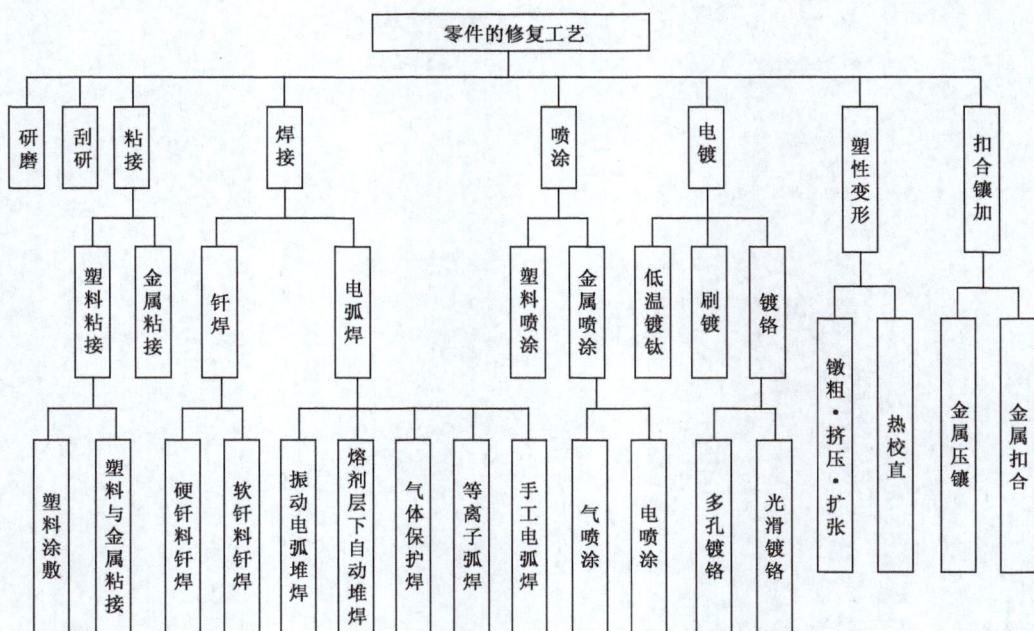

零件的修复工艺
- 研磨
- 刮研
- 粘接
  - 塑料粘接
    - 塑料涂敷
    - 塑料与金属粘接
  - 金属粘接
- 焊接
  - 钎焊
    - 硬钎料钎焊
    - 软钎料钎焊
  - 电弧焊
    - 振动电弧堆焊
    - 熔剂层下自动堆焊
    - 气体保护焊
    - 等离子弧焊
    - 手工电弧焊
- 喷涂
  - 塑料喷涂
    - 气喷涂
  - 金属喷涂
    - 电喷涂
- 电镀
  - 低温镀钛
  - 刷镀
    - 多孔镀铬
  - 镀铬
    - 光滑镀铬
- 塑性变形
  - 镦粗·挤压·扩张
  - 热校直
- 扣合镶加
  - 金属压镶
  - 金属扣合

图 3-1　零件的修复工艺

随着新材料、新工艺、新技术的不断发展，零件的修复已不仅仅是恢复原样，很多工艺方法还可以提高零件的性能和延长零件的使用寿命。如电镀、堆焊或涂敷耐磨材料、等离子喷涂与喷焊、粘接和一些表面强化处理等工艺方法，只将少量的高性能材料覆盖于零件表面，成本并不高，却大大提高了零件的耐磨性。因此，在机械设备修理中充分利用修复技术，选择合理的修复工艺，可以缩短修理时间，节省修理费用，显著提高企业的经济效益。

学习项目一　机械修复法

利用钳工和机械加工等各种机械方法，使磨损、断裂、缺损的零件得以修复的方法称为机械修复法。例如镶补、局部修换、金属扣合等，这些方法可利用现有设备和技术，适应多种损坏形式,不受高温影响,受材质和修补层厚度的限制少,工艺易行,质量易于保证,有的还可以为以后的修理创造条件,因此应用很广。缺点是受到零件结构和强度、刚度的限制,工艺较复杂,被修件硬度高时难以加工,精度要求高时难以保证。

▶▶ 一、修理尺寸法与零件修复中的机械加工

对机械设备的间隙配合副中较复杂的零件修理时可不考虑原来的设计尺寸,而采用切削加工或其他加工方法恢复其磨损部位的形状精度、位置精度、表面粗糙度和其他技术条件,从而得到一个新尺寸(这个新尺寸,对轴来说比原来设计尺寸小;对孔来说则比原来设计尺寸大),这个尺寸即称为修理尺寸。而与此相配合的零件则按这个修理尺寸制作新件或修复,保证原有的配合关系不变,这种方法称为修理尺寸法。

例如轴、传动螺纹、键槽和滑动导轨等结构都可以采用这种方法修复。但必须注意,修理后零件的强度和刚度仍应符合要求,必要时要进行验算,否则不宜使用该法修复。对于表面热处理的零件,修理后仍应具有足够的硬度,以保证零件修理后的使用寿命。

修理尺寸法的应用极为普遍,为了得到一定的互换性,便于组织备件的生产和供应,大多数修理尺寸均已标准化,各种主要修理零件都规定有它的各级修理尺寸。如发动机的汽缸套的修理尺寸,通常规定了几个标准尺寸,以适应尺寸分级的活塞备件。

零件修复中,机械加工是最基本、最重要的方法。多数失效零件需要经过机械加工来消除缺陷,最终达到配合精度和表面粗糙度等要求。它不仅可以作为一种独立的工艺手段获得修理尺寸,直接修复零件,而且还是其他修理方法的修前工艺准备和最后加工必不可少的手段。修复旧件的机械加工与新制件加工相比有不同的特点:它的加工对象是成品;旧件除工作表面磨损外,往往会有变形;一般加工余量小;原来的加工基准多数已经破坏,给装夹定位带来困难;加工表面性能已定,一般不能用工序来调整,只能以加工方法来适应它;多为单件生产,加工表面多样,组织生产比较困难等。了解这些特点,有利于确保修理质量。

要使修理后的零件符合制造图样规定的技术要求,修理时不能只考虑加工表面本身的形状精度要求,还要保证加工表面与其他未修表面之间的相互位置精度要求,并使加工余量尽可能小。必要时,需要设计专用的夹具。因此要根据具体情况,合理选择零件的修理基准和采用适当的加工方法来加以解决。

加工后零件表面粗糙度对零件的使用性能和寿命均有影响,如对零件工作精度及保持稳定性、疲劳强度、零件之间配合性质、抗腐蚀性等的影响。对承受冲击和交变荷载、重载、高速的零件更要注意表面质量,同时还要注意轴类零件的圆角半径,以免形成应力集中。另外,对高速运转的零件修复时还要保证其应有的静平衡和动平衡要求。

使用机械加工的修理方法,简便易行,修理质量稳定可靠,经济性好,在旧件修复中应用十分广泛。缺点是零件的强度和刚度削弱,需要更换或修复相应的配件,使零件互换性复杂化。今后应加强修理尺寸的标准化工作。

▶▶ 二、镶加零件修复法

配合零件磨损后,在结构和强度允许的条件下,增加一个零件来补偿由于磨损及修复而去掉的部分,以恢复原有零件精度,这样的方法称为镶加零件修复法。常用的有扩孔镶套、加垫等方法。

如图 3-2 所示,在零件裂纹附近局部镶加补强板,一般采用钢板加强,螺钉连接。脆性

材料裂纹应钻止裂孔，通常在裂纹末端钻直径为 $\phi3\sim6mm$ 的孔。

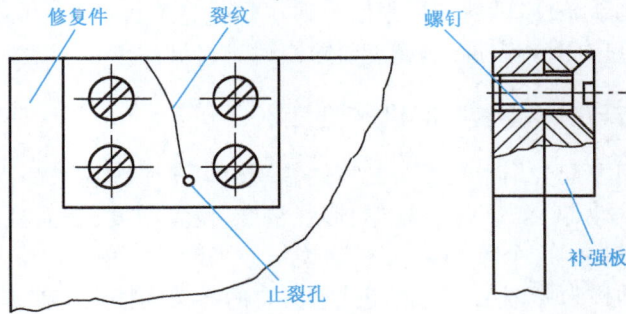

图 3-2　镶加补强板

图 3-3 所示为镶套修复法。对损坏的孔，可镗孔镶套，孔尺寸应镗大，保证套有足够刚度，套的外径应保证与孔有适当过盈量，套的内径可事先按照轴径配合要求加工好，也可留有加工余量，镶入后再加工至要求的尺寸。对损坏的螺纹孔可将旧螺纹扩大，再切削螺纹，然后加工一个内外均有螺纹的螺纹套拧入螺孔中，螺纹套内螺纹即可恢复原尺寸。对损坏的轴颈也可用镶套修复法修复。

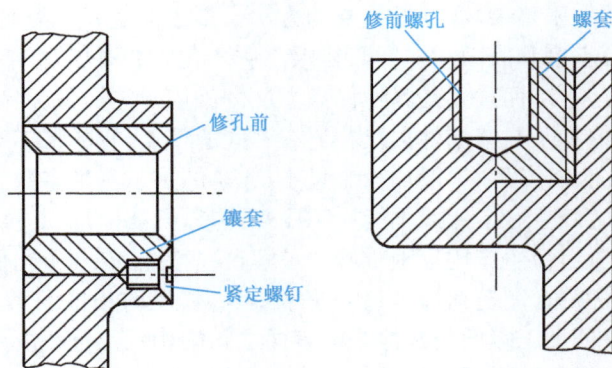

图 3-3　镶加零件修复法

镶加零件修复法在检修中应用很广。镶加件磨损后可以更换。有些机械设备的某些结构，在设计和制造时就应用了这一原理。对一些形状复杂或贵重零件，在容易磨损的部位，预先镶装上零件，以便磨损后只需更换镶加件，即可达到修复的目的。

在车床，丝杠、光杠、操纵杠与支架配合的孔磨损后，可将支架上的孔镗大，然后压入轴套。轴套磨损后可再进行更换。

汽车发动机的整体式汽缸，磨损到极限尺寸后，一般都采用镶加零件修复法修理。箱体零件的轴承座孔，磨损超过极限尺寸时，也可以将孔镗大，用镶加一个铸铁或低碳钢套的方法进行修理。

图 3-4 所示为机床导轨的凹坑，可采用镶加铸铁塞的方法进行修理。先在凹坑处钻孔、铰孔，然后制作铸铁塞，该铸铁塞应能与铰出的孔过盈配合。将铸铁塞压入孔后，再进行导轨精加工。如果铸铁塞与孔配合良好，则加工后的结合面非常光整平滑。严重磨损的机床导轨，可采用镶加淬火钢导轨镶块的方法进行修复，如图 3-5 所示。

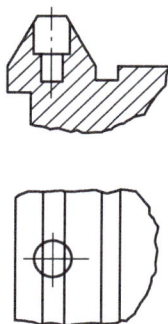

图 3-4　导轨镶铸铁塞

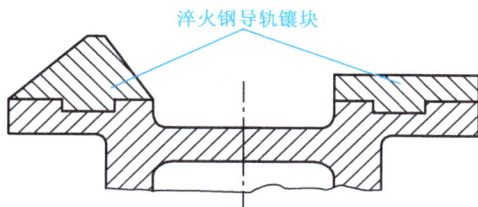

淬火钢导轨镶块

图 3-5　床身镶加淬火钢导轨

应用这种修复方法时应注意：镶加零件的材料和热处理，一般应与基体零件相同，必要时选用比基体性能更好的材料。

为了防止松动，镶加零件与基体零件配合要有适当的过盈量，必要时可采用在端部加黏合剂、止动销、紧定螺钉、骑缝螺钉或点焊固定等方法定位。

▶▶ 三、局部修换法

有些零件在使用过程中，往往各部位的磨损量不均匀，有时只有某个部位磨损严重，而其余部位尚好或磨损轻微。在这种情况下，如果零件结构允许，可将磨损严重的部位切除，将这部分重制新件，用机械连接、焊接或粘接的方法固定在原来的零件上，使零件得以修复，这种方法称为局部修换法。该法应用很广泛。

图 3-6a)所示为将双联齿轮中磨损严重的小齿轮的轮齿切去，重制一个小齿圈，用键连接，并用骑缝螺钉固定；图 3-6b)所示为在保留的轮毂上，铆接重制的齿圈；图 3-6c)所示为局部修换牙嵌式离合器以粘接法固定。

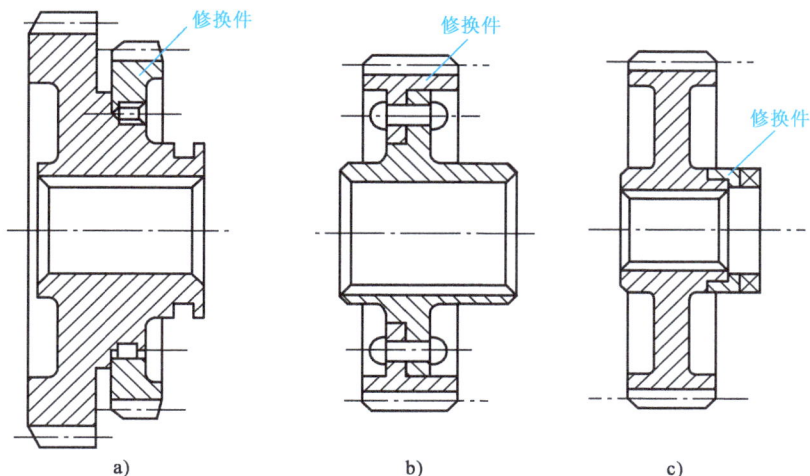

修换件

a)　　　　　　　　b)　　　　　　　　c)

图 3-6　局部修换法

▶▶ 四、塑性变形法

塑性材料零件磨损后，为了恢复零件表面原有的尺寸精度和形状精度，可采用塑性变形法修复。如滚花、镦粗法、挤压法、扩张法、热校直法等。

五、换位修复法

有些零件局部磨损可采用调头转向的方法,如长丝杠局部磨损后可调头使用;单向传力齿轮翻转180°,可将它换一个方向安装后利用未磨损面继续使用。但必须结构对称或略为加工即可实现时才能进行调头转向。

图3-7所示为轴上键槽重新开制新键槽。图3-8所示为连接螺孔,可以转过一个角度,在旧螺孔之间重新钻螺孔。

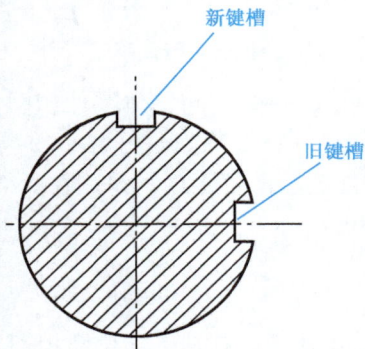

图 3-7　键槽换位修理

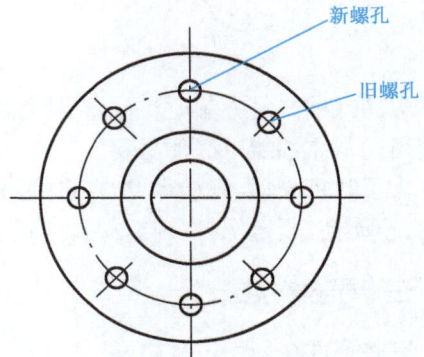

图 3-8　螺孔换位修理

六、金属扣合法

金属扣合法是利用高强度合金材料制成的特殊连接件以机械方式将损坏的零件重新牢固地连接成一体,达到修复目的的工艺方法。它主要适用于大型铸件裂纹或折断部位的修复。按照扣合的性质及特点,可分为强固扣合、强密扣合、优级扣合和热扣合四种工艺。

1. 强固扣合法

该法适用于修复壁厚为8～40mm的一般强度要求的薄壁零件。其工艺过程是:先在垂直于零件的裂纹或折断面的方向上,加工出具有一定形状和尺寸的波形槽,然后把形状与波形槽相吻合的高强度合金波形键镶入槽中,并在常温下铆击,使波形键产生塑性变形而充满槽腔,这样波形键的凸缘与波形槽的凹部相互扣合,使损坏的两面重新牢固地连接成一体,如图3-9、图3-10所示。

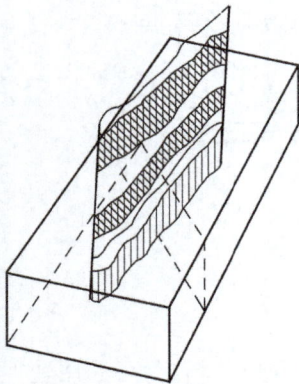

图 3-9　强固扣合法

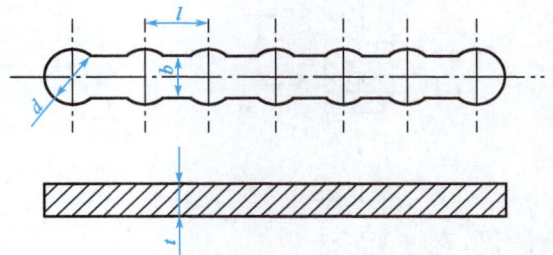

图 3-10　波形键

波形键的扣合与铆击 波形槽加工好后,清理干净,将波形键镶入槽中,然后从波形键的两端向中间轮换对称铆击,使波形键在槽中充满,最后铆裂纹上的凸缘。一般以每层波形键比波形槽口(机体表面)铆低 0.5mm 左右为宜。

2. 强密扣合法

在应用了强固扣合法以保证一定强度条件之后,对于有密封要求的零件,如承受高压的汽缸、高压容器等防渗漏的零件,再应采用强密扣合法,如图 3-11 所示。

它是在强固扣合法的基础上,在两波形键之间、裂纹或折断面的结合线上,加工缀缝栓孔,并使第二次钻的缀缝栓孔稍微切入已装好的波形键和缀缝栓,形成一条密封的"金属纽带",以达到阻止流体受压渗漏的目的。

缀缝栓可用 $\phi 5\sim 8mm$ 的低碳钢或纯铜等软质材料制造,这样便于铆紧。缀缝栓与零件的连接与波形键相同。

3. 优级扣合法

主要用于修复在工作过程中要求承受高载荷的厚壁零件,如水压机横梁、轧钢机主梁、辊筒等。为了使载荷分布到更多的面积和远离裂纹或折断处,需在垂直于裂纹或折断面的方向上镶入钢制的砖形加强件,用缀缝栓连接,有时还用波形键加强。如图 3-12 所示。

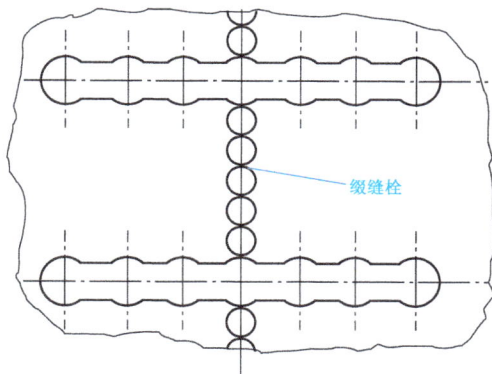

图 3-11 强密扣合法

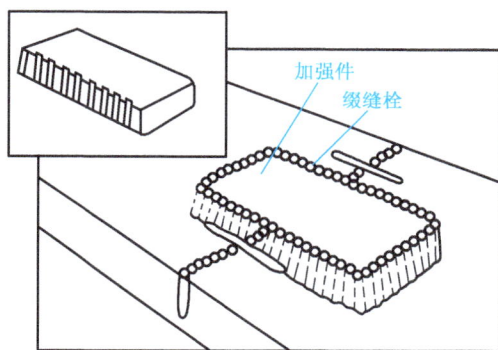

图 3-12 优级扣合法

加强件除砖形外还可制成其他形式,如图 3-13 所示。图 3-13a)用于修复铸钢件;图 3-13b)用于多方面受力的零件;图 3-13c)可将开裂处拉紧;图 3-13d)用于受冲击载荷处,靠近裂纹处不加缀缝栓,以保持一定的弹性。

4. 热扣合法

热扣合法是利用加热的扣合件在冷却过程中产生收缩而将开裂的零件锁紧。该法适用于修复大型飞轮、齿轮和重型设备机身的裂纹及折断面。如图 3-14 所示,圆环状扣合件适用于修复轮廓部分的损坏;工字形扣合件适用于零件壁部的裂纹或断裂。

综上所述,可以看出金属扣合法的优点是:使修复的零件具有足够的强度和良好的密封性;所需设备、工具简单,可现场施工;修理过程中零件不会产生热变形和热应力等。其缺点主要是:薄壁铸件(厚度<8mm)不宜采用;波形键与波形槽的制作加工较麻烦等。

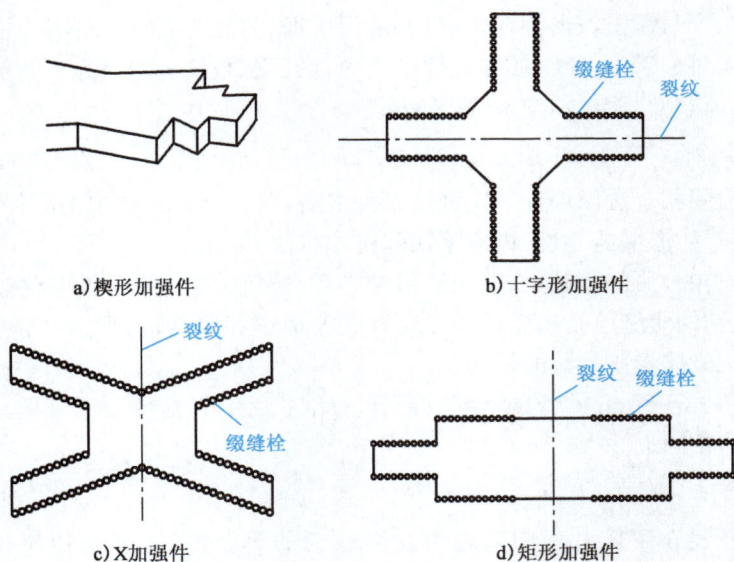

a) 楔形加强件

b) 十字形加强件

c) X加强件

d) 矩形加强件

图 3-13 加强件

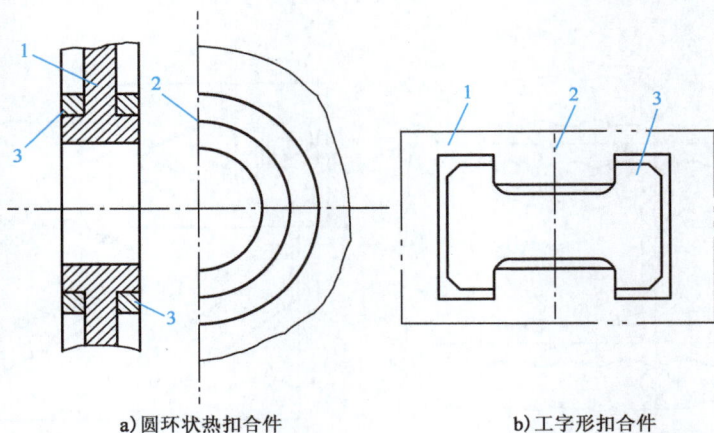

a) 圆环状热扣合件

b) 工字形扣合件

图 3-14 热扣合法

1-零件；2-裂纹；3-扣合件

学习项目二 焊接修复法

利用焊接技术修复失效零件的方法称为焊接修复法。根据提供的热源不同分为电弧焊、气焊等；根据焊接工艺的不同分为补焊、堆焊、钎焊。焊接技术用于修补零件缺陷时称为补焊；用于恢复零件尺寸、形状，并赋予零件表面以某些特殊性能的熔敷金属时称为堆焊。焊接在机械零件的修复技术方法中占有重要的地位，其突出的优点是：可修复零件的各种缺陷（磨损、裂纹、断裂、局部损伤，可以用于校正形状）；焊接结合强度高、修复质量高、效率高；设备成本低、灵活性大、多数工艺简便易行；不受零件尺寸、形状和场地以及修补层厚度的限制，便于现场抢修等特点，应用十分广泛。但由于焊接热影响区大，容易产生变形和应力，以及裂纹、气孔、夹渣等缺陷,所以一般不宜于修复较高精度、细长和薄壳类零件。

▶▶ 一、补焊

1. 钢制零件的补焊

机械零件补焊比钢结构焊接困难。由于机械零件多为承载件,除对其材料有物理性能和化学成分要求外,还有尺寸精度和形位精度要求。在焊修时,还要考虑材料的焊接性以及焊后的加工性要求。加之零件损伤多是局部损伤,焊修时要保持未损伤部位的精度和物理性能、化学性能,焊修后的部位要保持设计规定的精度和材料性能。由于电弧焊能量集中、效率高,能减少对母材组织的影响和零件的热变形,涂药焊条品种多,容易使焊缝性能与母材接近,所以是目前应用最广泛的方法。图 3-15 所示为补焊对接接头的几种形式。

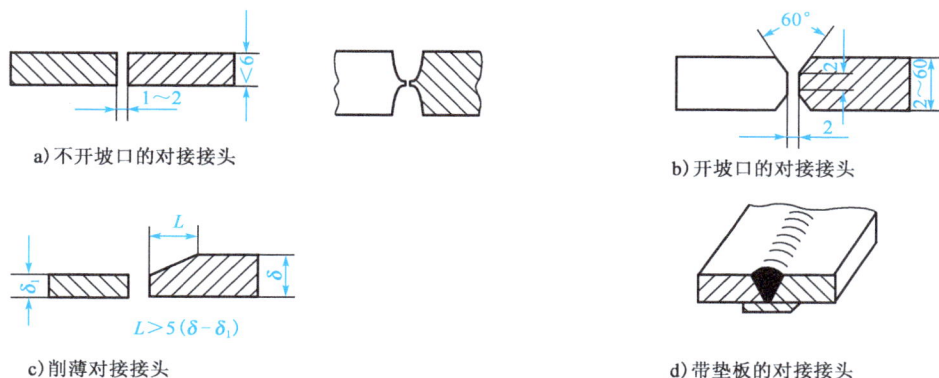

图 3-15　补焊对接接头的几种形式(尺寸单位:mm)

为了保证焊修质量,焊接工艺措施要合理。

(1)低碳钢零件:由于低碳钢零件可焊性良好,补焊时一般不需要采取特殊的工艺措施。

(2)中、高碳钢零件:由于中、高碳钢零件中含碳量的增高,焊接接头处容易产生焊缝内的热裂纹、热影响区内由于冷却速度快而产生低塑性淬硬组织引起冷裂纹,焊缝根部主要由于氢的渗入而引起的氢致裂纹等。

为了防止中、高碳钢零件补焊过程中产生的裂纹,可采取以下措施:

①焊前预热。焊件的预热温度根据含碳量或碳当量、零件尺寸及结构来确定。中碳钢一般为 150～250℃,高碳钢为 250～350℃。某些在常温下保持奥氏体组织的钢(例如高锰钢)无淬硬情况可不预热。

②选用多层焊。多层焊的优点是前层焊缝受后层焊缝热循环作用使晶粒细化,改善性能。

③焊后热处理。焊后热处理的作用在于消除焊接部位的残余应力,改善焊接接头的韧性和塑性,同时加强扩散氢的逸出,减少和延迟裂纹的产生。一般中、高碳钢焊后先采取缓冷措施,再进行高温回火,推荐温度为 600～650℃。

④尽可能选用低氢焊条以增强焊缝的抗裂性能。

⑤加强焊接区的清理工作,彻底清除油、水、锈以及可能进入焊缝的任何氢的来源。

⑥设法减少母材溶入焊缝的比例,例如焊接坡口的加工,应保证便于施焊但要尽量减少填充金属。

2.铸铁件的补焊

铸铁零件在机械设备零件中所占的比例较大,而且多数铸铁零件是重要的基础件。由于它们一般体积大、结构复杂、制造周期长、有较高精度要求,而且不作为备件储备,所以一旦损坏很难更换,只有通过修复才能使用。焊接是铸铁件修复的主要方法之一。

1)铸铁件补焊的特点

铸铁含碳量高、组织不均匀、强度低、脆性大,是一种对焊接温度较为敏感而且焊接性差的材料。其补焊的特点为:

(1)焊缝处易产生白口组织(指熔合区呈现白亮的一片或一圈),它脆而硬,难以切削加工。产生原因是焊接中母材吸热使冷却迅速,石墨来不及析出而形成 Fe_3C。

防止产生白口组织的措施有:调整焊缝的化学成分、焊前预热和焊后缓冷、采用小电流焊接减少母材熔深等。

(2)由于许多铸铁零件的结构复杂、刚性大、补焊时容易产生大的焊接应力,在零件的薄弱部位就容易产生裂纹。裂纹的部位可能在焊缝上,也可能在热影响区内。

防止产生裂纹的原则是减小焊接应力,可以从减小补焊区和零件整体之间的温度梯度或改善补焊区的膨胀和收缩条件等几方面采取措施。

2)铸铁件补焊的方法

常用的铸铁件补焊方法列入表3-1中,可供选用和参考。

常用铸铁件补焊方法 表 3-1

补焊方法	分类	特点
气焊	热焊法	焊前预热至 600℃左右,保持在 400℃以上施焊,焊后在 650～700℃保温缓冷,采用铸铁填充料,焊件内应力小,不易裂,可加工
	冷焊法	又称不预热气焊法,焊前不预热,只用焊炬烘烤坡口周围或加热感应区,焊后缓冷,填充料同上。焊后不易裂,可加工,但感应区选择不当时则有开裂危险
电弧焊	热焊法	采用铸铁芯焊条,温度控制同气焊热焊法,焊后不易裂,可加工
	半热焊法	采用钢芯石墨型焊条,预热至 400℃左右,焊后缓冷,强度与母材相近,但加工性不稳定
	冷焊法	采用非铸铁组织的焊条,焊前不预热,要严格执行冷焊工艺要点,焊后性能视焊条而异

▶▶ 二、堆焊

堆焊是焊接技术的一个重要分支。堆焊修复的目的不是连接零件,而是在零件表面堆敷金属,使其满足零件的尺寸和精度要求,并使其具有一定的性能,以满足零件表面的耐磨或耐热、耐腐蚀等要求。堆焊技术既可用来制造新零件,也可用于修复旧零件。例如,堆焊可修复各种轴类、轴承类、轧辊类零件以及工具、模具等。堆焊技术应用于修复零件时,不仅可以恢复零件尺寸,而且可以改善零件的表面性能,从而节约了资金,延长了机械设备使用寿命。

1.堆焊技术特点

堆焊技术的物理本质、工艺原理、冶金过程和热过程的基本规律和一般的焊接技术没有区别。但是它也有其自身的特点,主要如下。

(1)对堆焊技术的要求除满足零件的尺寸要求外,主要是满足零件性能方面的要求。

(2)为了满足性能上的要求,首要的问题是选用合适的堆焊层合金。由于堆焊层的合金元素含量比母材要高,有时会与母材成分有很大的不同,所以也带来一些新的问题。例如堆焊时由于两种材料性能不同引起的裂纹问题,母材对堆焊层的稀释问题等。这些都要求能在堆焊技术中妥善解决。

(3)由于堆焊技术是在零件表面进行,使零件不对称受热极为显著,致使堆焊后零件变形明显。也要求在堆焊技术中妥善解决。

2. 堆焊合金

目前,堆焊合金种类繁多,可满足不同工况需要。选择堆焊合金时一般按照以下原则。

(1)满足零件的工作条件。零件是在一定的速度、负载、温度和环境条件下工作的,修复好的零件表面(此处指堆焊合金表面)也应满足零件的工作条件。选择堆焊合金时,可结合零件的失效模式有针对性地去选择。

(2)考虑经济性。一般来讲,堆焊合金的使用寿命越长,其成本也越高,所以要综合考虑经济性。建议选用单位寿命成本最低的堆焊合金。

(3)考虑焊接性。在满足上述两点的原则下,需考虑选用焊接性较好的堆焊合金。

3. 堆焊方法

几乎所有熔化焊方法均可用于堆焊,图 3-16 所示为埋弧堆焊的熔池及焊缝纵断面示意图。常用堆焊方法及其特点如表 3-2 所示。

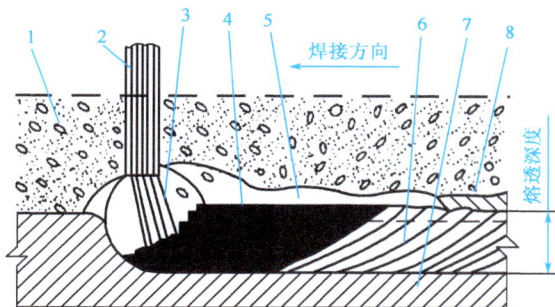

图 3-16　埋弧堆焊的熔池及焊缝纵断面示意图
1-焊剂;2-焊丝;3-电弧;4-熔池金属;5-熔渣;6-焊缝;7-焊件;8-渣壳

常用堆焊方法及其特点　　　　　　　　　　表 3-2

堆焊方法		特　点	注意事项
氧—乙炔堆焊		设备简单,成本低,操作较复杂,劳动强度大。火焰温度较低,稀释率小,单层堆焊厚度可小于 1.0mm,堆焊层表面光滑。常用合金铸铁及镍基、铜基的实心焊丝。堆焊批量不大的零件	堆焊时可采用熔剂。熔深越浅越好。尽量采用小号焊炬和焊嘴
电弧堆焊		设备简单,机动灵活、成本低,能堆焊几乎所有实心和药芯焊条,目前仍是一种主要堆焊方法。常用于小型或复杂形状零件的全位置堆焊修复和现场修复	采用小电流、快速焊、窄道焊、摆动小,防止产生裂纹。大件焊前预热,焊后缓冷
埋弧堆焊	单丝埋弧堆焊	是常用堆焊方法,堆焊层平整,质量稳定,熔敷率高,劳动条件好。但稀释率较大,生产率不够理想	应用最广的高效堆焊方法。用于具有大平面和简单圆形表面的零件。可配通用焊剂,也常用专用烧结焊剂进行渗合金
	双丝埋弧堆焊	双丝、三丝及多丝并列接在电源的一个极上,同时向焊区送进,各焊丝交替堆焊,熔敷率大大增加,稀释率下降 10%~15%	
	带极埋弧堆焊	熔深浅,熔敷率高,堆焊层外形美观	
等离子弧堆焊		稀释率低,熔敷率高,堆焊零件变形小,外形美观,易实现机械化和自动化	有填丝法和粉末法两种

▶▶▶ 三、钎焊

采用比基体金属熔点低的金属材料作钎料,将钎料放在焊件连接处,一同加热到高于钎料熔点、低于基体金属熔点的温度,利用液态钎料润湿基体金属,填充接头间隙并与基体金属相互扩散实现连接焊件的焊接方法称为钎焊。

1.钎焊种类

(1)硬钎焊。用熔点高于450℃的钎料进行的钎焊称为硬钎焊,如铜焊、银焊等。硬钎料还有铝、锰、镍等及其合金。

(2)软钎焊。用熔点低于450℃的钎料进行的钎焊称为软钎焊,又称低温钎焊,如锡焊等。软钎料还有铅、镉、铜、锌等及其合金。

2.特点及应用

钎焊较少受基体金属可焊性的限制、加热温度较低、热源较容易解决而不需特殊焊接设备,容易操作。但钎焊较其他焊接方法焊缝强度低,适于强度要求不高的零件的裂纹和断裂的修复,尤其适用于低速运动零件的研伤、划伤等局部缺陷的补修。

学习项目三 热喷涂修复法

用高温热源将喷涂材料加热至熔化或呈塑性状态,同时用高速气流使其雾化,喷射到经过预处理的零件表面上形成一层覆盖层的过程称为热喷涂。热喷涂技术不仅能够恢复机械零件磨损的尺寸,而且通过选用合适的喷涂材料,还能够改善和提高包括耐磨性和耐腐蚀性等在内的零件表面的性能,用途极为广泛,在零件的修复技术中占有重要的地位。

▶▶▶ 一、热喷涂技术原理

利用氧—乙炔火焰或者电弧等热源,将喷涂材料(呈粉末状或丝材状)加热到熔融状态,在氧—乙炔火焰或者压缩空气等高速气流推动下,喷涂材料被雾化并被加速喷射到制备好的工件表面上。喷涂材料呈圆形雾化颗粒喷射到工件表面即受阻变形成为扁平状。最先喷射到工件表面的颗粒与工件表面的凹凸不平处产生机械咬合,随后喷射来的颗粒打在先前到达工件表面的颗粒上,也同样变形并与先前到达的颗粒互相咬合,形成机械结合。这样大量的喷涂材料颗粒在工件表面互相挤嵌堆积,就形成了喷涂层。

▶▶▶ 二、热喷涂技术种类

按照所用热源不同,热喷涂技术可分为氧—乙炔火焰喷涂、电弧喷涂、高频喷涂、等离子喷涂、激光喷涂和电子束喷涂等。其中氧—乙炔火焰喷涂以其设备投资少、生产成本低、工艺简单容易掌握、可进行现场检修等优点,在设备检修领域得到广泛的应用。

▶▶▶ 三、热喷涂技术特点

(1)适用范围广。涂层材料可以是金属、非金属(例如聚乙烯、尼龙等工程塑料,金属氧化物、碳化物、硼化物、硅化物等陶瓷材料)以及复合材料,被喷涂工件也可以是金属和非金属材料。正因为如此,表面具有各种涂层材料,使表面具有各种功能,例如耐蚀性、耐磨性、耐高温性等。

(2)工艺灵活。施工对象小到 10mm 内孔,大到桥梁、铁塔等大型结构。喷涂既可在整体表面上进行,也可在指定区域内进行;既可在真空或控制气氛中喷涂活性材料,也可在现场作业。

(3)喷涂层减摩性能良好。喷涂层的多孔组织具有储油润滑和减磨性能。

(4)工件受热影响小。热喷涂技术对工件受热温度低,故工件热变形较小,材料组织不发生变化。

(5)生产率高。大多数喷涂技术的生产率可达到每小时喷涂数千克喷涂材料,有些工艺方法更高。

热喷涂技术也存在缺点,例如喷涂层与工件基体结合强度较低,不能承受交变载荷和冲击载荷;工件表面粗糙化处理会降低零件的刚性;涂层质量靠严格实施工艺来保证,涂层质量尚无有效的检测方法。

▶▶ 四、氧—乙炔火焰喷涂技术

氧—乙炔火焰喷涂技术是以氧—乙炔焰为热源,借助高速气流将喷涂粉末吸入火焰区,加热到熔融状态后再喷射到制备好的工件表面,形成喷涂层。

氧—乙炔火焰喷涂设备主要包括喷枪、氧气和乙炔储存器(或发生器)、喷砂设备、电火花拉毛机、表面粗化用工具及测量工具等。

喷枪是氧—乙炔火焰喷涂技术的主要设备。国产喷枪大体上可分为中小型和大型两类。中小型喷枪主要用于中小型和精密零件的喷涂和喷焊,适应性较强。大型喷枪主要用于对大型零件的喷焊,生产效率高。

中小型喷枪的典型结构如图 3-17 所示。当粉阀不开启时,其作用与普通气焊枪相同,可作喷涂前的预热及喷粉后的重熔。当按下粉阀开关阀柄,粉阀开启时,喷涂粉末从粉斗流进枪体,随氧—乙炔混合流被熔融、喷射到工件上。

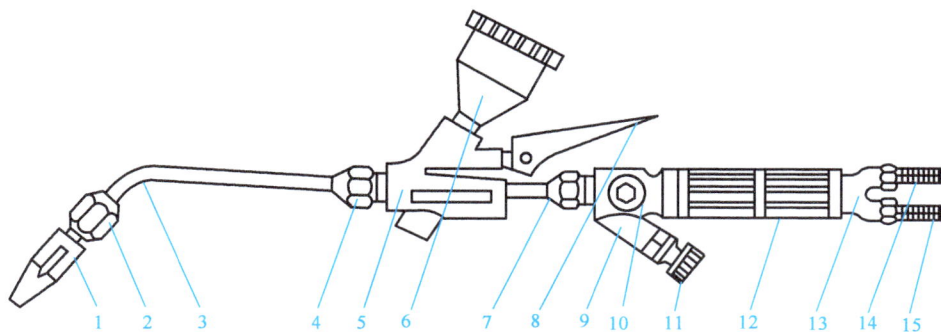

图 3-17　中小型喷枪的典型结构图

1-喷嘴;2-喷嘴接头;3-混合气管;4-混合气管接头;5-粉阀体;6-粉斗;7-气接头螺母;8-粉阀开关阀柄;9-中部主体;10-乙炔开关阀;11-氧气开关阀;12-手柄;13-后部接体;14-乙炔接头;15-氧气接头

各种喷枪都配有 2～3 个不同孔径的喷嘴,以适应对火焰功率和生产率的不同要求。

对于氧气和乙炔气的供给,热喷涂时要求火焰功率和性质在调好后稳定不变。安全阀和减压器必须配备齐全并灵敏可靠。

喷砂设备一般采用压送式喷砂机。电火花拉毛机主要用于热处理过的淬硬工件表面粗化处理。其他表面粗化处理和表面清理用的工具有钢丝刷、手持砂轮机、砂纸等。测量工具及仪器有钢直尺、游标卡尺、卡钳、温度计等。工件夹持可根据需要选用卧式车床等。

氧—乙炔火焰喷涂技术包括喷涂前的准备、喷涂表面预处理、喷涂及喷涂后处理等过程。

1. 喷涂前的准备

（1）确定喷涂层的厚度。由于喷涂后必须机械加工，因此涂层厚度中应包括加工余量，同时还要考虑喷涂时的热胀冷缩。

（2）确定喷涂层材料。选择涂层材料的依据是涂层材料的性能应满足被喷涂工件的材料、配合要求、技术要求以及工作条件等，据此，分别选择结合层和工作层用材料。

（3）确定喷涂参数。根据涂层的厚度、喷涂材料性能、粒度来确定热喷涂的参数，包括乙炔气和氧气的压力、喷涂距离、喷枪与工件的相对运动速度等。

2. 喷涂表面预处理

喷涂表面预处理为了提高涂层与基体表面的结合强度，在喷涂前对基体表面进行清洗、脱脂和表面粗糙化、预热等预处理，它是喷涂技术的一个重要环节。

（1）基体表面的清洗、脱脂。清洗的主要对象是基体待喷区域及其附近表面的油污、水、锈和氧化皮层。可采用碱洗法、有机溶剂洗涤法、蒸汽清洗法等。对于铸铁材料的清洗、脱脂比较困难。由于在喷涂时基体表面的温度升高，疏松孔中的油脂就会渗透到基体表面，对涂层与基体的结合极为不利。所以，对铸铁件这样疏松的基体表面，经过清洗、脱脂后，还需要将其表面加热到250℃左右，尽量将油脂渗透到表面，然后再加以清洗。

（2）基体表面氧化膜的处理。一般采用机械方法，如切削加工方法和人工除锈法，也可用硫酸或盐酸进行酸洗。

（3）基体表面的粗糙化处理。基体表面的粗糙化处理是提高涂层与基体表面机械结合强度的一个重要措施。喷涂前1～8h内必须对工件表面进行粗糙化处理。常用的表面粗糙化处理方法有喷砂法、机械加工法、化学腐蚀法、电火花拉毛法等。对轴、套类零件表面的粗糙化处理，可采用车削粗浅螺纹、开槽、滚花等简易机械加工方法。

（4）基体表面的预热处理。由于涂层与基体表面有温度差会使涂层产生收缩应力，引起涂层开裂和剥落，通过对基体表面预热可降低和防止上述情况。一般基体表面的预热温度在200～300℃之间。预热可直接用喷枪进行，如用中性氧—乙炔焰对工件直接加热；预热也可在电炉、高频炉等中进行。预热处理可根据生产条件来选择。

3. 喷涂

对预处理后的工件应立即喷涂结合层，喷涂结合层可提高工作层与工件之间的结合强度。在工件较薄、喷砂处理易变形的情况下，尤为适用。

结合层喷完后，用钢丝刷去除灰粉和氧化膜，然后更换粉斗喷工作层。使用铁基粉末时采用弱碳化焰，使用铜基粉末时采用中性焰，使用镍基粉末时介于两者之间。喷涂距离一般在180～200mm为宜，距离太近会使粉末加热时间不足和工件温升过高，距离太远又会使粉末到达工件表面时的速度和温度下降，这些都将影响涂层质量。喷涂时喷枪与工件相对移动速度最好在70～150mm/s。喷涂过程中，应经常测量基体温度，超过250℃时宜暂停喷涂。

圆柱形工件喷涂可装夹在车床上进行，工件表面线速度控制在15～25m/min，以使喷涂层熔融均匀。

4.喷涂后处理

喷涂后处理包括封孔、机械加工等工序。

对于承受液压的零件、腐蚀条件下工作的零件,其涂层都需用封孔剂填充孔隙,这一工序称为封孔。常用的封孔剂有石蜡、环氧、聚氨酯、酚醛等合成树脂。当喷涂层的尺寸精度和表面粗糙度不能满足要求时,需对其进行机械加工,可采用车削或磨削加工。

▶▶ 五、电弧喷涂技术

电弧喷涂技术由于生产率较高,涂层厚度也较大(可达1~3mm),目前在热喷涂技术中应用也非常广泛。

电弧喷涂是以电弧为热源,将金属丝熔化并用高速气流使其雾化,使熔融金属粒子高速喷到工件表面而形成喷涂层的一种工艺方法,如图3-18所示。电弧喷涂系统一般是由喷涂专用电源、控制装置、电弧喷枪、送丝机及压缩空气供给系统等组成。

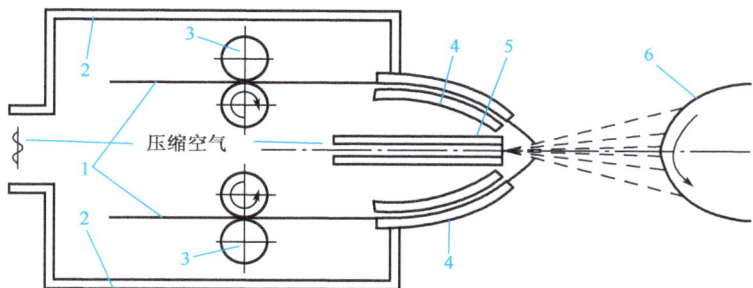

图 3-18　电弧喷涂示意图
1-金属丝;2-电缆;3-送丝机构;4-导向嘴;5-空气喷雾;6-工件

学习项目四　电镀修复法

电镀是利用电解的方法,使金属或合金沉积在零件表面上形成金属镀层的工艺方法。电镀修复法不仅可以用于修复失效零件的尺寸,而且可以提高零件表面的耐磨性、硬度和耐腐蚀性,以及其他用途等。因此,电镀是修复机械零件的最有效方法之一,在机械设备检修领域中应用非常广泛。目前常用的电镀修复法有镀铬、镀铁和电刷镀技术等。

▶▶ 一、镀铬

1.镀铬层的特点

镀铬层的特点是:硬度高(800~1000HV,高于渗碳钢、渗氮钢),摩擦因数小(为钢和铸铁的50%),耐磨性高(高于无镀铬层的2~50倍),热导率比钢和铸铁约高40%;具有较高的化学稳定性,能长时间保持光泽,抗腐蚀性强;镀铬层与基体金属有很高的结合强度。镀铬层的主要缺点是性脆,它只能承受均匀分布的载荷,受冲击易破裂,而且随着镀层厚度增加,镀层强度、疲劳强度也随之降低。镀铬层可分为平滑镀铬层和多孔性镀铬层两类。平滑镀铬层具有很高的密实性和较高的反射能力,但其表面不易储存润滑油,一般用于修复无相对运动的配合零件尺寸,如锻模、冲压模、测量工具等。而多孔性镀铬层的表面形成无数网状沟纹和点状孔隙,能储存足够的润滑油以改善摩擦条件,可修复具有相对运动的各种零件尺寸,如比压大、温度高、滑动速度大和润滑不充分的零件、切削机床的主轴、镗杆等。

2.镀铬层的应用范围

镀铬层应用广泛。可用来修复零件尺寸和强化零件表面,如补偿零件磨损失去的尺寸。但是,补偿尺寸不宜过大,通常镀铬层厚度控制在 0.3mm 以内为宜。镀铬层还可用来装饰和防护表面。许多钢制品表面镀铬,既可装饰又可防腐蚀,此时镀铬层的厚度通常很小(几微米)。但是,在镀防腐装饰性铬层之前应先镀铜或镍做底层。

此外,镀铬层还有其他用途。例如在塑料和橡胶制品的压模上镀铬,改善模具的脱模性能等。但是必须注意,由于镀铬电解液是强酸,其蒸气毒性大,污染环境,劳动条件差,因此需采取有效措施加以防范。

3.镀铬工艺

镀铬的一般工艺过程如下。

1)镀前表面处理

(1)机械准备加工。为了得到正确的几何形状和消除表面缺陷并达到表面粗糙度要求,零件要进行准备加工和消除锈蚀,以获得均匀的镀层。如对机床主轴,镀前一般要加以磨削。

(2)绝缘处理。不需镀覆的表面要作绝缘处理。通常先刷绝缘性清漆,再包扎乙烯塑胶带,零件的孔眼则用铅堵牢。

(3)除去油脂和氧化膜。可用有机溶剂、碱溶液等将零件表面清洗干净,然后进行弱酸蚀,以清除零件表面上的氧化膜,使表面显露出金属的结晶组织,增强镀层与基体金属的结合强度。

2)施镀

装上挂具吊入镀槽进行电镀,根据镀铬层种类和要求选定电镀规范,按时间控制镀层厚度。设备修理中常用的电解液成分是 CrO_3:150～250g/L;H_2SO_4:0.75～2.5g/L,工作温度(温差±1℃)为 55～60℃。

3)镀后检查和处理

镀后检查镀层质量,观察镀层表面是否镀满及色泽,测量镀层的厚度和均匀性。如果镀层厚度不合要求,可重新补镀。如果镀层有起泡、剥落、色泽不符合要求等缺陷时,可用10%盐酸化学溶解或用阳极腐蚀法退除原镀铬层,重新镀铬。

对镀铬厚度超过 0.1mm 的较重要零件应进行热处理,以提高镀层的韧性和结合强度。一般温度采用 180～250℃,时间是 2～3h,在热的矿物油或空气中进行。最后根据零件技术要求进行磨削加工,必要时进行抛光。镀层薄时,可直接镀到尺寸要求。

▶▶ **二、镀铁**

按照电解液的温度不同分为高温镀铁和低温镀铁。电解液的温度在 90℃以上的镀铁工艺,称之为高温镀铁。所获得的镀层硬度不高,且与基体结合不可靠。在 50℃以下至室温的电解液中镀铁的工艺,称之为低温镀铁。

目前一般均采用低温镀铁。它具有可控制镀层硬度（30～65HRC）、提高耐磨性、沉积速度快（0.60～1mm/h）、镀铁层厚度可达2mm、成本低、污染小等优点，因而是一种很有发展前途的修复工艺。

镀铁层可用于修复在有润滑的一般机械磨损条件下工作的间隙配合副的磨损表面以及过盈配合副的磨损表面，以恢复尺寸。但是，镀铁层不宜用于修复在高温或腐蚀环境、承受较大冲击荷载、干摩擦或磨料磨损条件下工作的零件。镀铁层还可用于补救零件加工尺寸的超差。当磨损量较大，又需耐腐蚀时，可用镀铁层做底层或中间层补偿磨损的尺寸，然后再镀耐腐蚀性好的镀层。

▶▶ 三、电刷镀

电刷镀是在镀槽电镀基础上发展起来的新技术，在20世纪80年代初获得了迅速发展。过去用过很多名称，如涂镀、快速笔涂、电镀、无槽电镀等，现按国家标准称之为电刷镀。电刷镀是依靠一个与阳极接触的垫或刷提供电镀需要的电解液的电镀方法。电镀时，垫或刷在被镀的零件（阴极）上移动而得到需要的镀层。

1. 电刷镀的工作原理

如图3-19所示，为电刷镀的工作原理示意图。电刷镀时零件与专用直流电源的负极连接，刷镀笔与电源正极连接。刷镀笔上的阳极包裹着棉花和棉纱布，蘸上刷镀专用的电解液，与零件待镀表面接触并作相对运动。接通电源后，电解液中的金属离子在电场作用下向零件表面迁移，从零件表面获得电子后还原成金属离子，结晶沉积在零件表面上形成金属镀层。随着时间延长，镀层逐渐增厚，直至达到所需要的厚度。镀液可不断地蘸用，也可用注射管、液压泵不断地滴入。

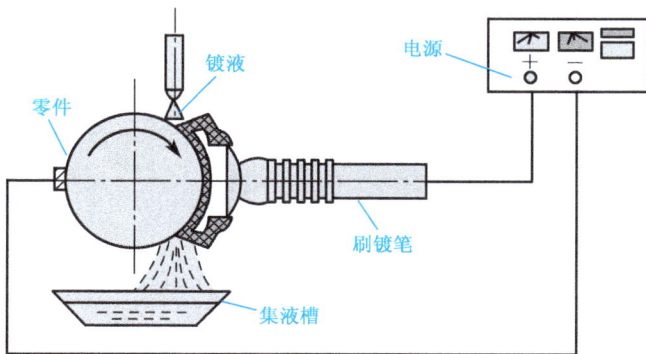

图3-19　电刷镀的工作原理

2. 电刷镀技术的特点

（1）设备简单，工艺灵活，操作简便。零件尺寸形状不受限制，尤其是可以在现场不解体即可进行修复，凡刷镀笔可触及到的表面，不论盲孔、深孔、键槽均可修复，给设备检修或机加工超差件的修旧利废带来极大的方便。

（2）结合强度高，比槽镀高，比喷涂更高。

（3）沉积速度快，一般为槽镀的5～50倍，辅助时间少，生产效率高。

（4）零件加热温度低，通常小于70℃，不会引起变形和金相组织变化。

（5）镀层厚度可精确控制，镀后一般不需机械加工，可直接使用。

（6）操作安全，对环境污染小，不含毒品，储运无防火要求。

（7）适应材料广，常用金属材料基本上都可用电刷镀修复。

焊接层、喷涂层、镀铬层等的返修也可应用电刷镀技术。淬火层、氮化层不必进行软化处理，不用破坏原零件表面便可进行电刷镀。

3. 电刷镀的应用范围

电刷镀技术近年来推广很快，在设备检修领域其应用范围主要有以下几个方面：

（1）恢复磨损或超差零件的名义尺寸和几何形状。尤其适用于精密结构或一般结构的精密部分及大型零件、贵重零件不慎超差、引进设备的特殊零件等的修复。常用于滚动轴承、滑动轴承及其配合面、键槽及花键、各种密封配合表面、主轴、曲轴、油缸、各种机体、模具等。

（2）修复零件的局部损伤。如划伤、凹坑、腐蚀等，修补槽镀缺陷。

（3）改善零件表面的性能。如提高耐磨性、做新件防护层、氧化处理、改善钎焊性、防渗碳、防氮化，做其他工艺的过渡层（如喷涂、高合金钢槽镀等）。

（4）修复电气元件。如印刷电路板、触点、接头、开关及微电子元件等。

（5）用于去除零件表面部分金属层。如刻字、去毛刺、动平衡去重等。

（6）通常槽镀难以完成的项目，如盲孔、超大件、难拆难运件等。

（7）对文物和装饰品进行检修或装饰。

4. 电刷镀设备

电刷镀的主要设备是专用直流电源和刷镀笔，此外还有一些辅助器具和材料。目前已研制成功的 SD 型刷镀电源应用广泛，它具有使用可靠、操作方便、精度高等特点。电源的主电路供给无级调节的直流电压和电流，控制线路中具有快速过电流保护装置，安培小时计及各种开关仪表等。

刷镀笔由导电手柄和阳极组成，刷镀笔上阳极的材料最好选用高纯细结构的石墨。为适应各种表面的刷镀，石墨阳极可做成圆柱、半圆、月牙、平板和方条等各种形状。

不论采用何种结构形状的阳极，都必须用适当材料包裹，形成包套以储存镀液，并防止阳极与镀件直接接触短路，同时，又对阳极表面腐蚀下来的石墨微粒和其他杂质起过滤作用。常用的阳极包裹材料主要是医用脱脂棉、涤棉套管。包裹要紧密均匀、可靠，使用时不松脱。

5. 电刷镀工艺过程

（1）镀前准备。

（2）电净处理。

（3）活化处理。

（4）镀过渡层。

（5）镀工作层。

（6）镀后检查和处理。

▶▶▶ 四、电镀法与堆焊法、热喷涂法的比较

电镀法与堆焊法、热喷涂法的比较如表 3-3 所示。

项　　目	电　镀　法	堆　焊　法	热　喷　涂　法
零件尺寸	受镀槽限制	无限制	无限制
零件形状	范围较广	不能用于小孔、薄壁零件	不能用于小孔
结合强度	较好	好	一般较低
零件基体	导电体	金属	一般固体物品
涂覆材料	金属、合金、某些复合材料，非金属材料经化学镀后也可	金属	一般固体物品
涂覆厚度（mm）	0.001～1	3～30	0.1～3
热输入	无	很高	较低
表面预处理要求	高	低	高
基体变形	无	大	小
表面粗糙度	很小	极大	较小
沉积速率（kg/h）	0.25～0.5	1～70	1～70

学习项目五　粘接修复法

采用黏合剂等对失效零件进行修补或连接，以恢复零件使用功能的方法称为粘接修复法。

近年来粘接技术发展很快，在机电设备检修中已得到越来越广泛的应用。例如，用粘接法修复断裂的零件；以粘接代替螺钉连接镶装导轨板；用黏合剂涂在零件的磨损部位（如轴或孔）表面，经机械加工修复其尺寸与形位精度；用黏合剂密封箱体与箱盖的接合面、管路接头，密封和锁固螺纹连接；用黏合剂填充铸件的砂眼、气孔、疏松等缺陷，防止渗漏等。

▶▶ 一、粘接的工艺的特点

（1）粘接力较强。

（2）粘接的工艺温度不高，不会引起基体金属金相组织的变化和热变形，不会产生裂纹等缺陷。

（3）粘接时不破坏原件强度，不易产生局部应力集中。

（4）工艺简便，成本低，工期短，便于现场修复。

（5）胶缝有密封、耐磨、耐腐蚀和绝缘等性能，有的还具有隔热、防潮、防振减振性能。

缺点：不耐高温（一般只有 150℃，最高 300℃，无机胶除外）；抗冲击、抗剥离、抗老化的性能差；粘接强度不高（与焊接、铆接比）；粘接质量的检查较为困难。

▶▶ 二、黏合剂的选用

设备检修用黏合剂主要有，有机合成胶和无机胶两大类，有机合成胶如环氧树脂胶、酚醛树脂胶、聚氨酯胶、氯丁胶等，无机胶如氧化铜无机胶。采用粘接与粘补检修技术时，首先应根据需修复零件的使用条件和缺损状态选用黏合剂。黏合剂的分类如表 3-4 所示。

黏 合 剂												
有机黏合剂										无机黏合剂		
合成黏合剂						天然黏合剂						
树脂型		橡胶型		混合型			动物黏合剂	植物黏合剂	矿物黏合剂	天然橡胶黏合剂	磷酸盐	硅酸盐	硫酸盐	硼酸盐
热固性黏合剂	热塑性黏合剂	单一橡胶	树脂改性	橡胶与橡胶	树脂与橡胶	热固性树脂与热塑性树脂	动物黏合剂	植物黏合剂	矿物黏合剂	天然橡胶黏合剂	磷酸盐	硅酸盐	硫酸盐	硼酸盐

（标题）黏合剂的分类　　表 3-4

选用黏合剂的原则如下：

（1）根据需粘接、粘补零件的材料和接头形式，选择黏合剂的类别。

（2）根据粘接、粘补层需要的性能，如承受的载荷、密封、填充、耐磨、耐腐蚀、耐温、耐老化等，以满足主要性能为主并兼顾次要性能，选择黏合剂的牌号。

工业修补剂是近年来开发的设备检修新材料。它除具有黏合剂的特点外，在一定条件下可以代替焊修、电镀和金属喷焊，且无须专用设备，操作简便高效，因而受到设备工程界的广泛重视，国内外已有一些公司生产经营工业修补剂系列产品，从若干种常用品种看，各公司的产品技术性能接近，有些指标各有所长。如北京天工表面材料技术有限公司、北京天山新材料技术公司、上海天山新材料技术研究所、北京犟力高分子研究所、北京祝邦新技术研究所、美国贝尔佐纳公司、德国 Multi·metall 公司、美国 Devcon 公司等生产的修补剂系列产品，包括铁质、钢质、铝质、铜质修补剂，弹性修补剂，耐磨、减摩修补剂，耐腐蚀修补剂，高温修补剂，快速修补剂，湿面修补剂，导电修补剂，高强度结构胶等。除了可粘接零件的断裂外，主要适用于粘补零件的磨损和拉伤部位，铸件气孔、砂眼的填补等。固化后可机械加工达到要求的尺寸和形位精度。

▶▶▶ 三、粘接工艺

粘接一般工艺过程是：施工前的准备→黏合剂的选用→基材表面处理→配胶→涂胶与晾置→对合→加压→静置固化（或加热固化）→清理检查。

1. 施工前的准备

（1）分析零件断裂部位粘接后是否具有足够的强度，必要时采取加强措施，如采用粘接加强件，采取粘接与金属扣合法并用等。

（2）对基材表面粗化处理。可以用机械加工、手工加工或喷砂达到表面粗化。期望达到的表面粗糙度视基体材料及选用的黏合剂类型而定。

2. 黏合剂的选用

（1）熟悉黏合剂的性能。

（2）清楚被粘接物的性质。

（3）明确粘接的用途和目的。

（4）注意黏合剂使用时的工作条件。

(5)考虑工艺实施的可能。

(6)尽量兼顾经济性。

3.基材表面处理

(1)表面净化处理,目的是除去表面污物及油脂。常用丙酮、汽油、四氯化碳作净化剂。

(2)表面活化处理。目的是获得新鲜的活性表面,以提高粘接强度,对塑料、橡胶类材料进行表面活化处理尤其必要。黏合剂有双组分和多组分成品胶、加填料或稀释剂的胶,均需按规定的配方、比例、环境条件(如温度),在清洁的器皿中调配均匀。

4.配胶

常用填料多为粉状,应筛选和干燥。对双组分胶,应先把填料填入粘料(甲组分)中拌匀,再与固化剂调配均匀。对单组分胶加入填料后也应搅拌均匀。

5.涂胶与晾置

基材表面处理完毕后,一般即开始涂胶,涂胶时基材温度应不低于室温,对液态胶用刷胶法最为普遍。刷胶时要顺着一个方向,不要往返刷胶,速度要缓慢,以免起气泡。涂层要均匀,中间可略厚些,平均厚度约0.2mm,不得有缺胶处。无溶剂胶涂一遍即可。有溶剂胶一般应涂2~3遍,前一遍涂完后,应晾置短时间,待溶剂基本挥发后再涂下一遍。

按黏合剂说明书规定,涂胶完毕后应晾置一定时间再对合。

粘接不能直接看见的表面(如内部间隙充填)时,要采用注胶法。根据实际情况,开注胶孔和出气孔。用一般润滑脂枪装胶压注。

6.对合与加压

涂胶晾置后,将两基体面对合并基本找正位置。适当施压使两接合面来回错动几次,以排出空气并使胶层均匀,同时测量胶层的厚度,使多余的胶从边缘挤出,最后精确找正定位。

对合定位后,视零件形状施加适当且均匀的正压力,以加速表面浸润,促进胶对基材表面的填充、渗透和扩散界面,从而提高粘接质量。

7.固化

固化是黏合剂由液体转变为固体并达到与基材形成具有一定结合强度的全过程。固化的条件主要是温度、压力和时间。在一定压力下,温度高则固化快,但固化速度过快,会使胶层硬脆。一般有机胶常温固化24h以上可达到预定强度,加热至50~60℃保温,固化效果比常温好,保温时间见黏合剂说明书的规定。

8.检查

对外露的粘补胶层表面,观察有无裂纹、气孔、缺胶和错位。对有密封要求的零件应进行密封试验,对有尺寸要求的零件应进行尺寸检验。对重要的粘接件可进行超声探伤。

学习项目六　刮研修复法

刮研是利用刮刀、拖研工具、检测器具和显示剂,以手工操作的方式,边刮研加工,边研点测量,使工件达到规定的尺寸精度、几何精度和表面粗糙度等要求的一种精加工工艺,如图3-20所示。

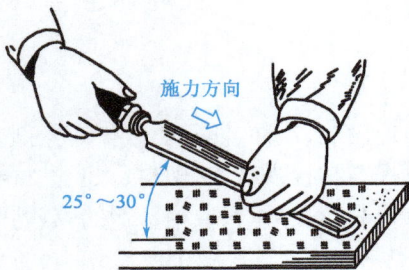

图 3-20　手刮法

施力方向

25°～30°

▶▶ 一、刮研技术的特点

刮研技术具有以下一些优点：

(1)可以按照实际使用要求将导轨或工件平面的几何形状刮成中凹或中凸等各种特殊形状，以解决机械加工不易解决的问题，消除由一般机械加工所遗留的误差。

(2)刮研是手工作业，不受工件形状、尺寸和位置的限制。

(3)刮研中切削力小，产生热量小，不易引起工件受力变形和热变形。

(4)刮研表面接触点分布均匀，接触精度高，如采用宽刮法还可以形成油楔，润滑性好，耐磨性高。

(5)手工刮研掉的金属层可以小到几微米以下，能够达到很高的精度要求。

刮研法的明显缺点是工效低，劳动强度大。但尽管如此，在机械设备修理中，刮研法仍占有重要地位。如导轨和相对滑行面之间、轴和滑动轴承之间、导轨和导轨之间、部件与部件的固定配合面、两相配零件的密封表面等，都可以通过刮研而获得良好的接触率，增加运动副的承载能力和耐磨性，提高导轨和导轨之间的位置精度；增加连接部件间的连接刚性；使密封表面的密封性提高。因此，刮研法广泛地应用在机械制造及修理中。对于尚未具备有导轨磨床的中小型企业，需要对机床导轨进行修理时，仍然采用刮研修复法。

▶▶ 二、刮研工具和检测器具

刮研工作中常用的工具和检测器具有刮刀、检验平尺、直角尺、检验平板、角度垫铁、检验心轴、检验桥板、水平仪、光学平直仪(自准直仪)、塞尺和各种量具等。

1.刮刀

刮刀是刮研的主要工具。为适应不同形状的刮研表面，刮刀分为平面刮刀和内孔刮刀两种。平面刮刀主要用来刮研平面，内孔刮刀主要用来刮研内孔，如刮研滑动轴承、剖分式轴承或轮套等。

刮刀一般采用碳素工具钢或轴承钢制作。在刮研表面较硬的工件时，也可采用硬质合金刀片镶在45号钢刀杆上的刮刀。刮刀经过锻造、焊接，在砂轮上进行粗磨刀坯，然后进行热处理。刮刀淬火时，温度不能过高。淬硬后的刮刀，再在砂轮上进行刃磨。但砂轮上磨出的刃口还不很平整，需要时可在油石上进行精磨。刮研过程中，为了保持锋利的刃口，要经常进行刃磨。

2.基准工具

基准件是用以检查刮研面的准确性、研点多少的工具。各种导轨面、轴承相对滑动表面都要用基准件来检验。常用于检查研点的基准件有以下几种。

1)检验平板

由耐磨性较好、变形较小的铸铁经铸造、粗刨、时效处理、精刨、粗刮、精刮制作而成。一般用于检验较宽的平面。

2)检验平尺

用来检验狭长的平面。桥形平尺和平行平尺均属检验平尺，其中平行平尺的截面有工字形和矩形两种。由于平行平尺的上下两个工作面都经过刮研且互相平行，因此还可用于检验狭长平面的相互位置精度。

角形平尺也属于检验平尺，它的形成相交角度的两个面经过精刮后符合所需的标准角度，如55°、60°等。用于检验两个组成角度的刮研面，如用于机床燕尾导轨的检验等。

各种检验平尺用完后，应清洗干净，涂油防锈，妥善放置和保管好。可垂直吊挂起来，以防止变形。内孔刮研质量的检验工具一般是与之相配的轴，或定制的一根基准轴，如检验心轴等。

3.显示剂

显示剂是用来反映工件待刮表面与基准工具互研后，保留在其上面的高点或接触面积的一种涂料。常用的显示剂有红丹粉、普鲁士蓝油、松节油等。

(1)红丹粉有铁丹(氧化铁呈红色)和铅丹(氧化铅呈橘黄色)两种，用全损耗系统用油调和而成，多用于黑色金属刮研。

(2)普鲁士蓝油是由普鲁士蓝粉和全损耗系统用油调和而成，用于刮研铜、铝工件。

(3)烟墨油是由烟墨和全损耗系统用油调和而成，用于刮研有色金属。

(4)松节油用于平板刮研，接触研点白色发光。

(5)酒精用于校对平板，涂于超级平板上，研出的点子精细、发亮。

(6)油墨与普鲁士蓝油用法相同，用于精密轴承的刮研。

显示剂使用正确与否，直接影响刮研表面质量。使用显示剂时，应注意避免砂粒、切屑和其他杂质混入而拉伤工件表面。显示剂容器必须有盖，且涂抹用品必须保持干净，这样才能保证涂布效果。

粗刮时，显示剂可调得稀些，均匀地涂在研具表面上，涂层可稍厚些。这样显示的点子较大，便于刮研。精刮时，显示剂应调得浓些，涂在研件表面上要薄而均匀，研出的点子细小，便于提高刮研精度。

4.刮研精度的检查

1)用贴合面的研点数表示

刮研精度的检查一般以工件表面上的显点数来表示。无论是平面刮研还是内孔刮研，工件经过刮研后，表面上研点的多少和均匀与否直接反映了平面的直线度和平面度，以及内孔面的形状精度。一般规定用边长为25mm×25mm的方框罩在被检测面上，根据方框内显示的研点数的多少来表示刮研质量。在整个平面内任何位置上进行抽检，都应达到规定的点子数。各类机械中的各种配合面的刮研质量标准大多数不相同，对于固定结合面或设备床身、机座的结合面，为了增加刚度，减少振动，一般在每刮方(即25mm×25mm面积)内有2～10点；对于设备工作台表面、机床的导轨及导向面、密封结合面等，一般在每刮方内有10～16点；对于高精度平面，如精密机床导轨、测量平尺、1级平板等，每刮方内应有16～25点；而0级平板、高精度机床导轨及精密量具等超精密平面，其研点数在每刮方内应有25点以上。

2)用框式水平仪检查精度

工件平面大范围内的平面度误差和机床导轨面的直线度误差等，一般用框式水平仪进行检查。也有用百分表和其他测量工具配合来检查刮研平面的中凸、中凹或直线度等。

有些工件除了用框式水平仪检查研点数以外,还要用塞尺检查配合面之间的间隙大小。

▶▶ 三、平面刮研

1. 刮研前的准备工作

刮研前,工件应平稳放置,防止刮研时工件移动或变形。刮研小工件时,可用台虎钳或辅助夹具夹持。待刮研工件应先去除毛刺和表面油污,锐边倒角,去掉铸件上的残砂,防止刮研过程中伤手和拖研时拉毛工件表面。

2. 刮研的工艺过程

平面刮研的常用方法有两种:一种是手推式刮研,另一种是挺刮式刮研。工件的刮研过程如下。

1)粗刮

用粗刮刀进行刮,并使刀迹连成一片。第一遍粗刮时,可按着刨刀刀纹或导轨纵向的45°方向进行,第二遍刮研则按上一遍的垂直方向进行(即 90°交叉刮),连续推刮工件表面。在整个刮研面上刮研深度应均匀,不允许出现中间高,四周低的现象。当粗刮到每刮方内的研点数有 2～3 点时,就可进行细刮。

2)细刮

用细刮刀进行刮,在粗刮的基础上进一步增加接触点。刮研时,刀迹宽度应在 6～8mm,长 10～25mm,刮深 0.01～0.02mm。按一定方向依次刮研。刀迹按点子分布且可连刀刮。刮第二遍时应与上一遍交叉 45°～60°的方向进行。在刮研中,应将高点的周围部分也刮去,以使周围的次高点容易显示出来,可节省刮研时间。同时要防止刮刀倾斜,在回程时将刮研面拉出深痕。细刮后的点子一般在每刮方内有 12～15 点即可。

3. 精刮

在细刮后,为进一步提高工件的表面质量,需要进行精刮。刮研时,要用小型刮刀或将刀口磨成弧形,刀迹宽度为 3～5mm,长在 3～6mm,每刀均应落在点子上。点子可分为三种类型刮研:刮去最大最亮的点子,挑开中等点子,小点子留下不刮。这样连续刮几遍,点子会越来越多。在刮到最后两三遍时,交叉刀迹大小要一致,排列应整齐,以增加刮研面美观。精刮后的表面要求在每刮方内的研点应有 20～25 点以上。

4. 刮花

刮花可增加刮研面的美观,或能使滑动表面之间形成良好的润滑条件,并且还可以根据花纹的消失来判断平面的磨损程度。一般常见的花纹有斜花纹、鱼鳞花纹和半月形花纹等。

在平面刮研时工件的研点方法应随工件的形状不同和面积大小而异。对中小型工件,一般是基准平板固定,工件待刮面在平板上拖研。当工件面积等于或略超过平板时,则拖研时工件超出平板的部分不得大于工件长度的 1/4,否则容易出现假点子;对大型工件,一般是将平板或平尺在工件被刮研面上拖研;对质量不对称的工件,拖研时应单边配重或采取支托的办法解决,才能反映出正确的研点。

▶▶ 四、内孔刮研

内孔刮研的原理和平面刮研一样。但内孔刮研时,刮刀在内孔面上做螺旋运动,且以配合轴或检验心轴作研点工具。研点时,将显示剂薄而均匀地涂布在轴的表面上,然后将轴在轴孔中来回转动显示研点。

1. 内孔刮研的方法

图 3-21a)所示为一种内孔刮研方法,右手握刀柄,左手用四指横握刀身,刮研时右手做半圆转动,左手顺着内孔方向做后拉或前推刀杆的螺旋运动。另一种刮研内孔的方法如图 3-21b)所示,刮刀柄搁在右手臂上,双手握住刀身,刮研时左右手的动作与前一种方法一样。

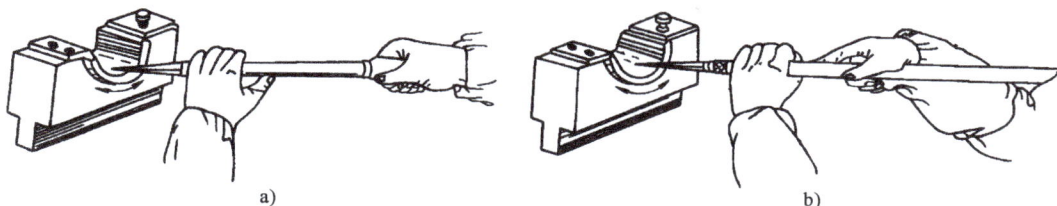

图 3-21　内孔刮研的方法

2. 刮研时刮刀的位置与刮研的关系

当用三角刮刀或匙形刮刀刮内孔时,要及时改变刮刀与刮研面所成的夹角。内孔刮研时,研点应根据轴在轴承内的工作情况合理分布,以取得良好的效果。一般轴承两端的研点应硬而密些,中间的研点可软而稀些,这样容易建立油楔,使轴工作稳定;轴承承载面上的研点应适当密些,以增加其耐磨性,使轴承在负荷情况下保持其几何精度。

学习项目七　机械零件修复技术的选择

▶▶ 一、修复技术的选择

1. 修复工艺对零件材质的适应性

任何一种修复工艺都不能完全适应各种材料,表 3-5 可供选择时参考。

各种修复工艺对常用材料的适应性　　　　　　　　　　表 3-5

序号	修 理 工 艺	低碳钢	中碳钢	高碳钢	合金结构钢	不锈钢	灰铸铁	铜合金	铝
1	镀铬	+	+	+	+	+	+		
2	镀铁	+	+	+	+	+	+		
3	气焊	+	+	+	+	+	−		
4	手工电弧堆焊	+	+	−	+	+	−		
5	焊剂层下电弧堆焊	+	+		+				
6	振动电弧堆焊	+	+	+	+	+			
7	钎焊	+	+	+	+	+	+	+	−
8	金属喷涂	+	+	+	+	+	+	+	+
9	塑料粘补	+	+	+	+	+	+	+	
10	塑性变形	+	+					+	+
11	金属扣合						+		

注:"＋"为修理效果良好;"－"为修理效果不好。

2.各种修复工艺能达到的修补层厚度

厚度不同的零件所需要的修复层厚度不一样。因此,必须了解各种修复工艺所能达到的修补层厚度。图 3-22 所示是几种主要修复工艺能达到的修补层厚度。

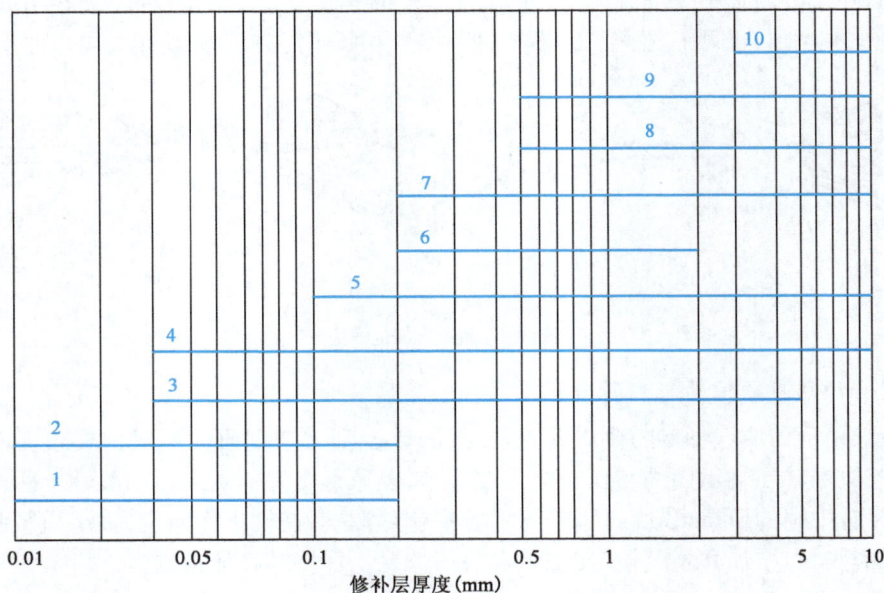

图 3-22　几种主要修复工艺能达到的修补层厚度

1-镀铬;2-滚花;3-钎焊;4-振动电弧堆焊;5-手工电弧堆焊;6-镀铁;7-粘补;8-熔剂层下电弧堆焊;9-金属喷涂;10-镶加零件

3.被修零件构造对工艺选择的影响

如轴上螺纹损坏时可车成直径小一级的螺纹,但要考虑拧入螺母是否受到临近轴径尺寸较大的限制。又如镶螺纹套法修理螺纹孔、扩孔镶套法修理孔径时,孔壁厚度与临近螺纹孔的距离尺寸是主要限制因素。

4.零件修理后的强度

修补层的强度、修补层与零件的结合强度以及零件修理后的强度,是修理质量的重要指标。表 3-6 可供选择零件修复工艺时参考。

5.修复工艺过程对零件物理性能的影响

修补层物理性能,如硬度、加工性、耐磨性及密实性等,在选择修复工艺时必须考虑。如硬度高,则加工困难;硬度低,一般磨损较快;硬度不均,加工表面不光滑。耐磨性不仅与表面硬度有关,还与金相组织、磨合情况及表面吸附润滑油的能力有关。

如采用多孔镀铬、多孔镀铁、振动电弧堆焊、金属喷涂等修复工艺均能获得多孔隙的覆盖层。这些孔隙中能存储润滑油,从而改善了润滑条件,使得机械零件即使在短时间缺油的情况下也不会发生表面研伤现象。对修补可能发生液体、气体渗漏的零件则要求修补的密实性,不允许出现砂眼、气孔、裂纹等缺陷。

镀铬层硬度最高,也最耐磨,但磨合性较差。金属喷涂、振动电弧堆焊、镀铁等耐磨性与磨合性都很好。

修补层不同,疲劳强度也不同。如 45 钢的疲劳强度为 100%,各种修补层的疲劳强度如下：

各种修补层的力学性能

表 3-6

序号	修理工艺	修补层本身抗拉强度（MPa）	修补层与45钢的结合强度（MPa）	零件修理后疲劳强度降低的百分数（%）	硬度
1	镀铬	400～600	300	25～30	600～1000HV
2	低温镀铁		450	25～30	45～65HRC
3	手工电弧堆焊	300～450	300～450	36～40	210～420HBS
4	焊剂层下电弧堆焊	350～500	350～500	36～40	170～200HBS
5	振动电弧堆焊	620	560	与45钢相近	25～60HRC
6	银焊	400	400		
7	铜焊	287	287		
8	锰青铜钎焊	350～450	350～450		217HBS
9	金属喷涂	80～110	40～95	45～50	200～240HBS
10	环氧树脂粘补		热粘 20～40		80～120HBS
			冷粘 10～20		80～120HBS

（1）热喷涂——86%。

（2）电弧焊——79%。

（3）镀铬——75%。

（4）镀铁——71%。

（5）振动电弧堆焊——62%。

6. 修复工艺对零件精度的影响

对精度有一定要求的零件，主要考虑修复中的受热变形。修复时大部分零件温度都比常温高。电镀、金属喷涂、电火花镀敷及振动电弧堆焊等，零件温度低于100℃时，热变形很小，对金相组织几乎没有影响；软焊料钎焊温度在250～400℃之间，对零件的热影响也较小；硬焊料钎焊时，零件要预热或加热到较高温度，如达到800℃以上时就会使零件退火，热变形增大。

其次还应考虑修复后的刚度，如镶加、粘接、机械加工等修复法会改变零件的刚度，从而影响修理后的精度。

7. 从经济性考虑

如一些简单零件，修复还不如更换经济。

由此可见，选择零件修复工艺时，不能只从一个方面，而要从几个方面综合考虑。一方面要参考修理零件的技术要求，另一方面考虑修复工艺的特点，还要结合本企业现有的修复条件和技术水平等，力求做到工艺合理、经济性好、生产可行，这样才能获得最佳的修复工艺方案。

▶▶ **二、典型零件修复技术的选择**

（1）轴的修复技术选择如表3-7所示。

单元三 机械零件的修复技术

序号	零件磨损部分	修理方法	
		达到设计尺寸	达到修配尺寸
1	滑动轴承的轴颈及外圆柱面	镀铬、镀铁、金属喷涂堆焊并加工至设计尺寸	车削或磨削提高几何形状
2	装滚动轴承的轴颈及静配合面	镀铬、镀铁、堆焊、滚花、化学镀铜（0.05mm 以下）	
3	轴上键槽	堆焊修理键槽，转位新铣键槽	建槽加宽。不大于原宽度的 1/7，重新配键
4	花键	堆焊重铣或镀铁后磨（最好用振动堆焊）	
5	轴上螺纹	堆焊，重新车螺纹	车成小一级螺纹
6	外圆锥面		磨到较小尺寸
7	圆锥孔		磨到较大尺寸
8	轴上销孔		较大一些
9	扁头、方头及球面	堆焊	加工修整几何形状
10	一端损坏	切削损坏的一段，焊接一段，加工至设计尺寸	
11	弯曲	校正并进行低温稳化处理	

（2）孔的修复技术选择如表 3-8 所示。

序号	零件磨损部分	修理方法	
		达到公称尺寸	达到修配尺寸
1	孔径	镶套、堆焊、电镀、粘补	镗孔
2	键槽	堆焊处理或转位另插键槽	加宽键槽
3	螺纹孔	镶螺纹套或改变零件位置，转位重新钻孔	加大螺纹孔至大一级的螺纹
4	圆锥孔	镗孔后镶套	刮研或磨削修整形状
5	销孔	移位重新钻孔、铰销孔	铰孔
6	凹坑、球面窝及小槽	铣掉重新镶	扩大修整形状
7	平面组成的导槽	镶垫板、堆焊、粘补	加大槽形

（3）齿轮的修复技术选择如表 3-9 所示。

序号	零件磨损部分	修理方法	
		达到公称尺寸	达到修配尺寸
1	轮齿	（1）利用花键孔，镶新轮圈插齿；（2）齿轮局部断裂，堆焊加工成形；（3）内孔镀铁后磨	大齿轮加工成负变位齿轮（硬度低，可加工者）
2	齿角	（1）对称形状的齿轮调头倒角使用；（2）堆焊齿角后加工	锉磨齿角

序号	零件磨损部分	修 理 方 法	
		达到公称尺寸	达到修配尺寸
3	孔径	镶套、镀铬、镀镍、镀铁、堆焊	磨孔配轴
4	键槽	堆焊加工或转位另开键槽	加宽键槽,重新配键
5	离合器爪	堆焊后加工	

（4）其他典型零件的修复技术选择如表 3-10 所示。

其他典型零件的修复技术选择　　　　　　　　　　表 3-10

序号	零件名称	磨 损 部 分	修 理 方 法	
			达到公称尺寸	达到修配尺寸
1	导轨、滑板	滑动面研伤	粘补或镶板后加工	电弧冷焊补、钎焊、粘补、刮、磨削
2	丝杠	螺纹磨损 轴颈磨损	（1）调头使用; （2）切除损坏的非螺纹部分,焊接一段后重新车加工; （3）堆焊轴颈后加工	（1）校直后车削螺纹进行稳化处理,另配螺母; （2）轴颈部分车削或磨削
3	滑移拨叉	拨叉侧面磨损	铜焊、堆焊后加工	
4	楔铁	滑动面磨损		铜焊接长、粘接及钎焊巴氏合金、镀铁
5	活塞	外径磨损镗缸后与汽缸的间隙增大、活塞环槽磨宽	移位、车活塞环槽	喷涂金属,着力部分浇铸巴氏合金,按分级修理尺寸,车宽活塞环槽
6	阀座	结合面磨损		车削及研磨结合面
7	制动轮	轮面磨损	堆焊后加工	车削至较小尺寸
8	杠杆及连杆	孔磨损	镶套、堆焊、焊堵后重新加工孔	扩孔

练 习 题

1. 什么是修理尺寸法？应用这种方法修复失效零件时,应注意什么？

2. 用金属扣合法修复铸件裂纹的工作过程是怎样的？

3. 用焊接法修复铸件裂纹的工作过程是怎样的？

4. 在铸件上的裂纹看不清楚时,用什么办法可以方便地找出全部裂纹？

5. 为了保证焊修质量,碳钢零件补焊时应采取哪些技术措施？

6. 铸铁零件补焊的特点是什么？

7. 用堆焊技术修复的目的是什么？

8. 电镀法、堆焊法、热喷涂法三种修复技术各有什么特点？

9. 堆焊合金的选择原则有哪些？

10. 简述氧乙炔火焰喷涂技术的原理、特点、所用装置和过程。

11. 对磨损的曲轴曲颈拟采用氧—乙炔火焰喷涂技术修复,其修复过程是怎样的？

12. 举例说明选择零件修复技术应遵守哪些基本原则？

单元三　机械零件的修复技术

单元四

典型机械结构部件的检修

【知识目标】

1. 掌握轴类、齿轮常见的失效形式及其修复。
2. 熟悉蜗轮蜗杆副常见的故障及其修理方法。
3. 掌握壳体零件的修复工艺。
4. 熟悉液压系统常见故障原因及其维修方法。
5. 熟悉液压元件的常见故障与排除方法。

【能力目标】

1. 能对轴、齿轮进行修复。
2. 能对壳体零件进行修复。
3. 初步具有液压系统、液压元件常见故障的分析和排除能力。

学习项目一　典型机械零件的修理

▶▶ 一、轴类零件的修理

轴类零件是组成各类机械设备的重要零件。它的主要作用是支撑其他零件、承受载荷和传递转矩。轴是最容易磨损或损坏的零件,具体修复内容主要有以下几个方面。

1. 轴颈磨损的修复

轴颈因磨损而失去原有的尺寸和形状精度,变成椭圆形或圆锥形等,此时常用以下方法修复:

(1)按规定尺寸修复。当轴颈磨损量小于 0.5mm 时,可用机械加工方法使轴颈恢复正确的几何形状,然后按轴颈的实际尺寸选配新轴衬。这种用镶套进行修复的方法可避免轴颈的变形,在实践中经常使用。

(2)堆焊法修复。几乎所有的堆焊工艺都能用于轴颈的修复。若堆焊后不进行机械加工,堆焊层厚度应保持在 1.5～2.0mm;若堆焊后仍需进行机械加工,堆焊层的厚度应使轴颈比其公称尺寸大 2～3mm,堆焊后应进行退火处理。

(3)电镀或喷涂修复。当轴颈磨损量在 0.4mm 以下时,可镀铬修复,但成本较高,只适于重要的轴。为降低成本,对于不重要的轴应采用低温镀铁修复,此方法效果很好,原材料便宜,成本低,污染小,镀层厚度可达 1.5mm,有较高的硬度,磨损量不大的也可采用喷涂修复。

(4)粘接修复。把磨损的轴颈车小 1mm,然后用玻璃纤维蘸上环氧树脂胶,逐层地缠在轴颈上,待固化后加工到规定的尺寸。

2. 中心孔损坏的修复

修复前,首先除去孔内的油污和铁锈,检查损坏情况,如果损坏不严重,用三角刮刀或油石等进行修整;当损坏严重时,应将轴装在车床上用中心钻加工修复,直至完全符合规定的技术要求。

3. 圆角的修复

圆角对轴的使用性能影响很大,特别是在交变载荷作用下,常因轴颈直径凸变部位的圆角被破坏或圆角半径减小导致轴折断。因此,圆角的修复不可忽视。

圆角的磨伤可用细锉或车削、磨削加工修复。当圆角磨损很大时,需要进行堆焊,退火后车削至原尺寸。圆角修复后,不可有划痕、擦伤或刀迹,圆角半径也不能减小,否则会减弱轴的性能并导致轴的损坏。

4. 螺纹的修复

当轴表面上的螺纹碰伤、螺母不能拧入时,可用圆板牙或车削加工修整。若螺纹滑牙或掉牙,可先把螺纹全部车削掉,然后进行堆焊,再车削加工修复。

5. 键槽的修复

当键槽只有小凹痕、毛刺或轻微磨损时,可用细锉、油石或刮刀等进行修整。若键槽磨损较大,可扩大键槽或重新加工键槽,并配大尺寸的键或阶梯键;也可在原键槽位置上旋转

90°或180°重新按标准加工键槽,加工键槽前需先把旧键槽用气焊或电焊填满,如图4-1所示。

6. 花键轴的修复

(1)当键齿磨损不大时,先将花键部分退火,进行局部加热,然后用钝錾子对准键齿中间,锤子敲击,并沿键长移动,使键宽增加0.5～1.0mm。花键被挤压后,劈成的槽可用电焊焊补,最后进行机械加工和热处理。

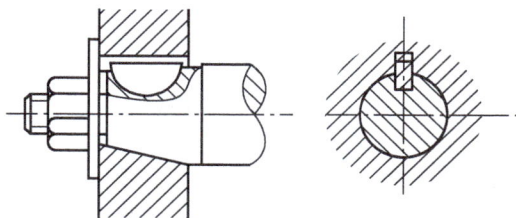

图4-1 键槽的修复

(2)采用纵向或横向施焊的自动堆焊方法。纵向堆焊时,把清洗好的花键轴装到堆焊机床上,机床不转动,将振动堆焊机头旋转90°,并将焊嘴调整到与轴中心线成45°角的键齿侧面。焊丝伸出端与零件表面的接触点应在键齿的节径上,由床头向尾架方向施焊。横向施焊与一般轴类零件修复时的自动堆焊相同。为保证堆焊质量,焊前应将零件预热,堆焊结束时,应在焊丝离开零件后断电,以免产生端面弧坑。堆焊后要重新进行铣削或磨削加工,以达到规定的技术要求。

(3)按照规定的工艺规程进行低温镀铁,镀铁后再进行磨削加工,使其符合规定的技术要求。

7. 裂纹和折断的修复

轴出现裂纹后若不及时修复,就有折断的危险。对于轻微裂纹还可采用粘接修复:先在裂纹处加工槽,然后用环氧树脂胶填补和粘接,待固化后进行机械加工。

对于承受载荷不大或不重要的轴,其裂纹深度不超过轴直径的10%时,可采用焊补修复。焊补前,必须认真做好清洁工作,并在裂纹处加工好坡口。焊补时,先在坡口周围加热,然后再进行焊补。为消除内应力,焊补后需进行回火处理,最后通过机械加工达到规定的技术要求。

对于承受载荷很大或重要的轴,其裂纹深度超过轴直径的10%或存在角度超过10°的扭转变形,应予以调换。

当载荷大或重要的轴出现折断时,应及时调换。一般受力不大或不重要的轴折断时,可用图4-2所示的方法进行修复。其中图4-2a)所示为用焊接法把断轴两端对接起来。焊接前,先将两轴端面钻好圆柱销孔、插入圆柱销,然后加工坡口进行对接。圆柱销直径一般为$(0.3～0.4)d$,d为断轴外径。图4-2b)所示为用双头螺柱代替圆柱销。若轴的过渡部分折断,可另加工一段新轴代替折断部分,新轴一端车出带有螺纹的尾部,旋入轴端已加工好的螺孔内,然后进行焊接。有时折断的轴其断面经过修整后,使轴的长度缩短了,此时需要采用接段修理法进行修复,即在轴的断口部位再接上一段轴颈。

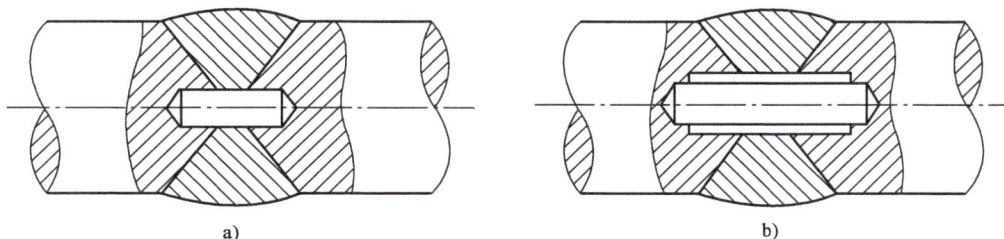

a)

b)

图4-2 断轴修复

8.弯曲变形的修复

对弯曲量较小的轴(一般小于长度的 8/1000),可用冷校法进行校正。通常普通的轴可在车床上校正,也可用千斤顶或螺旋压力机进行校正,这些方法的校正结果能使弯曲量能达到 1m 长 0.05～0.15mm,可满足一般低速运行的机械设备要求。对要求较高、需精确校正的轴或弯曲量较大的轴,则用热校法进行校正。通过加热使轴的温度达到 500～550℃,待冷却后进行校正。加热时间根据轴的直径大小、弯曲量及具体的加热设备确定。热校后应对轴的加热处进行退火,恢复到原来的力学性能和技术要求。

9.其他失效形式的修复

外圆锥面或圆锥孔磨损,均可用车削或磨削方法加工到较小或较大尺寸,达到修配要求,再另外配相应的零件;轴上销孔磨损时,也可将尺寸铰削大一些,另配销子;轴上的扁头、方头及球头磨损可采用堆焊或加工、修整几何形状的方法修复;当轴的一端损坏时,可采用局部修换法进行修理,即切削损坏的一段轴,再焊上一段新轴后,加工到要求的尺寸。

▶▶ 二、齿轮的修理

对因磨损或其他故障而失效的齿轮进行修复,在机械设备检修中甚为多见。齿轮的类型很多,用途各异。齿轮常见的失效形式、损伤特征、产生原因和检修方法如表 4-1 所示。

齿轮常见的失效形式、损伤特征、产生原因及检修方法 表 4-1

失效形式	损 伤 特 征	产 生 原 因	维 修 方 法
轮齿折断	整体折断一般发生的齿根,局部折断一般发生在轮齿一端	齿根处弯曲应力最大且集中,载荷过分集中、多次重复作用、短期过载	堆焊、局部更换、栽齿、镶齿
疲劳点蚀	在节线附近的下齿面上出现疲劳点蚀坑并扩展,呈贝克状,可遍及整个齿面、噪声、磨损、动载加大,在闭式齿轮中经常发生	长期受交变接触应力作用,齿面接触强度和硬度不高、表面粗糙度值大一些、润滑不良	堆焊、更换齿轮、变位切削
齿面剥落	脆性材料、硬齿面齿轮在表层或次表层内产生裂纹,然后扩展、材料呈片状剥离齿面,形成剥落坑	齿面受高的交变接触应力,局部过载、材料缺陷、热处理不当、黏度过低、轮齿表面质量差	堆焊、更换齿轮、变位切削
齿面胶合	齿面金属在一定压力下直接接触发生粘着,并随相对运动从齿面上撕落,按形成条件分为热胶合和冷胶合	热胶合产生高速重载、引起局部瞬时高温、导致油膜破裂、使齿面局部粘焊;冷胶合发生于低速重载、局部压力过高、油膜压溃、产生胶合	更换齿轮、变位切削、加强润滑
齿面磨损	轮齿接触表面沿滑动方向有均匀重叠磨痕,多见于开式齿轮,导致失去齿形、齿厚减薄而断齿	铁屑、尘粒等进入轮齿的啮合部位引起磨粒磨损	堆焊、调整换位、更换齿轮、换向、塑性变形、变位切削、加强润滑
塑性变形	齿面产生塑性流动,破坏了正确的齿形曲线	齿轮材料较软,承受载荷较大、齿面间摩擦力较大	更换齿轮、变位切削、加强润滑

1.调整换位法

对于单向运转受力的齿轮,轮齿常为单面损坏,只要结构允许,可直接用调整换位法修复。所谓调整换位就是将已磨损的齿轮变换一个方位,利用齿轮未磨损或磨损轻的部位继续工作。

对于结构对称的齿轮,当单面磨损后可直接翻转180°,重新安装使用,这是齿轮修复的通用办法。但是,对锥齿轮或具有正反转的齿轮不能采用这种方法。

若齿轮精度不高,而且是由齿圈和轮毂组合的结构(铆合或压合),其轮齿单面磨损时,可先除去铆钉,拉出齿圈,翻转180°换位后再进行铆合或压合。

结构左右不对称的齿轮,可将影响安装的不对称部分去掉,并在另一端用焊、铆或其他方法添加相应结构后,再翻转180°安装使用;也可在另一端加调整垫片,把齿轮调整到正确位置,而无需添加结构。对于单面进入啮合位置的变速齿轮,若发生齿端碰缺,可将原有的换挡拨叉槽车削去掉,然后把新制的拨叉槽用铆接或焊接的方法装到齿轮的反面。

2.栽齿修复法

对于低速、平稳载荷且要求不高的较大齿轮,单个齿折断后可将断齿根部锉平,根据齿根高度及齿宽情况,在其上面栽上一排与齿轮材质相似的螺钉,包括钻孔、攻螺纹、拧螺钉,并以堆焊连接各螺钉,然后再按齿形样板加工出齿形。

3.镶齿修复法

对于受载不大但要求较高的齿轮,单个齿折断后可用镶单个齿的方法修复。如果齿轮有几个齿连续损坏,可用镶齿轮块的方法修复。若多联齿轮、塔形齿轮中有个别齿轮损坏,用齿圈替代法修复。重型机械的齿轮通常把齿圈以过盈配合的方式装在轮芯上,成为组合式结构。当这种齿轮的轮齿磨损超限时,可把坏齿圈拆下,换上新的齿圈。

4.堆焊修复法

当齿轮的轮齿崩坏,齿端、齿面磨损超限,或存在严重表层剥落时,可以使用堆焊法进行修复。齿轮堆焊的一般工艺为:焊前退火、焊前清洗、施焊、焊缝检查、焊后机械加工与热处理、精加工、最终检查及修整。

(1)轮齿局部堆焊。当齿轮的个别齿断齿、崩齿,遭到严重损坏时,可以用电弧堆焊法进行局部堆焊。为防止齿轮过热、避免热影响,可把齿轮浸入水中,只将被焊齿露出水面,在水中进行堆焊。轮齿端面磨损超限,可采用熔剂层下粉末焊丝自动堆焊。

(2)齿面多层堆焊。当齿轮少数齿面磨损严重时,可用齿面多层堆焊。施焊时,从齿根逐步焊到齿顶,每层重叠量为2/5～1/2,焊一层经稍冷后再焊下一层。如果有几个齿面需堆焊,应间隔进行。

对于堆焊后的齿轮,要经过加工处理以后才能使用。最常用的加工方法有如下两种。

①磨合法。按应有的齿形进行堆焊,以齿形样板随时检验堆焊层厚度,基本上不堆焊出加工余量,然后通过手工修磨处理,除去大的凸出点,最后在运转中依靠磨合磨出光洁表面。这种方法工艺简单、检修成本低,但配对齿轮磨损较大、精度低。它适用于转速很低的开式齿轮修复。

②切削加工法。齿轮在堆焊时留有一定的加工余量,然后在机床上进行切削加工。此种方法能获得较高的精度,生产效率也较高。

5.塑性变形法

塑性变形法是用一定的模具和装置并以挤压或滚压的方法将齿轮轮缘部分的金属向齿的方向挤压,使磨损的齿加厚,如图4-3所示。

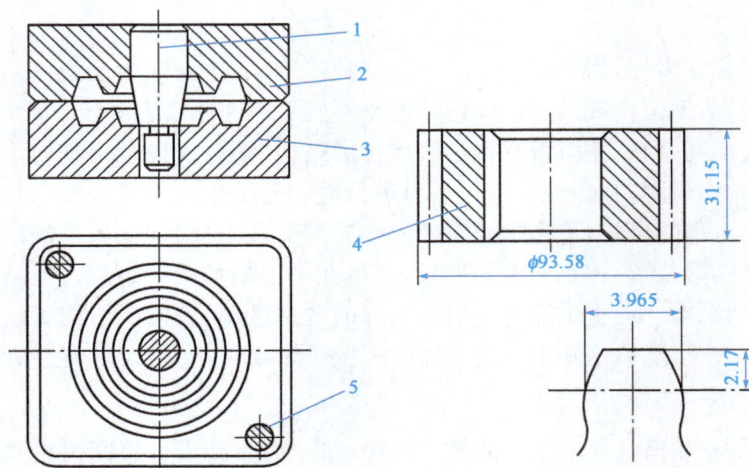

图4-3 用塑性变形法修复齿轮(尺寸单位:mm)
1-销;2-上模;3-下模;4-被修复的齿轮;5-导向杆

将齿轮加热到800～900℃放在下模3中,然后将上模2沿导向杆5装入,用锤子在上模四周均匀敲打,使上下模具互相靠紧。将销1对准齿轮中心以防止轮缘金属经挤压后进入齿轮轴孔的内部。在上模2上施加压力,齿轮轮缘金属即被挤压流向齿的部分,使齿厚增大。齿轮经过模压后,再通过机械加工铣齿,最后按规定进行热处理。

塑性变形法只适用于修复模数较小的齿轮。由于受模具尺寸的限制,齿轮的直径也不宜过大。需修复的齿轮不应有损伤、缺口、剥蚀、裂纹以及用此法修复不了的其他缺陷;材料要有足够的塑性,并能成形;结构要有一定的金属储备量,使磨损区的齿轮得到扩大,且磨损量应在齿轮和结构的允许范围内。

6.变位切削法

齿轮磨损后可利用变位切削,将大齿轮的磨损部分切去,另外配换一个新的小齿轮与大齿轮相配,齿轮传动即可恢复。大齿轮经过负变位切削后,它的齿根强度虽有所降低,但仍比小齿轮高,只要验算出轮齿的弯曲强度在允许的范围内便可使用。

若两齿轮的中心距不能改变时,与经过负变位切削后的大齿轮相啮合的新小齿轮必须采用正变位切削。它们的变位系数大小相等,符号相反,形成高度变位,使中心距与变位前的中心距相等。

如果两传动轴的位置可调整,新的小齿轮不用变位,仍采用原来的标准齿轮。若小齿轮装在电动机轴上,可移动电动机来调整中心距。

采用变位切削法修复齿轮,必须进行有关方面的验算,包括如下几点:

(1)根据大齿轮的磨损程度,确定切削位置,即大齿轮切削最小的径向深度。

(2)当大齿轮齿数小于40时,需验算是否会有根切现象,若大于40,一般不会发生根切,可不验算。

(3)当小齿轮齿数小于25时,需验算齿顶是否变尖,若大于25,一般很少会使齿顶变尖,不需验算。

（4）必须验算轮齿齿形有无干涉现象。

（5）对闭式传动的大齿轮经负变位切削后,应验算轮齿表面的接触疲劳强度,开式传动可不验算。

（6）当大齿轮的齿数小于 40 时,需验算弯曲强度,大于或等于 40 时,因强度减少不大,可不验算。

变位切削法适用于大模数的齿轮传动因齿面磨损而失效,成对更换不合算的情况,采取对大齿轮进行负变位修复而使齿轮得到保留,只需配换一个新的正变位小齿轮,即可使传动得到恢复。它可减少材料消耗,缩短修复时间。

7.金属涂敷法

对于模数较小的齿轮齿面磨损,不便于用堆焊工艺修复,可采用金属涂敷法。

这种方法的实质是在齿面上涂以金属粉或合金粉层,然后进行热处理或者机械加工,从而使零件的原有尺寸得到恢复,并获得耐磨及其他特性的覆盖层。

涂敷时所用的粉末材料主要有铁粉、铜粉、钴粉、钼粉、镍粉、堆焊合金粉、镍-硼合金粉等,修复时根据齿轮的工作条件及性能要求选择确定。涂敷的方法主要有喷涂、压制、沉积和复合等。

此外,铸铁齿轮的轮缘或轮辐产生裂纹或断裂时,常用气焊、铸铁焊条或焊粉将裂纹处焊好,用补夹板的方法加强轮缘或轮辐,用加热的扣合件在冷却过程中产生冷缩将损坏的轮缘或轮辐锁紧。

齿轮键槽损坏后,可用插、刨或钳等加工方法把原来的键槽尺寸扩大 10%～15%,同时配制相应尺寸的键修复。如果损坏的键槽不能用上述方法修复,可转位在与旧键槽成 90°的表面上重新加工一个键槽,同时将旧键槽堆焊补平;若待修复齿轮的轮毂较厚,也可将轮毂孔以齿顶圆定心进行镗大,然后在镗好的孔中镶套,再切制标准键槽。齿轮孔径磨损后,可用镶套、镀铬、镀镍、镀铁、电刷镀、堆焊等工艺方法修复。

▶▶ 三、蜗轮蜗杆副的修理

1.更换新的蜗杆副

如图 4-4 所示,机床的分度蜗杆副装配在工作台 1 上,除蜗杆副本身的精度必须达到要求外,分度蜗轮 2 与上回转工作台 1 的环行导轨还需满足同轴度要求。蜗轮齿坯应首先在工作台导轨的几何精度修复以前装配好,待几何精度修复后,再以下环行导轨为基准对蜗轮进行加工。

2.采用珩磨法修复蜗轮

珩磨法是将与原来尺寸完全相同的珩磨蜗杆装配在原蜗杆的位置上,利用机床传动使珩磨

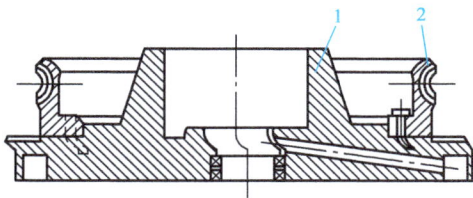

图 4-4　回转工作台及分度蜗轮
1-回转工作台;2-分度蜗轮

蜗杆转动,对机床工作台分度蜗轮进行珩磨。珩磨蜗杆是将 120 号金刚砂用环氧树脂胶合在珩磨蜗杆坯件上,待粘接结实后再加工成形。珩磨蜗杆的安装精度应保证蜗杆回转中心线对蜗轮啮合的中间平面平行及与啮合中心平面重合。啮合中心平面的检查可用着色检验

接触痕迹的方法。

▶▶ 四、壳体零件的修理

壳体零件是机械设备的基础件之一。由它将一些轴、套、齿轮等零件组装在一起，使其保持正确的相对位置，彼此能按一定的传动关系协调地运动，构成机械设备的一个重要部件。因此壳体零件的修复对机械设备的精度、性能和寿命都有直接的影响。壳体零件的结构形状一般都比较复杂，壁薄且不均匀，内部呈腔形，在壁上既有许多精度较高的孔和平面需要加工，又有许多精度较低的坚固孔需要加工。下面简要介绍几种壳体零件的修复工艺要点。

1. 汽缸体

1) 汽缸体裂纹的修复

(1) 产生裂纹的部位和原因。汽缸体裂纹一般发生在汽缸壁与进排气门垫座之间、燃烧室与气门座之间、两汽缸之间、水道孔及缸盖螺钉固定孔等部位。产生裂纹的原因主要有：

① 急剧的冷热变化形成内应力。

② 冬季忘记放水而冻裂。

③ 气门座附近局部高温产生热裂纹。

④ 装配时因过盈量过大引起裂纹。

(2) 常用修复方法。常用的修复方法主要有焊补、粘补、栽铜螺钉填满裂纹、用螺钉把补板固定在汽缸体上等。

2) 汽缸体和汽缸盖变形的修复

(1) 变形的危害和原因。变形不仅破坏了几何形状，而且使配合表面的相对位置偏差增大，例如：破坏了加工基准面的精度，破坏了主轴承座孔的同轴度、主轴承座孔与凸轮轴承孔中心线的平行度、汽缸中心线与主轴承孔的垂直度等。另外还引起密封不良、漏水、漏气，甚至冲坏汽缸衬垫。变形产生的原因主要有：制造过程中产生的内应力和负荷外力相互作用、使用过程中缸体过热、拆装过程中未按规定操作等。

(2) 变形的修复。如果汽缸体和汽缸盖的变形超过技术规定范围，则应根据具体情况进行修复，主要方法如下：

① 汽缸体平面螺孔附近凸起，用油石或细锉修平。

② 汽缸体和汽缸盖平面不平，可用铣、刨、磨等加工修复，也可刮削、研磨。

③ 汽缸盖翘曲，可进行加温，然后在压力机上校正或敲击校正，最好不用铣、刨、磨等加工修复。

3) 汽缸的磨损

(1) 磨损的原因和危害。磨损通常是由腐蚀、高温和与活塞环的摩擦造成的，主要发生在活塞环运动的区域内。磨损后会出现压缩不良、起动困难、功率下降和机油消耗量增加等现象，甚至发生缸套与活塞的非正常撞击。

(2) 磨损的修复。汽缸磨损后可采用修理尺寸法，即用镗削和磨削的方法，将缸径扩大到某一尺寸，然后选配与汽缸相符合的活塞和活塞环，恢复正确的几何形状和配合间隙。当缸径超过标准直径直至最大极限尺寸时，可用镶套法修复，也可用镀铬法修复。

4) 其他

主轴承座孔同轴度偏差较大时，需进行镗削修整，其尺寸应根据轴瓦瓦背镀层厚度确定；当同轴度偏差较小时，可用加厚的合金轴瓦进行一次镗削，弥补轴承座孔的偏差；对于单个磨损严重的主轴承座孔，可将轴承座孔镗大，配上钢制半圆环，用沉头螺钉固定，镗削到规定尺寸；轴承座孔轻度磨损时，可使用电刷镀方法修复，但要保证镀层与基体的结合强度和镀层厚度均匀一致，并不得超出规定的圆柱度要求。

2. 变速器体

变速器体所可能产生的主要缺陷有：变速器体变形、裂纹、轴承孔磨损等。造成这些缺陷的原因有：变速器体在制造加工中出现的内应力和外载荷、切削热和夹紧力；装配不好，间隙调整没按规定执行；使用过程中的超载、超速；润滑不良等。

当变速器体上平面翘曲较小时，可将变速器体倒置于研磨平台上进行研磨修平；若翘曲较大，应采用磨削或铣削加工来修平，此时应以孔的轴心线为基准找平，保证加工后的平面与轴心线的平行度。

若变速器体有裂纹，应进行焊补，但要尽量减少变速器体的变形和产生的白口组织。若变速器体的轴孔磨损，可用修理尺寸法和镶套法修复。当变速器壁厚为 7～8mm 时，压入镶套之后应再次镗孔，直至符合规定的技术要求。此外，也可采用局部电镀、喷涂或电刷镀等方法进行修复。

学习项目二　液压系统的检修

▶▶一、液压系统的组成和特点

图 4-5 所示为啮合齿轮泵工作原理，图 4-6 所示为液压缸结构图，图 4-7 所示为手动换向阀结构图。

1. 液压系统的组成

（1）动力装置：液压泵，将原动机供给的机械能转换为净化流体的压力能。

（2）执行机构：液压缸、液压马达，将流体的压力能转化为机械能。

（3）控制元件：压力阀、流量阀、换向阀、方向阀等，控制和调节流体的压力、流量、流动方向及系统执行机构的动作程序。

（4）辅助元件：除上述三类机构和元件之外的把系统连接起来的其他元件，如管件、压力表、滤油器、油箱等。

（5）工作介质：液压油，用以传递能量或信息。

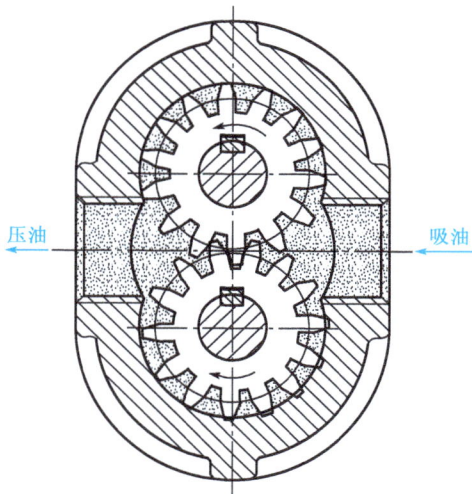

图 4-5　啮合齿轮泵工作原理

2. 优点

（1）在功率相同情况下，比电传动体积小、质量轻。

（2）运动平稳，反应快。

（3）操纵控制方便，可实现大范围的无级调速。

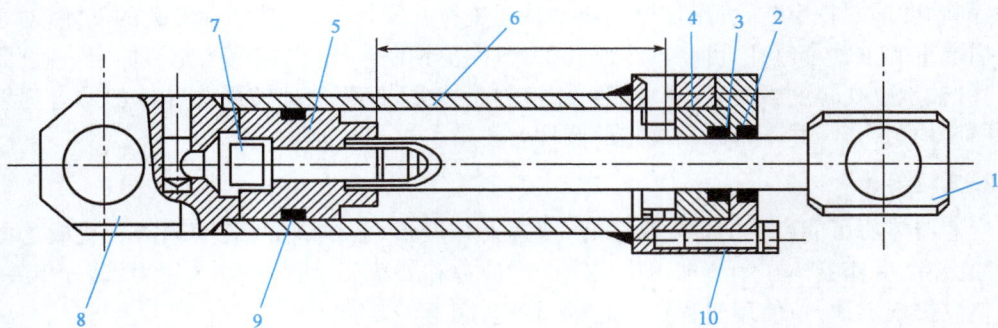

图 4-6　液压缸结构图

1-活塞杆；2-防尘圈；3-Y 形密封圈；4-导向套；5-活塞；6-缸体；7-螺栓；8-缸底；9-O 形密封圈；10-端盖

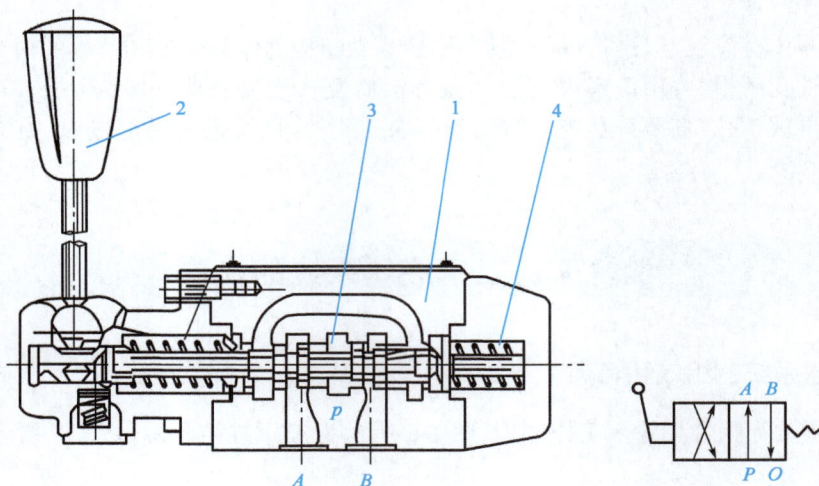

图 4-7　手动换向阀

1-阀体；2-手柄；3-阀芯；4-弹簧

(4)能传递较大的力或力矩。

(5)易实现功率放大。

(6)元件布置方便、灵活,易实现自动化。

(7)可实现过载保护。

(8)已实现系列化、标准化和通用化,便于系统设计、制造。

3.缺点

(1)由于泄漏和流体的可压缩性,无定传动比。

(2)有油液污染;能量损失大,不能远程输送;对温度变化敏感。

(3)元件制造精度高,系统故障不易排除。

(4)油液流动损失的能量转换成热能。

(5)系统传动效率不高。

▶▶二、液压系统常见故障原因分析及其维护

1.液压系统常见故障原因分析

在液压传动系统中,都是一些比较精密的零件。人们对机械的液压传动虽然觉得省力

88

方便,但同时又感到它易于损坏。究其原因,主要是不太清楚其工作原理和构造特性,从而也不大了解其预防维护的方法。

液压系统有三个基本的"致病"因素:污染、过热和进入空气。这三个不利因素有着密切的内在联系,出现其中任何一个问题,就会连带产生另外一个或多个问题。由实践证明,液压系统 75% "致病"的原因,均是这三者造成的。

1)工作油液因进入污物而变质

进入油液中的污物(如灰尘、沙、土等)的来源有以下几个方面。

(1)系统外部不清洁。不清洁物在加油或检查油量时被带入系统,或通过损坏的油封或密封环而进入系统。

(2)内部清洗不彻底。在油箱或部件内仍留有微量的污物残渣。

(3)加油容器或用具不洁。

(4)制造时因热弯油管而在管内产生锈皮。

(5)油液储存不当,在加入系统前就不洁或已变质。

(6)已逐渐变质的油会腐蚀零件。被腐蚀金属可能成为游离分子悬浮在油中。

污物会造成零件的磨损与腐蚀,尤其是对于精加工的零件,它们会擦伤橡胶管的内壁、油封环和填料,而这些零件损伤后又会导致更多的污物进入系统中,这样就形成恶性循环的损坏。

2)过热

造成系统过热可能由以下一种或多种原因造成:

(1)油中进入空气或水分,当液压泵把油液转变为压力油时,空气和水分就会助长热的增加而引起过热。

(2)容器内的油平面过高,油液被强烈搅动,从而引起过热。

(3)质量差的油可能变稀,使外来物质悬浮着,或与水有亲和力,这也会引起生热。

(4)工作时超过了额定工作能力,因而产生热。

(5)回油阀调整不当,或未及时更换已损零件,有时也会产生热。

过热将使油液迅速氧化,氧化又会释放出难溶的树脂、污泥与酸类等,而这些物质聚积油中造成零件的加速磨损和腐蚀,且它们粘附在精加工零件表面上还会使零件失去原有功能。油液因过热变稀还会使传动工作变迟缓。

上述过热的结果,常反映在操纵时传动动作迟缓和回油阀被卡死。

3)进入空气

油液中进入空气的原因有:

(1)加油时不适当地向下倾倒,致使有气泡混入油内而带入管路中。

(2)接头松或油封损坏,空气被吸入。

(3)吸油管路被磨穿、擦破或腐蚀,因而空气进入。

空气进入油中除引起过热外,也会有相当数量空气在压力下被溶于油内。如果被压缩的体积大约有 10% 是属于被溶的空气,则压力下降时便会形成泡沫。而工作液压缸在减压回油时,带泡沫的油液就会形成"海绵"的性质。此外,油中含有许多泡沫会增加总体积,将造成油箱或储油器的溢油现象。

含有空气的工作油,在传递动力时会产生急跳的痉挛现象,使动力传递不均匀,由此产生的压力波动和应力,将会使零部件损坏,严重时会导致整个系统损坏。有空气的工作油,还会造成液压泵发生气穴的危险,由此而产生更大的吸力,会把更多的空气连同其他杂质都吸入系统内。因油中进入空气而产生过热,空气进入的同时也会带进灰尘,这些情况会使油很快变质。

2. 液压系统预防与维护

如果液压系统的制造质量没有问题,则造成故障的原因大多是预防维护不当,操作不当的因素一般较少。之所以如此,主要是由于对它的工作条件认识不足。如果懂得一些基本原理,弄明白导致故障的上述三个有害因素,就能长期地保证系统处于良好的工作状况。为此,要对液压系统建立专门的预防维护制度,其首要任务是严格检查工作油的状况。在换油时,维护服务人员要参加,并帮助对系统进行全面检查,检查项目如下。

(1)检查全部管路系统有无压扁、弯折与破损,软管有无扭结、擦伤或过度弯曲。

(2)为防止内部零件粘上任何微小灰尘与污物,可能时对全系统用蒸汽清洗。

(3)检查油箱或储油器,检查其中的油平面是否足够,还要注意加油过程是否引起泡沫、激荡或涡流现象,这些现象是进入空气的征兆,在通气口出现泡沫现象证明已进入空气。

(4)查看管路和其他元件是否因过热而脱漆,是否有烧焦味,油液是否变黑和变稠。用温度计测量油温。

(5)用肥皂沫涂在接头处来检查渗漏。有渗漏的地方可能有油污,因油会吸附污物,但是有油污之处不一定就有渗漏。此外,过热也常暗示有渗漏的现象,查出有渗漏的接头要随时拧紧。

(6)倾听有无不正常的响声,液压泵有"咔哒"声暗示可能是进入空气而产生气穴,或者是已被污物所磨损。

(7)定期检查液压泵的工作能力。

对上述项目的检查,每次都要记录下来,积累成档案,以便帮助以后对易于发生的问题进行预先防止或及时排除。

3. 液压系统故障排除方法

(1)放去旧油。

(2)清洗或重换过滤器芯及滤油网。

(3)清洗储油器和通气口,擦洗时要用布类,不要用棉纱。

(4)拆开所有的主要组合件,用柴油(不要用汽油,因汽油洗过的精密件表面会发干)清洗各零件。不能拆开时,可用轻滑油或机油与煤油各半掺和的调和油去清洗。禁止用化学清洗剂去清洗,因它们可能会损坏油封和填料,而且它们黏附在零件表面上的残渣可能会腐蚀金属和弄脏工作油。

(5)将洗好了的零件重新装配,装配时要按规定的拧紧力矩拧紧每个螺栓和螺钉。

(6)使液压系统空运行,并使之循环3～4次,以便放去空气。

(7)排出第1次加入的油。此油在新装好后的系统内循环工作是为了冲洗系统内部可能存在的污物,故应排出。排油后,再次清洗过滤器和滤网。

(8)以工厂推荐牌号的新油按规定量重新加入系统内;必要时在工作48h后,再清洗一次过滤器。对系统中一些主要精密件的清洗和装配,均应在十分清洁的室内进行,室内应有干净的地板和密闭的门窗,温度最好保持在20℃左右。在冬季,要注意桶内勿因空气冷凝成水分而混入油中,勿将桶皮生锈的锈片落入桶内。在冬季和较坏的工况下,要对液压系统勤检查、勤维护、常换工作油液。

▶▶ 三、液压元件的检修

（1）液压泵常见故障与排除方法如表 4-2 所示。

液压泵常见故障与排除方法　　　　　　　　　　　　　　　　表 4-2

故 障 现 象	产 生 原 因	排 除 方 法
泵不排油或排量与压力不足	（1）电动机转向接反； （2）滤油器或吸油管道堵塞； （3）液压泵吸油侧及吸油管段处密封不良有空气吸入，其表现为压力表显示很低，液压缸无力，油箱起泡等； （4）油液黏度太大造成吸油困难，或温升过高导致油液黏度降低造成内泄漏过大； （5）零件磨损，间隙增大，泄漏较大； （6）泵的转速太低； （7）油箱中油面太低	（1）调换接头，改变电动机转向； （2）拆洗滤油及管道或更换油液； （3）检查，并紧固有关螺纹连接件或更换密封件； （4）选择合适黏度的油液，检查诊断温升过高故障，防止油液油黏度有过大变化； （5）检察有关磨损零件，进行修磨达到规定间隙； （6）检察电动机功率及有无打滑现象； （7）检察油面高度，并使吸油管插入液面以下
噪声及压力脉动较大	（1）液压泵吸油侧及轴油封和吸油管段处密封不良，有空气吸入； （2）吸油管及滤油器堵塞或阻力太大造成液压泵吸油不足； （3）吸油管外露或伸入油箱较浅或吸油高度过大（＞500mm）； （4）泵与电动机轴不同心或松动	（1）拧紧接头或更换密封； （2）检查滤油器的容量及堵塞情况，及时处理； （3）吸油管应伸入油面以下的 2/3，防止吸油管口露出液面，吸油高度应不大于 500mm； （4）按技术要求进行调整，检察直线性，保持同轴度在 0.1mm 内
温升过高	（1）液压泵磨损严重，间隙过大泄漏增加； （2）油液黏度不当（过高或过低）； （3）油液污染变质，吸油阻力过大； （4）液压泵连续吸气，特别是高压泵，由于气体在泵内受绝热压缩，产生高温，表现为液压泵温度瞬时急骤升高	（1）修磨磨损件，使其达到合适的间隙； （2）改用黏度合适的油液； （3）更换新油； （4）停车检查液压泵进气部位，及时处理
液压泵旋转不灵活或咬死	（1）轴向间隙或径向间隙过小； （2）油液中杂质吸入泵内卡死运动	（1）修复或更换泵的零件； （2）加强滤油，或更换新油

（2）液压缸常见故障与排除方法如表 4-3 所示。

液压缸常见故障与排除方法　　　　　　　　　　　　　　　　表 4-3

故 障 现 象	产 生 原 因	排 除 方 法
爬行	（1）液压缸两端爬行并伴有噪声，压力表显示值正常或稍偏低。 原因：缸内及管道存有空气。 （2）液压缸爬行逐渐加重，压力表显示值偏低，油箱无气泡或少许气泡。 原因：液压缸某处形成负压吸气。 （3）液压缸两端爬行现象逐渐加重，压力表显示值偏高。 原因：活塞与活塞杆不同心。	（1）设置排气装置； （2）找出形成负压处加以密封并排气； （3）将活塞组件装在 V 形块上校正，同轴度误差应小于 0.04mm，如需要则更换新活塞

故障现象	产生原因	排除方法
推力不足,速度下降,工作不稳定	(1)液压缸内泄漏严重; (2)液压缸工作段磨损不均匀,造成局部形状误差过大,致使局部区域高低压腔密封性变差而内泄; (3)活塞杆密封圈压得太紧或活塞杆弯曲; (4)油液污染严重,污物进入滑动部位; (5)油温过高,黏度降低,致使泄漏增加	(1)更换密封圈。如果活塞与缸内孔的间隙由于磨损而变大,可加装密封圈或更换活塞; (2)镗磨修复缸内孔,新配活塞; (3)调整活塞杆密封圈压紧度,以不漏油为准;校直活塞杆; (4)更换油液; (5)检查油温升高的原因,采取散热和冷却措施
泄漏	(1)密封圈密封不严; (2)由于排气不良,使气体绝热压缩造成局部高温而损坏密封圈; (3)活塞与缸筒安装不同心或承受偏心载荷,使活塞倾斜或偏磨造成内泄; (4)缸内孔加工或磨损造成形状精度差	(1)检查密封圈及接触面有无伤痕,加以更换或修复; (2)增设排气装置,及时排气; (3)检查缸筒与活塞的同轴度并修整对中; (4)镗缸孔,重配活塞
噪声	(1)滑动面的油膜破坏或压力过高,造成润滑不良,导致滑动金属表面的摩擦声响; (2)滑动面的油膜破坏或密封圈的刮削过大,导致密封圈出现异常声响; (3)活塞运行到液压缸端头时,特别是立式液压缸,发生抖动和很大的噪声,是活塞下部空气绝热压缩所致	(1)停车检查,防止滑动面的烧结,加强润滑; (2)加强润滑,若密封圈刮削过大,用砂纸或砂布轻轻打磨唇边,或调整密封圈压紧度,以消除异常声响; (3)将活塞慢慢运动,往复数次,每次均到顶端,以排除缸内气体。即可消除严重噪声并可防止密封圈烧伤

(3)换向阀的常见故障及排除方法如表4-4所示。

换向阀的常见故障及排除方法　　　　　　　　　　　　表4-4

故障现象	产生原因	排除方法
不能动作或不到位	阀芯通道被堵塞; 阀体变形; 对中弹簧折断; 操纵压力不够	拆开冲洗; 重新安装阀体螺钉,使压力均匀; 更换弹簧; 调整油压
工作程序错乱	阀芯拉毛、油液较脏或热膨胀使阀芯移动不灵; 电磁铁损坏力量不足或漏磁; 弹簧过软或过硬使阀通油不畅; 阀芯与阀孔配合太紧或间隙过大	拆卸清洗,配研阀芯; 更换或修复电磁铁; 更换弹簧; 检查配合间隙,重新配合
工作时响声过大	滑阀卡住或摩擦力过大; 电磁铁不能压到底; 电磁铁接触面不平或接触不良; 电磁铁的磁力过大	修研或更换滑阀; 校正电磁铁高度; 清除污物,修整电磁铁; 选用磁力适当的电磁铁
电磁铁过热或烧坏	电磁铁线圈绝缘不良; 电磁铁铁芯与滑阀轴线同轴度太差; 电磁铁铁芯吸不紧; 电压不对; 电极焊接不好; 换向频繁	更换电磁铁; 重新装配; 修理电磁铁; 修正电压; 重新焊接; 减少换向次数或采用高频换向阀

练 习 题

1. 轴类零件修复内容主要有哪些?
2. 齿轮常见的失效形式有哪些? 各有哪些检修方法?
3. 壳体零件的修复有哪些工艺要点?
4. 液压系统常见故障原因有哪些? 液压系统维护要点有哪些?
5. 液压泵常见故障有哪些? 分析原因并简述排除方法?
6. 液压缸常见故障有哪些? 分析原因并简述排除方法?
7. 液压换向阀常见故障有哪些? 分析原因并简述排除方法?

单元五

电气系统的检修

【知识目标】

1. 了解低压断路器、主令电器的常见故障与排除方法。

2. 掌握熔断器、接触器、继电器的常见故障与排除方法。

3 掌握电气控制线路故障排查和处理的基本方法。

4. 掌握诊断机床电气故障的方法和解决措施。

【能力目标】

1. 能对熔断器、接触器、继电器进行维修。

2. 具有分析和排除典型机电设备常见电气故障的能力。

机电设备主要由机械和电气两大部分构成,其中电气系统是指挥每台机电设备工作机构的控制系统,因此做好电气系统的维护和修理工作,是保证机电设备工作可靠和提高其使用寿命的重要途径。

学习项目一　常见电器元件的检修

机电设备中的电器元件多属低压电器。按照低压电器在控制电路中的作用,可以将其分为低压配电电器和低压控制电器。低压配电电器用于低压配电系统或动力设备中,用来对电能进行输送、分配和保护,主要有刀开关、低压断路器、熔断器、转换开关等。低压控制电器用于拖动及其他控制电路中,用来对命令、现场信号进行分析判断并驱动电气设备进行工作,主要有接触器、继电器、起动器、控制器、主令电器、电磁铁等。下面就常见部分电器元件的检修作简要说明。

▶▶ 一、低压断路器的常见故障与检修

低压断路器,原称空气开关、自动开关,现与 IEC 等同,国家统一命名为低压断路器系列产品。低压断路器按其结构和性能可分为框架式、塑料外壳式和漏电保护式三类。低压断路器是一种既能作开关用,又具有电路自动保护功能的低压电器,用于电动机或其他用电设备作不频繁通断操作的线路转换。

当电路发生过载、短路、欠电压等非正常情况时,能自动切断与它串联的电路,有效地保护故障电路中的用电设备。漏电保护断路器除具备一般断路器的功能外,还可以在电路出现漏电(如人触电)时自动切断电路进行保护。由于低压断路器具有操作安全、动作电流可调整、分断能力较强等优点,因而在各种电气控制系统中得到了广泛的应用。

1. 低压断路器的结构和工作原理

低压断路器主要由触点系统、灭弧装置、操作机构、保护装置(各种脱扣器)及外壳等几部分组成。图 5-1 所示为常用的塑壳式 DZ47-63 系列低压断路器的外形与结构图。该结构图为立体布置,操作机构居中,有红色分闸按钮和绿色合闸按钮伸出壳外;主触头系统在后部,其辅助触点为一对动合触点和一对动断触点。

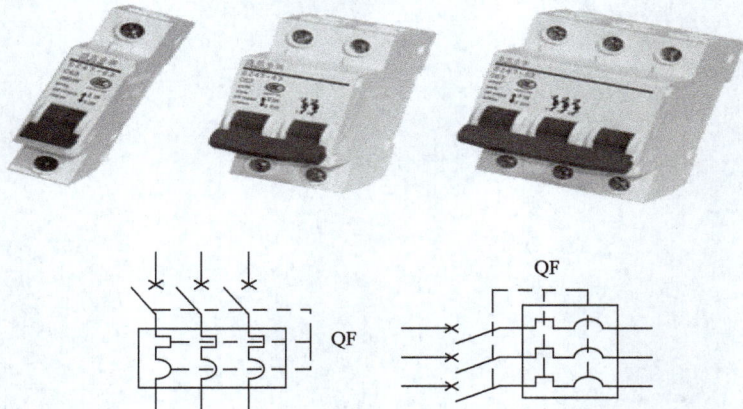

图 5-1　DZ47-63 系列低压断路器

图 5-2 所示为自动空气断路器的工作原理及图形符号。其中,图 5-2a)中的 2 是自动空气断路器的三对主触点,与被保护的三相主电路相串联,当手动闭合电路后,其主触点由锁链 3 钩住搭钩 4,克服弹簧 1 的拉力,保持闭合状态。搭钩 4 可绕轴 5 转动。当被保护的主电路正常工作时,电磁脱扣器 6 中线圈所产生的电磁吸合力不足以将衔铁 8 吸合;而当被保护的主电路发生短路或产生较大电流时,电磁脱扣器 6 中线圈所产生电磁吸合力随之增大,直至将衔铁 8 吸合,并推动杠杆 7 把搭钩 4 顶离。在弹簧 1 的作用下主触点断开,切断主电路,起到保护作用。又当电路电压严重下降或消失时,欠电压脱扣器 11 中的吸力减少或失去吸力,衔铁 10 被弹簧 9 拉开,推动杠杆 7 将搭钩 4 顶开,断开了主触点。当电路发生过载时,过载电流流过发热元件 13,使双金属片 12 向上弯曲,将杠杆 7 推动,断开主触点,从而起到保护作用。

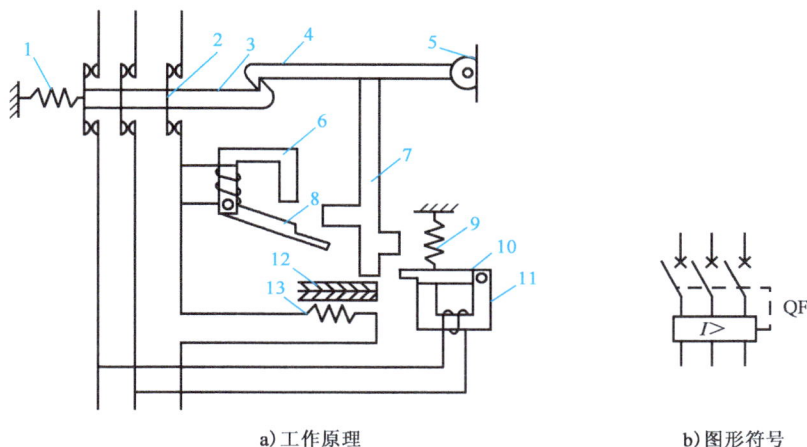

a)工作原理　　　　　　　　　　　b)图形符号

图 5-2　自动空气断路器

1-弹簧;2-三对主触点;3-锁链;4-搭钩;5-轴;6-电磁脱扣器;7-杠杆;8-衔铁;9-弹簧;10-衔铁;11-欠电压脱扣器;12-双金属片;13-发热元件

2.低压断路器的常见故障与处理

低压断路器正常工作时,应定期清洁,必要时需上润滑油。因为空气断路器结构比较复杂,所以故障种类较多,如表 5-1 所示。

空气断路器常见故障分析与处理　　　　　　　　　　　　　表 5-1

序号	故障现象	原 因 分 析	处 理 方 法
1	电动操作断路器不能闭合	(1)操作电源电压不符; (2)电源容量不够; (3)电磁铁拉杆行程不够; (4)电动机操作定位开关变位; (5)控制器中整流管或电容器损坏	(1)调换电源; (2)增大操作电源容量; (3)重新调整或更换拉杆; (4)重新调整; (5)更换损坏元器件
2	手动操作断路器不能闭合	(1)欠电压脱扣器无电压或线圈损坏; (2)储能弹簧变形导致闭合力减小; (3)反作用弹簧力过大; (4)机构不能复位再扣	(1)检查线路,施加电压或更换线圈; (2)更换储能弹簧; (3)重新调整弹簧反力; (4)重新再扣接触面至规定值

序号	故障现象	原因分析	处理方法
3	分励脱扣器不能使断路器分断	(1)线圈短路; (2)电源电压太低; (3)再扣接触面太大; (4)螺钉松动	(1)更换线圈; (2)调换电源电压; (3)重新调整; (4)拧紧
4	起动电动机时断路器立即分断	(1)过电流脱扣器瞬动整定值太小; (2)脱扣器某些零件损坏,如半导体器件、橡皮膜等损坏; (3)脱扣器反力弹簧断裂或脱落	(1)调整瞬动整定值; (2)更换脱扣器或更换损坏零、部件; (3)更换弹簧或重新装上
5	欠电压脱扣器不能使断路器分断	(1)反力弹簧变小; (2)如为储能释放,则储能弹簧变小或断裂; (3)机构卡死	(1)调整弹簧; (2)调整或更换储能弹簧; (3)消除卡死原因(如生锈)
6	断路器温升过高	(1)触头压力过低; (2)触点表面过分磨损或接触不良; (3)两导电零件连接螺钉松动; (4)触点表面油污氧化	(1)调整触点压力或更换弹簧; (2)更换触点或清理接触,更换断路器; (3)拧紧; (4)清除油污或氧化层
7	带半导体脱扣器的断路器误动作	(1)半导体脱扣器元器件损坏; (2)外界电磁干扰	(1)更换损坏的元器件; (2)消除外界干扰,借以隔离或更换线路
8	漏电断路器经常自行分断	(1)漏电动作电流变化; (2)线路漏电	(1)送回厂家重新校正; (2)找出原因,如是导线绝缘损坏,则更换
9	漏电断路器不能闭合	(1)操作机构损坏; (2)线路某处漏电或接地	(1)送回厂家修理; (2)消除漏电处或接地处故障

▶▶ 二、熔断器的常见故障与检修

熔断器是用来进行短路保护的器件。当通过的电流大于一定值时,熔断器能依靠自身产生的热量使特制的低熔点金属(熔断丝、熔体)熔化而自动切断电路。

1. 常用熔断器的分类

熔断器大致可以分为以下几类:瓷插式熔断器、螺旋式熔断器、封闭式熔断器、快速式熔断器、管式熔断器。

瓷插式熔断器由装有熔断丝的瓷盖和用来连接导线的瓷座组成,适用于电压为380V及以下电压等级的线路末端,作为配电支线或电气设备的短路保护用。

螺旋式熔断器由瓷帽、瓷座和熔体组成,瓷帽沿螺纹拧入瓷座中。熔体内填有石英砂,故分断电流较大,可用于电压等级500V及其以下、电流等级200A以下的电路中,作为短路保护用。

封闭式熔断器分有填料熔断器和无填料熔断器两种。有填料熔断器一般用方形瓷管,内装石英砂及熔体,分断能力强,用于电压等级500V以下、电流等级1kA以下的电路中;而无填料熔断器将熔体装入密闭式圆筒中,分断能力稍差,用于电压等级500V以下,电流等级600A以下的电路中。

快速式熔断器多用作硅半导体器件的过载保护,分断能力强,分断速度快;而自复式熔断器则是用低熔点金属制成,短路时依靠自身产生的热量使金属汽化,从而大大增加导通时的电阻,阻塞导通回路;限流线与自复式熔断器类似,也可反复使用,但不能完全切断电路,故需与断路器配合使用。

管式熔断器为装有熔体的玻璃管,两端封以金属帽,外加底座构成。这类熔断器体积较小,常用于电子线路及二次回路中。

2.熔断器的常见故障及处理

熔断器由于结构简单,所以故障种类也较少。但因为其内部具有一定的电阻,工作时有发热现象,加之串接在每条回路中,所以故障频率较多。熔断器的常见故障如下。

(1)熔断器熔断丝熔断频繁。尤其在电动机刚起动瞬间为多。产生这一故障的原因可能是熔断器,也可能是负载。如果负载变大,则熔断器动作即为正常;如果负载正常,则可能是熔断丝选择太小,或熔断丝安装时受损等。要判断是熔断器的问题还是负载的问题,可测量负载电流,根据负载电流的大小,即可很容易地判断出来。随后进行相应的处理。

(2)熔断丝未熔断,但电路不通。产生这一故障的原因除了熔断丝两端未接好外,也有熔断器本身的原因。如螺母未拧紧、端线引出不良等,可逐项检查排除。

▶▶▶ 三、接触器的常见故障与检修

接触器是用来频繁接通和分断电动机或其他负载主电路的一种自动切换电器。它主要由触点系统、电磁机构及灭弧装置组成。

1.接触器的分类

接触器分为交流接触器和直流接触器两大类。常用的交流接触器有 CJ20、CJXI、CJ12 和 CJ10 等系列;直流接触器有 CZ18、CZ21、CZ10 和 CZ2 等系列。

图 5-3 所示为 CJ20 系列交流接触器,其主要适用于交流 50Hz、电压 660V 以下(其中部分等级可用于 1140V)、电流 630A 以下设备的电气控制系统及电力线路中。

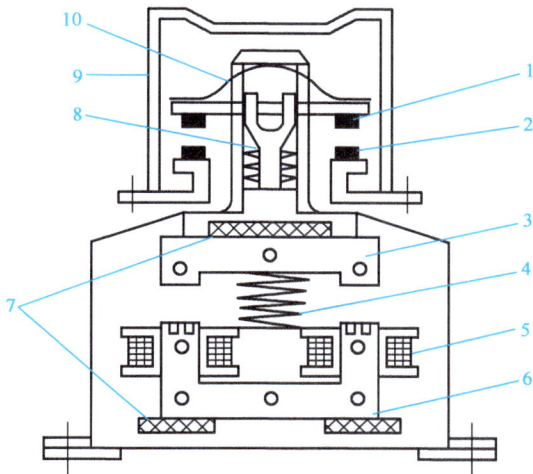

图 5-3 交流接触器的结构示意图

1-动触点;2-静触点;3-衔接;4-缓冲弹簧;5-电磁线圈;6-铁芯;7-垫毡;8-触点弹簧;9-灭弧室;10-触点压力弹簧

直流接触器主要用于额定电压 440V、额定电流 600A 的直流控制电路中,用作远距离接通和分断电路,控制直流电动机的起动、停止及反向等。它多用于起重、冶金和运输等设备中,分为单极和双极、动合和动断主触点等多种形式。其主要特点是在其静触点下方均装

有串联的磁吹式灭弧装置。使用时应注意磁吹线圈在轻载时灭弧能力较差,其电流越大,灭弧能力越强。

2.接触器的常见故障及检修

接触器的常见故障主要表现在触点装置和电磁机构两个方面。

1)触点的主要故障及检修

触点系统的故障一般有触点过热、磨损、熔焊等。触点磨损包括机械磨损和电磨损,引起触点过热的主要原因是容量不够、触点压力不够、表面氧化或不清洁等;引起磨损加剧的主要原因是触点容量太小、电弧温度过高使触点金属氧化等;引起触点熔焊的主要原因是电弧温度过高或触点严重跳动等。

(1)触点的表面修理。触点因表面氧化、积垢造成接触不良时,可用小刀或细锉清除表面,但应保持原来的形状。银或银合金触点在分断电弧时,生成的黑色氧化膜接触电阻很低,不会造成接触不良现象,因此不必锉修,否则将会大大缩短触点寿命。触点的积垢可用汽油或四氯化碳清洗。

(2)触点的整形。当触点被电弧灼伤引起毛刺时,会使触点表面形成凸凹不平的斑痕或飞溅的金属熔渣,造成接触不良。修理时,可将触点拆下来,用细锉先清理一下凸出的小点或金属熔渣,然后用小锤将凸凹不平处轻轻敲平,再用细锉细心地将触点表面锉平并整形,使触点表面的形状和原来一样,切勿锉得太多,否则经过几次修理就不能用了。

(3)触点的更换。镀银的触点若银层被磨损而露出铜或触点严重磨损超过厚度的1/2时,应更换新触点。更换新触点以后要重新检查触点的开距、超程、压力,使之保持在规定的范围内。

(4)触点开距、超程、压力的检查与调整。接触器检修后,应根据技术要求进行开距、超程、压力的检查与调整,这是保证接触器可靠运行的重要条件。图5-4和图5-5分别为桥形触点和指形触点开距与超程的检查方法。触点的开距主要考虑电弧熄灭可靠、闭合与断开的时间、断开时触点的绝缘间隙等因素。超程的作用是保证触点磨损后仍能可靠的接触。超程的大小与触点寿命有关,对于单断点的铜触点一般取动、静触点厚度之和的1/3~1/2;对于银或银基触点一般取动、静触点厚度之和的1/2~1。更换触点后还应检查一下弹簧及触点的压力。对于交流接触器,更换触点后,应保证三相同时接触,其先后误差不应超过0.5mm。

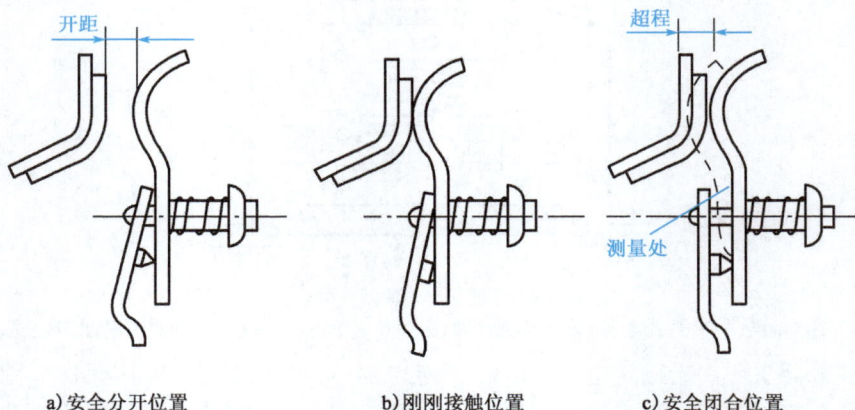

a)安全分开位置　　　　b)刚刚接触位置　　　　c)安全闭合位置

图5-4　桥形触点的开距与超程

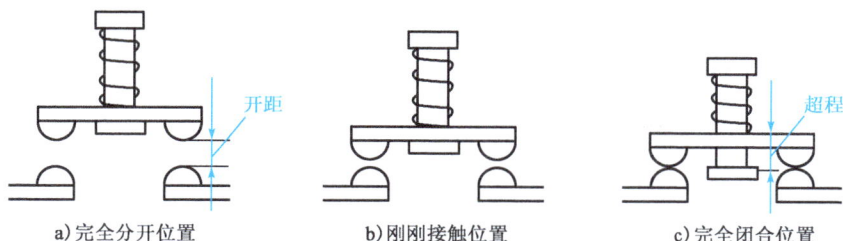

| a)完全分开位置 | b)刚刚接触位置 | c)完全闭合位置 |

图 5-5　指形触点的开距与超程

2)电磁机构的主要故障及检修

电磁机构的故障主要有吸合噪声大、线圈过热、烧毁等。吸合噪声大主要由铁芯与衔铁的接触面接触不良,接触面有锈蚀、油污、尘垢,活动部件受卡而使衔铁不能完全吸合,分磁环损坏等引起。针对这些故障,检修时,应拆下线圈,若线圈烧毁应更换新线圈;检查动、静铁芯的接触面是否平整、干净,如不平或有锈蚀应用细锉锉平或磨平;校正衔铁的歪斜现象,紧固松动的铁芯;更换断裂的分磁环;用手检查接触器运动系统是否灵活,当发现运动系统有卡住等不灵活现象时,应加以调整,使其运动灵活;对于直流接触器,还应检查非磁性垫片是否损坏,若损坏应更换新垫片。

▶▶ 四、继电器的常见故障与检修

继电器是根据某一输入量来控制电路通断的自动切换电器。在电路中,继电器主要用来反映各种控制信号,从而改变电路的工作状态,实现既定的控制程序,达到预定的控制目的,同时也提供一定的保护。目前,继电器被广泛用于各种控制领域中。

1.继电器的分类

继电器按反映的信号不同可分为电压继电器、电流继电器、时间继电器、热继电器(图5-6)、速度继电器和压力继电器等。

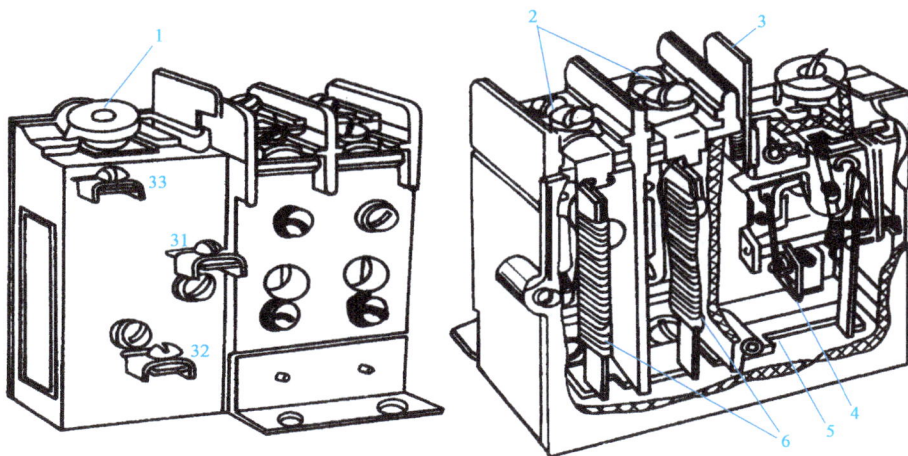

图 5-6　双金属片式热继电器结构图

1-电流整定装置;2-主电路接线柱;3-复位按钮;4-动断触点;5-动作机构;6-热元件;31-动断触点接线柱;32-公共动触点接线柱;33-动合触点接线柱

2.热继电器的常见故障及检修

热继电器是对电动机过载进行保护的器件。电动机在运行过程中,经常出现过载的现象或在低电压下运转。此时电动机绕组中会流过较大的电流,而过大的电流会产生较多的热量。如果热量不能及时释放出去,就有可能损坏电动机。

另一方面,如果电动机过载的时间并不很长,电动机没有达到允许温升,此时电动机并不应立即停机。仅采用过电流保护,是实现不了这一功能的,这时就必须采用热继电器。

热继电器的常见故障主要有热元件损坏、热继电器误动作和热继电器不动作三种情况。

(1)热元件损坏。当热继电器动作频率太高,或负载侧发生短路时,因电流过大而使热元件烧断。这时应先切断电源,检查电路,排除短路故障,再重新选择合适的继电器。更换热继电器后应重新调整整定电流值。

(2)热继电器误动作这种故障原因一般有以下几种:

①整定值偏小,以致未过载就动作。

②电动机起动时间过长,使热继电器在起动过程中可能动作。

③操作频率太高,使热继电器经常受起动电流冲击。

④使用场合有强烈的冲击及振动,使热继电器动作机构松动而脱扣。

为此应调换适合于上述工作性质的继电器,并合理调整整定值。调整时只能调整调节旋钮,决不能弯折双金属片。热继电器动作脱扣后,不要立即手动复位,应待双金属片冷却复位后再使动断触点复位。按手动复位按钮时,不要用力过猛,以免损坏操作机构。

(3)热继电器不动作。由于热元件烧断或脱焊,或电流整定值偏大,以致过载时间很长,造成热继电器不动作。发生上述故障时,可进行针对性处理。对于使用时间较长的热继电器,应定期检查其动作是否可靠。

▶▶ 五、主令电器常见故障及处理方法

主令电器主要依靠电路的通断来控制其他电器的动作,以发出电气控制命令。主令电器主要有按钮、行程开关、万能转换开关、凸轮控制器、接近开关等。

1.按钮

按钮是一种典型的主令电器,其作用通常是用来短时间地接通或断开小电流的控制电路,从而控制电动机或其他电气设备的运行。

1)按钮的分类

常用按钮的分类及用途如表5-2和图5-7所示。

常用按钮分类及用途 表5-2

代号	类别	用　途	代号	类别	用　途
B	防爆式	用于含有爆炸气体场所	L	联锁式	用于多对触点需要联锁的场所
D	指示灯式	按钮内装有指示灯,用于需要指示的场所	S	防水式	有密封外壳,用于有雨水的场所
F	防腐式	用于含有腐蚀性气体的场所	X	旋钮式	通过旋转把手操作
H	保护式	有保护外壳,用于安全性要求较高的场所	Y	钥匙式	用钥匙插入操作,可专人操作
J	紧急式	有红色按钮,用于紧急时切除电源	Z	组合式	多个按钮组合在一起
K	开启式	用于嵌装在固定的面板上	Z	自锁式	内有电磁机构,可自保持,用于特殊试验场所

为标明按钮的作用,避免误操作,通常将按钮帽做成红、绿、黑、黄、蓝、白、灰等色。国家标准《工业机械电气设备 第一部分 通用技术条件》(GB/T 5226.1—1996)对按钮颜色作了如下规定:

(1)"停止"和"急停"按钮必须是红色。当按下红色按钮时,必须使设备断电,停止工作。

(2)"起动"按钮的颜色是绿色。

(3)"起动"与"停止"交替动作的按钮必须是黑色、白色或灰色,不得用红色和绿色。

(4)"点动"按钮必须是黑色。

(5)"复位"按钮(如保护继电器的复位按钮)必须是蓝色。当复位按钮还有停止的作用时,则必须是红色。

图 5-7 常见按钮的类型

2)按钮常见故障及处理方法

按钮常见故障及其处理方法如表 5-3 所示。

按钮常见故障及处理方法   表 5-3

序号	现　　象	故　障　原　因	处　理　方　法
1	按下按钮时,动合触点不通	(1)触点氧化; (2)按钮受热变形,动触点不能接触静触点; (3)机械机构卡死	(1)擦拭触点,必要时更换按钮; (2)更换按钮; (3)清除按钮内杂物
2	松开按钮时,动断触点不通	(1)触点氧化或有污物; (2)弹簧弹力不足	(1)擦拭按钮各触点; (2)更换或处理弹簧
3	按下按钮时,动断触点不断开	(1)污物过多造成短路; (2)胶木烧焦形成短路	(1)擦拭清除按钮内杂物; (2)更换按钮
4	松开按钮时,动合触点不断开	(1)污物过多造成短路; (2)复位弹簧弹力不足; (3)胶木烧焦形成短路	(1)擦洗按钮,清除污物; (2)更换或处理弹簧; (3)更换按钮
5	按下按钮时,有触电感觉	(1)接线松动,搭接在按钮的外壳上; (2)按钮内污物较多	(1)重新接线,排除搭线现象; (2)擦洗按钮,清除污物
6	按钮过热	(1)通过按钮的电流太大; (2)环境温度过高; (3)指示灯电压过高	(1)重新设计电路; (2)加强散热措施; (3)降低指示灯电压

2. 行程开关

行程开关又称位置开关或限位开关，只是其触点的操作不是靠手去操作，而是利用机械设备的某些运动部件的碰撞来完成。行程开关是一种将行程信号转换为电信号的开关元件，广泛应用于顺序控制器及运动方向、行程、定位、限位、安全等自控系统中。

1) 行程开关的分类

按结构分类，行程开关大致可分为直动式、滚轮式、微动式等，如图5-8所示。

a) 直动式行程开关　　　　b) 滚轮式行程开关　　　　c) 微动式行程开关

图 5-8　行程开关

2) 行程开关常见故障及处理方法

行程开关常见故障及处理方法如表5-4所示。

行程开关常见故障及处理方法　　　　　　　　　　　　　　表 5-4

序号	现　象	故 障 原 因	处 理 方 法
1	行程开关动作后不能复位	(1)弹力减弱； (2)机械卡阻； (3)长期不用，油泥干涸； (4)外力长期压迫行程开关	(1)更换弹簧； (2)拆卸清除； (3)清洁； (4)改变设计方法
2	杠杆偏转但触点不动作	(1)工作行程不到； (2)触点脱落或偏斜； (3)异物卡住； (4)连线松脱	(1)调整行程开关位置； (2)修理触点系统； (3)清理杂物； (4)紧固连接线
3	行程开关可以复位，但动断触点不闭合	(1)触点被杂物卡住； (2)触点损坏； (3)弹簧失去弹力； (4)弹簧卡住	(1)清理杂物； (2)更换触点； (3)更换弹簧； (4)重新装配

3. 万能转换开关

万能转换开关是一种多挡位、多段式、控制多回路的主令电器，当操作手柄转动时，带动开关内部的凸轮转动，从而使触点按规定顺序闭合或断开。

图5-9为LW6系列万能转换开关单层的结构示意图，它主要由触点座、操作定位机构、凸轮、手柄等部分组成，其操作位置有0～12个，触点底座有1～10层，每层底座均可装三对触点。每层凸轮均可做成不同形状，当操作手柄带动凸轮转到不同位置时，可使各对触点按设置的规律接通和分断，因而这种开关可以组成数百种线路方案，适应各种复杂要求，故被称之为"万能"转换开关。万能转换开关实物图如图5-10所示。

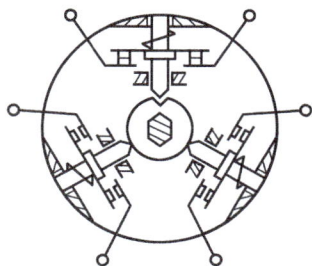

图 5-9　万能转换开关单层
　　　　结构示意图

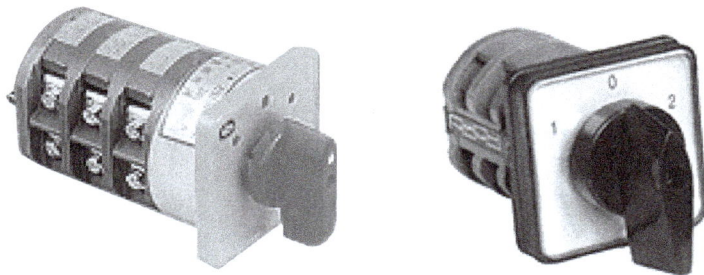

图 5-10　万能转换开关

万能转换开关的常见故障及处理方法如表 5-5 所示。

万能转换开关常见故障及处理方法　　　　　　　　　　　　表 5-5

序号	故障现象	可能原因	处理方法
1	接触不良	(1)弹簧失去弹性； (2)触点部分有污物； (3)触点损坏	(1)更换弹簧； (2)清扫污物； (3)更换触点
2	发热严重	(1)触点接触不良； (2)控制回路有短路现象； (3)触点容量偏小	(1)擦拭清扫触点污物； (2)排除控制回路故障； (3)更换其他型号万能转换开关

学习项目二　电气控制线路故障的排查和处理

▶▶ 一、电气控制线路的特点

电气控制电路一般由按钮、开关、继电器、接触器、指示灯及连接导线组成。它们在电路中的表现形式可以归结为两种：线圈和接点。对于线圈来说有通、断、短三种状态。通，指线圈阻值为正常值，将其接上额定电压就能够吸合或动作；断，指线圈阻值为∞，表明其已经损坏，不能再使用；短，指线圈阻值小于正常值，但不为零，说明线圈内部匝间短路，若将其接上额定电压，则不能产生足够的电磁力，接触器将不能正常吸合，从而使触点接触不上或接触器不良，也应该更换。对于接点来说，有通、断、接触不良三种状态，第一种为正常状态，后两种为非正常状态。

▶▶ 二、电气控制电路检查的基本步骤及方法

电气设备故障的类型大致可分为两大类：一是有明显外表特征并容易被发现的，如电动机、电器的显著发热、冒烟甚至发出焦臭味或火花等；二是没有外表特征的，此类故障常发生在控制电路中，由于元件调整不当、机械动作失灵、触点及压接线端子接触不良或脱落，以及小零件损坏、导线断裂等原因所引起。一般依据的步骤如下。

1.初步检查

当发生电气故障后，切忌盲目随便动手检修。在检修前，通过问、看、听、摸、闻来了解故

障前后的操作情况和故障发生后出现的异常现象,寻找显而易见的故障,或根据故障现象判断出故障发生的原因及部位,进而准确地排除故障。

2．缩小故障范围

经过初步检查后,根据电路图,采用逻辑分析法,先主电路后控制电路,逐步缩小故障范围,提高检修的针对性,就可以收到准而快的效果。

3．测量法确定故障点

测量法是检修电工工作中用来准确确定故障点的一种行之有效的检查方法。常用的测试工具和仪表有万用表、钳形电流表、绝缘电阻表、试电笔、示波器等,测试的方法有电压法(电位法)、电流法、电阻法、跨接线法(短接法)、元件替代法等。主要通过对电路进行带电或断电时的有关参数(如电压、电阻、电流等)的测量,来判断元器件的好坏、设备的绝缘情况以及线路的通断情况,查找出故障。这里主要介绍电阻法和电压法。

1)电阻法

电阻法就是在电路切断电源后,用仪表(主要是万用表欧姆挡)测量两点之间的电阻值,通过对电阻值的对比,进行电路故障检测的一种方法。在继电接触器控制系统中,主要是对电路中的线圈、接点进行测量,以判断其好坏。利用电阻法对线路中的断线、触点虚接触、导线虚焊等故障进行检查,可以找到故障点。

采用电阻法查找故障的优点是安全,缺点是测量电阻值不准确时易产生误判断,快速性和准确性低于电压法。因此,电阻法检修电路时应注意:检查故障时必须断开电源;如被测电路与其他电路并联时,应将该电路与其他并联电路断开,否则会产生误判断;测量高电阻值的元器件时,万用表的选择开关应旋至合适的电阻挡。

电阻法分为两种:电阻分阶测量法和电阻分段测量法。

(1)电阻分阶测量法。图 5-11 所示为电阻分阶测量法示意图,图 5-12 为电阻分阶测量流程图。

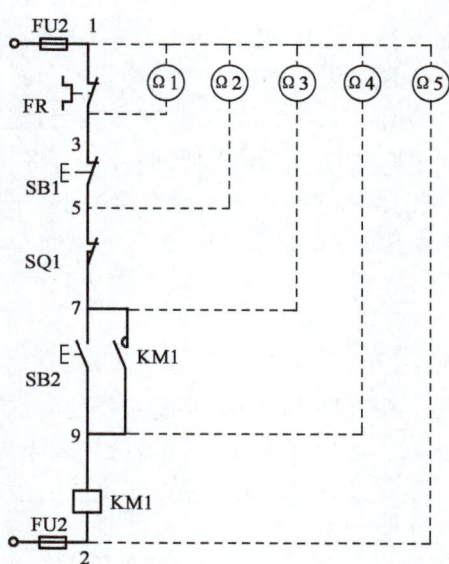

图 5-11　电阻分阶测量法

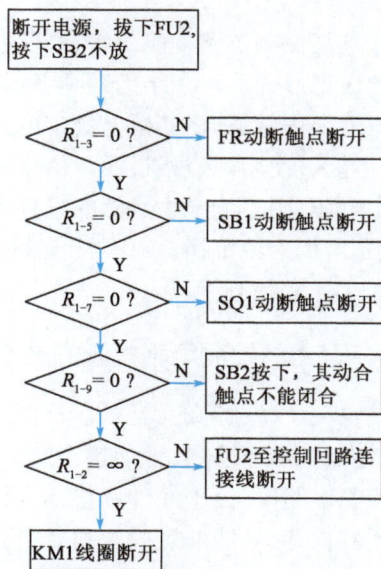

图 5-12　电阻分阶测量流程图

（2）电阻分段测量法。电阻分段测量法如图 5-13 所示，测量检查时先切断电源，再用合适的电阻挡逐段测量相邻点之间的电阻，查找故障流程如图 5-14 所示。

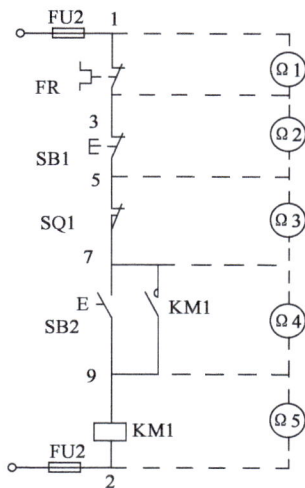

图 5-13 电阻分段测量法

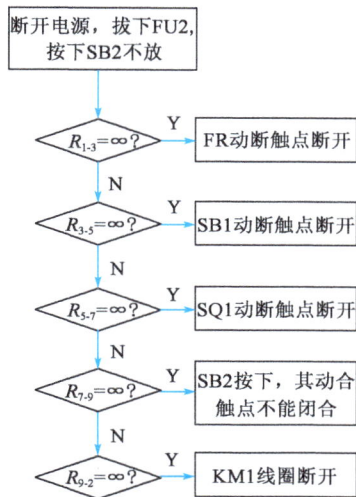

图 5-14 电阻分段测量流程图

2）电压法

电压法就是在通电状态下，用万用表电压挡测量电路中各节点之间的电压值，与电路正常工作时应具有的电压值进行比较，以此来判断故障点及故障元件的所在处。该方法不需拆卸元件及导线，同时电路处在实际使用条件下，提高了故障识别的准确性，是故障检测采用最多的方法。

（1）试电笔。低压试电笔是检验导线和电气设备是否带电的一种常用检测工具，但只适用于检测对地电位高于氖管起辉（60～80V）的场所，只能作定性检测，不能作定量检测。当电路接有控制和照明变压器时，用试电笔无法判断电源是否缺相；氖管的起辉发光消耗的功率极低，由绝缘电阻和分布电容引起的电流也能起辉，容易造成误判断。因此，初学者最好只将其作为验电工具。

（2）示波器。示波器是用于测量峰值电压和微弱信号电压。在电气设备故障检查中，主要用于电子线路部分检测。

（3）万用表电压测量法。使用万用表测量电压，测量范围很大，交直流电压均能测量，是使用最多的一种测量工具。检测前应熟悉预计有故障的线路及各点的编号，清楚线路的走向和元件位置；明确线路正常时应有的电压值；将万用表的转换开关拨至合适的电压倍率挡，并将测量值与正常值比较得出结论。如图 5-15 所示，按下 SB2 后 KM1 不吸合，检测 1-2 间无正常的 110V 电源电压，但总电源正常，采用电压交叉测量法找出熔断器故障。若检测 1-2 间有正常的 110V 电源电压，采用电压分阶测量法查找故障。

电源电压正常，按下 SB2，接触器 KM1 不吸合，则采用电压分阶测量，流程图如图 5-16 所示。

当用万用表测 101-0 间有 110V 正常电源电压，但 1-2 间无电压，用电压交叉测量法查找熔断器故障的流程如表 5-6 所示。

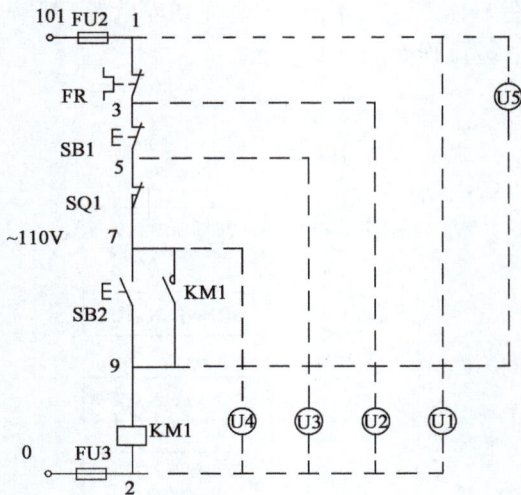

图 5-15 电压分阶测量法

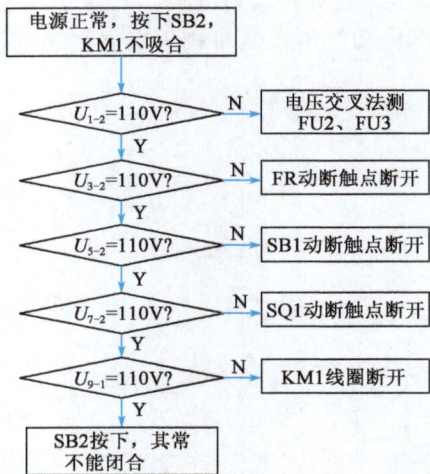

图 5-16 电压分阶测量流程图

电压交叉测量法查找熔断器故障　　　　　　　　　　　　　　表 5-6

故 障 现 象	测 量 点	电压值(V)	故 障 点
101-0 电压正常	0-1	0	FU2 熔断丝断
1-2 间无电压	101-2	0	FU3 熔断丝断

▶▶ 三、处理电气故障实例

现以三相异步电动机正反转控制电路(图 5-17)为例,说明故障处理的方法。

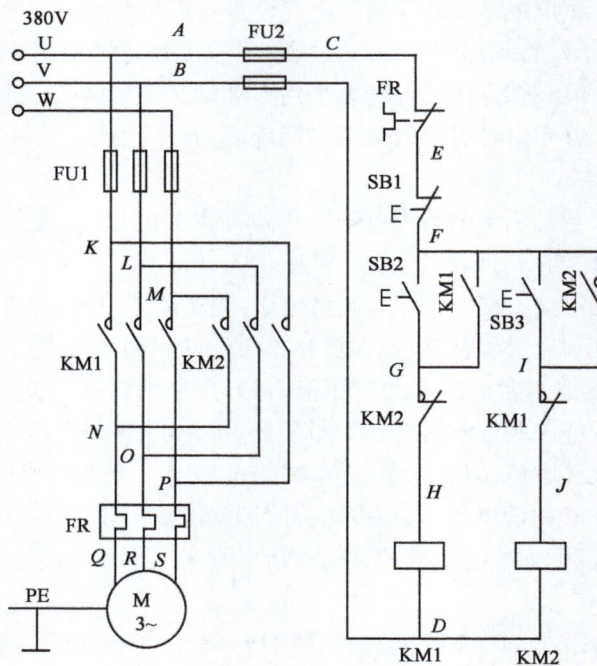

图 5-17　电动机正反转控制电路

1. 故障例 5-1

（1）现象：合上三相刀开关，按下起动按钮 SB2，接触器 KM1 不吸合，电动机不转。

（2）原理分析（倒推）：电动机不转→KM1 主触点未闭合→KM1 线圈未吸合→应集中检查 KM1 线圈得电与否。

（3）测量。

①电阻法：在电源断开的情况下，用万用表欧姆挡进行测量。

②局部测量法：即对接点和线圈逐个逐段进行测量，从而判断故障部位。

③整体测量法：以 D 点为参考，一支表笔固定在 D 点，另一支表笔测 B 点，以通否判断 FU2 的好坏；再依次测 H、G、F、E、C、A 各点（注意按下 SB2），对各段各点接通情况进行判断。

④电压法：在通电情况下，用万用表电压挡测量，将一支表笔固定在 D 点，另一支表笔测各点对 D 点的电位。

故障例 5-1 故障检修流程如图 5-18 所示。

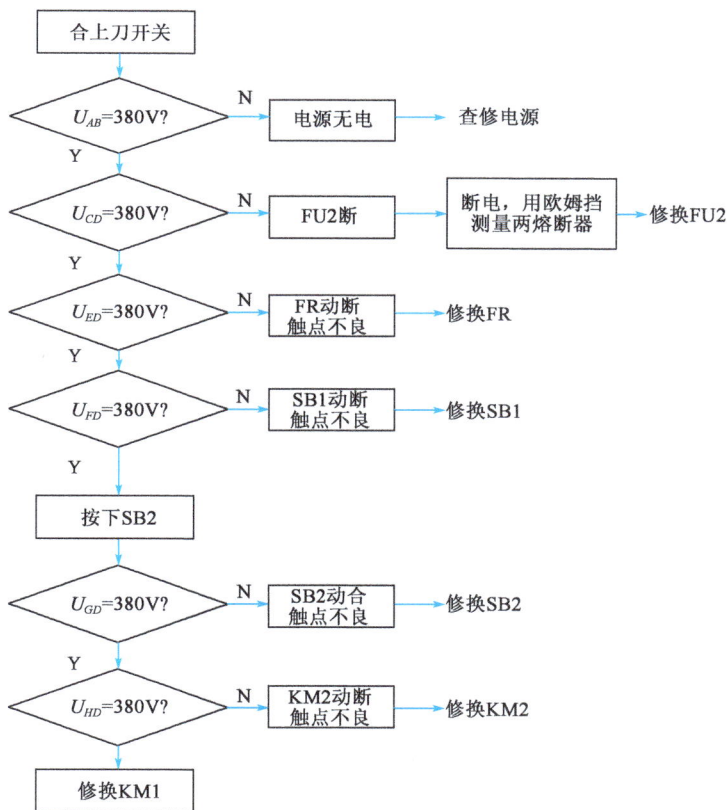

图 5-18　例 5-1 故障检修流程图

一般情况电压法与电阻法要灵活应用，但要注意电压法是在通电情况下进行的测量，绝不可用电阻挡去测量，否则，万用表将被烧坏。

2. 故障例 5-2

（1）故障现象：合上电源，按下正转按钮，接触器 KM1 吸合，但电动机不转。

（2）原理分析：KM1吸合→电动机不转→初步判定电动机没有得电。

（3）实际测量：检修流程如图5-19所示。

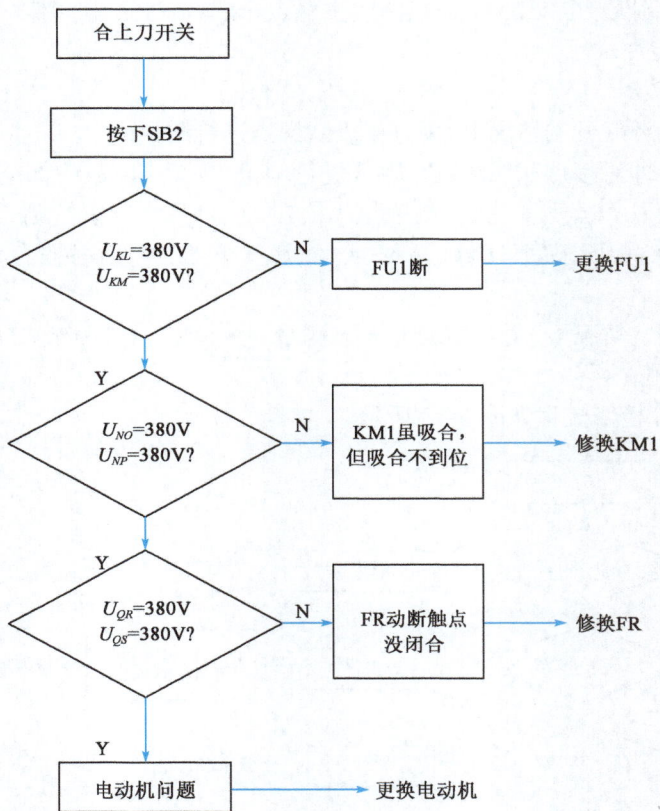

```
        ┌──────────────┐
        │   合上刀开关    │
        └──────┬───────┘
               │
        ┌──────▼───────┐
        │    按下SB2    │
        └──────┬───────┘
               │
           ◇───────◇         ┌──────────┐        ┌──────────┐
          ╱ U_KL=380V ╲   N   │  FU1断    │        │  更换FU1  │
          ╲ U_KM=380V? ╱─────▶│          │───────▶│          │
           ◇───────◇         └──────────┘        └──────────┘
               │ Y
           ◇───────◇         ┌──────────┐        ┌──────────┐
          ╱ U_NO=380V ╲   N   │KM1虽吸合， │        │  修换KM1  │
          ╲ U_NP=380V? ╱─────▶│但吸合不到位 │───────▶│          │
           ◇───────◇         └──────────┘        └──────────┘
               │ Y
           ◇───────◇         ┌──────────┐        ┌──────────┐
          ╱ U_QR=380V ╲   N   │FR动断触点  │        │  修换FR   │
          ╲ U_QS=380V? ╱─────▶│没闭合      │───────▶│          │
           ◇───────◇         └──────────┘        └──────────┘
               │ Y
        ┌──────────────┐              ┌──────────┐
        │   电动机问题    │─────────────▶│ 更换电动机 │
        └──────────────┘              └──────────┘
```

图 5-19　例 5-2 故障检修流程图

　　总的来说，查找电气故障，首先要原理通，安装接线熟；其次要脑子清醒，采取措施得当，要在较强的理论指导下进行工作，只有这样，才能触类旁通，培养起真正的排查故障的能力。

学习项目三　常见机电设备电气故障分析与检修实例

▶▶ 一、机床电气故障的诊断方法和步骤

　　机床电气控制系统的故障错综复杂，并非千篇一律，就是同一故障现象，发生的部位也会不同，而且它的故障又往往和机械、液压系统交织在一起，难以区分。因此作为一名检修人员应善于学习，积极实践，认真总结经验，掌握正确的诊断方法和步骤，做到迅速而准确地排除故障。机床电气线路发生故障后的一般检查方法和步骤如下所述。

　　1. 学习机床电气系统检修图

　　机床电气系统检修图包括机床电气原理图、电气箱（柜）内电器布置图、机床电气布线图及机床电器位置图。通过学习机床电气系统检修图，做到掌握机床电气系统原理的构成和

特点,熟悉电路的动作要求和顺序、各个控制环节的电气过程,了解各种电气元件的技术性能。对于一些较复杂的机床,还应了解一些液压系统的基本知识,掌握机床的液压原理。

实践证明,学习并掌握一些机床机械和液压系统知识,不但有助于分析机床故障原因,而且有助于迅速、灵活、准确地判断、分析和排除故障。在检查机床电气故障时首先应对照机床电气系统检修图进行分析,再设想或拟订出检查步骤、方法和线路,做到有的放矢、有步骤地逐步深入进行。除此以外,检修人员还应掌握一些机床电气安全知识。

2.详细了解电气故障产生的经过

机床发生故障后,检修人员首先必须向机床操作者详细了解故障发生前机床的工作情况和故障现象(如响声、冒烟、火花等),询问故障前有哪些征兆,这些对故障的处理极为有益。

3.分析故障情况,确定故障的可能范围

知道了故障产生的经过后,对照原理图进行故障情况分析,虽然机床线路看起来似乎很复杂,但是可把它拆成若干控制环节来分析,缩小故障范围,就能迅速地找出故障的确切部位。另外还应查询机床的检修维护、线路更改等记录,这对分析故障和确定故障部位有帮助。

4.进行故障部位的外观检查

故障的可能范围确定后,应对有关电气元件进行外观检查,检查方法如下。

(1)闻。在某些严重的过电流、过电压情况发生时,由于保护器件的失灵,造成电动机、电气元件长时间过载运行,使电动机绕组或电磁线圈发热严重,绝缘损坏,发出臭味、焦味。所以闻到焦味就能随之查到故障的部位。

(2)看。有些故障发生后,故障元件有明显的外观变化,如各种信号的故障显示,带指示装置的熔断器、空气断路器或热继电器脱扣,接线或焊点松动脱落,触点烧毛或熔焊,线圈烧毁等。看到故障元件的外观情况,就能着手排除故障。

(3)听。电气元件正常运行和故障运行时发出的声音有明显差异,听听它们工作时发出的声音有无异常,就能查找到故障元件,如电动机、变压器、接触器等元件。

(4)摸。电动机、变压器、电磁线圈、熔体熔断的熔断器等发生故障时,温度会明显升高,用手摸一摸发热情况,也可查找到故障所在,但应注意必须在切断电源后进行。

5.试验机床的动作顺序和完成情况

当在外观检查中没有发现故障点,或对故障还需进一步了解时,可采用试验方法对电气控制的动作顺序和完成情况进行检查。应先对可能是故障部位的控制环节进行试验,以缩短检修时间。此时可只操作某一按钮或开关,观察线路中各继电器、接触器、行程开关的动作是否符合规定要求,是否能完成整个循环过程。如动作顺序不对或中断,则说明此电器与故障有关,再进一步检查,即可发现故障所在。但是在采用试验方法检查时,必须特别注意设备和人身安全,尽可能断开主回路电源,只在控制回路部分进行,不能随意触动带电部分,以免故障扩大和造成设备损坏。另外,要预先估计到部分电路工作后可能发生的不良影响或后果。

6.用仪表测量查找故障元件

用仪表测量电气元件是否为通路,线路是否有开路情况,电压、电流是否正常、平衡,这也是检查故障的有效措施之一。常用的电工仪表有万用表、绝缘电阻表、钳形电流表、电桥等。

(1)测量电压。对电动机、各种电磁线圈、有关控制电路的并联分支电路两端电压进行测量,如果发现电压与规定的要求不符,则是故障的可能部位。

(2)测量电阻或通路。先将电源切断,用万用表的电阻挡测量线路是否为通路,查明触点的接触情况、元件的电阻值等。

(3)测量电流。测量电动机三相电流、有关电路中的工作电流。

(4)测量绝缘电阻。测量电动机绕组、电气元件、线路的对地绝缘电阻及相间绝缘电阻。

7. 总结经验、摸清故障规律

每次排除故障后,应将机床故障修复过程记录下来,总结经验,摸清并掌握机床电气线路故障规律。记录的主要内容包括:设备名称、型号、编号、设备使用部门及操作者姓名、故障发生日期、故障现象、故障原因、故障元件以及修复情况等。

▶▶ 二、C650-2 型卧式车床电气控制系统的检修

图 5-20 为 C650-2 型卧式车床的电气控制原理图。

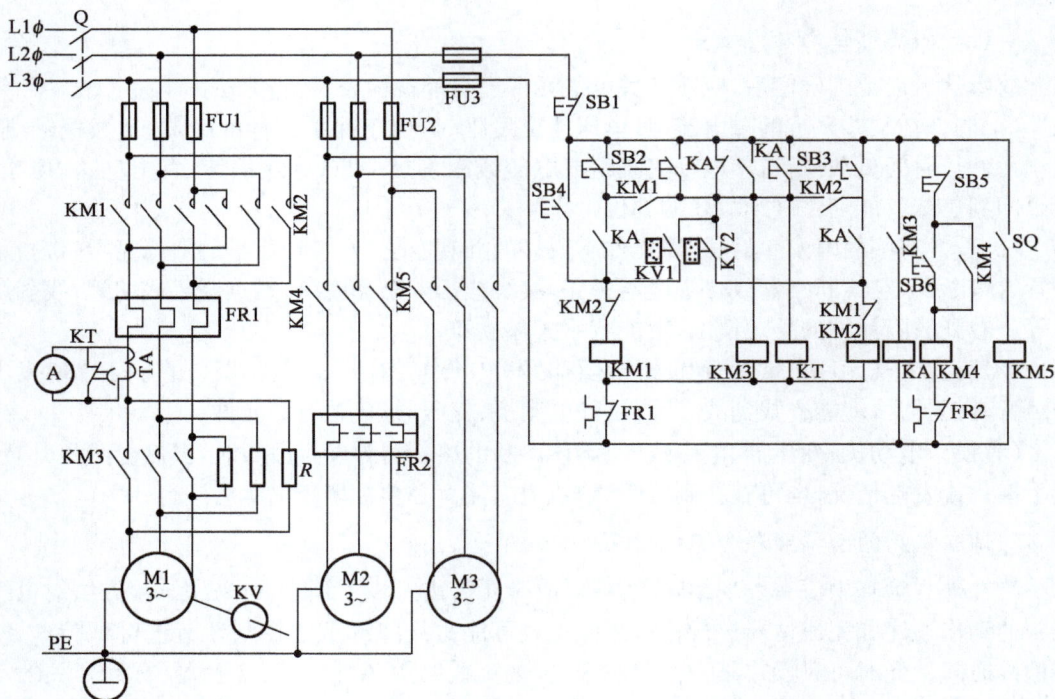

图 5-20　C650-2 型卧式车床电气控制原理图

1. 电气原理图的组成及主要元器件的作用

C650-2 型车床是一种中型车床,除有主轴电动机 M1 和冷却泵电动机 M2 外,还设置了刀架快速移动电动机 M3。由电气控制原理图可知,接触器 KM1 和 KM2 实现主轴电动机的正反转控制;KM3 为反接制动接触器;R 为反接制动和低速运转控制电阻;接触器 KM4和 KM5 分别控制 M2 和 M3 的正常运转;KS 为速度继电器,其相应的触点分别控制正反转

运行的反接制动,实现主轴迅速停车。

2. 电气控制原理图分析

根据 C650-2 型车床的特点,从以下几个方面对其控制原理进行分析。

1)主轴的正反转控制

按下操作按钮 SB2 或 SB3,则接触器 KM1 或 KM2 线圈得电,主触点闭合,辅助触点 KM1 或 KM2 完成自锁。同时 KM3 线圈得电,其主触点将电阻 R 短接,电动机 M1 实现全压下的正转或反转起动。起动结束后进入正常运行状态。

2)主轴的点动控制

SB4 为点动控制按钮。按下 SB4,则 KM1 线圈得电,主触点 KM1 闭合。此时 M1 主电路串入电阻 R 实现减压起动与运行,获得低速运转,实现对刀操作。

3)主轴电动机反接制动停车控制

主轴停车时,按下停车控制按钮 SB1,KM1 或 KM2,以及 KM3 线圈失电,其相关触点复位,而电动机 M1 由于惯性继续运行,速度继电器的触点 KS2 或 KS1 仍闭合。按钮 SB1 复位时则 KM2 或 KM1 线圈得电,相应的主触点闭合,M1 主电路串入电阻 R 进行反接制动。当转速低于 KS 的设定值时,KS2 或 KS1 复位,KM2 或 KM1 线圈失电,其相应的主触点复位,电动机 M1 断电,制动过程结束。

4)刀架快速移动控制

刀架快速移动由刀架快速移动电动机 M3 拖动实现。当刀架快速移动手柄压合行程开关 SQ 时,接触器 KM5 线圈得电,主触点 KM5 闭合,电动机 M3 直接起动。当刀架快速移动手柄移开,不再压合 SQ 时,KM5 线圈失电,主触点复位,电动机 M3 停止运转,刀架快速移动结束。

5)冷却泵电动机控制

冷却泵电动机 M2 通过电动机单方向运转电路实现起停控制,此电路由起动按钮 SB6、停止按钮 SB5 及接触器 KM4 组成。

6)主轴电动机负载检测及保护环节

C650-2 型车床采用电流表 A 经电流互感器 TA 来检测主轴电动机 M1 定子的电流,监视其负载情况。为防止电动机启动时电流的冲击,采取时间继电器 KT 动断触点得电、延时断开触点并接在电流表两端。当电动机 M1 启动时,电流表由 KT 触点短接,起动完成后 KT 触点断开,再将电流表接入。因此 KT 延时应稍长于电动机 M1 的起动时间,一般为 0.5~1s。而当电动机 M1 停车反接制动时,按下 SB1,此时 KM3、KA、KT 相继失电,KT 触点瞬时闭合,将电流表 A 短接,使之不会受到反接制动电流的冲击。

3. 常见故障分析

1)主轴电动机 M1 不能起动

主轴电动机不能启动有几种情况:按 SB2 或 SB3 时就不能起动;运行中突然自停,随后不能再起动;按 SB2 或 SB3,熔断丝就熔断;按下 SB2 或 SB3 后,M1 不转,发出嗡嗡声;按 SB1 后再按 SB2 或 SB3 不能再起动等。出现这类故障,首先应重点检查 FU1 及 FU3 是否熔断;其次,应检查热继电器 FR1 是否已动作,这类故障的排除非常简单,但必须找出 FR1 动作的根本原因。FR1 动作有时是其规格选配不当,需重选一只适当容量的热继电器,有时是由于机械部分过载或卡死,或由于电动机 M1 频繁起动而造成过载使热继电器脱扣;最后,检查接触器 KM1、KM2、KM3 的线圈是否松动,主触点接触是否良好。

经上述检查均未发现问题时,则将主电路熔断器 FU1 拔出,切断主电路。然后合上电源开关,使控制回路带电,进行接触器动作试验。按下 SB2 或 SB3,若接触器不动作,则故障必在控制回路中。如 SB1、SB2 或 SB3 的触点接触不良,接触器 KM1、KM2、KM3 及中间继电器 KA 线圈引出线有断线,它们的辅助触点接触不良等,都会导致接触器不能得电动作,应及时查明原因加以消除。

2)主轴电动机断相运行

按下起动按钮后,M1 不能起动或转动很慢,且发出嗡嗡声,或者在运行中突然发出嗡嗡声,这种状态称为断相运行。此时,应立即切断电动机电源,以免烧坏电动机。出现此现象的原因主要是:电动机的三相电源线有一相断开,如开关 QS 有一相触点接触不良;熔断器一相熔断;接触器主触点有一对未吸合;电动机定子绕组的某一相接触不良等。只要查出原因,排除故障,主轴电动机就可正常起动。

3)主轴电动机起动但不能自锁

其故障原因是 KA、KM1 或 KM2 的自锁触点连接导线松脱或接触不良。用万用表检查,找出原因,就可排除故障。

4)主轴电动机不能停或停车太慢

如按下 SB1,主轴不能停转,则可能是接触器 KM1 或 KM2 主触点出现熔焊。如停车太慢,则可能是速度继电器 KS 的动合触点接触不良。

5)主轴不能点动控制

主要检查点动按钮 SB4,检查其动合触点是否损坏或接线是否脱落。

6)刀架不能快速移动

故障的原因可能是行程开关损坏或接触器主触点被杂物卡住、接线脱落,或是快速移动电动机损坏。出现这些故障应及时检查,逐项排除,直至正常工作。

7)主轴电动机不能进行反接制动控制

故障的原因可能是速度继电器损坏或接线脱落、接线错误,或是电阻 R 损坏、接线脱落。

8)不能检测主轴电动机负载

首先检查电流表是否损坏,如损坏应先检查电流表损坏的原因;其次可能是时间继电器设定的时间较短或损坏,接线脱落,或者是电流互感器损坏,应逐项检查排除。

▶▶ 三、X62W 型万能铣床电气控制系统的检修

1. 电气控制线路分析

X62W 型万能铣床的电气控制线路如图 5-21 所示。

1)主电路分析

主电路中共有三台电动机。其中,M1 是主轴电动机;M2 是工作台进给电动机;M3 是冷却泵电动机。

对 M1 的要求是通过转换开关 SA4 与接触器 KM1、KM2 来进行正、反转和反接制动及瞬时冲动控制;并通过机械机构进行变速。对 M2 的要求是能进行正、反转控制及快慢速和限位控制,并通过机械机构使工作台能进行上下、左右、前后方向的改变。对 M3 只要求能进行正转控制。

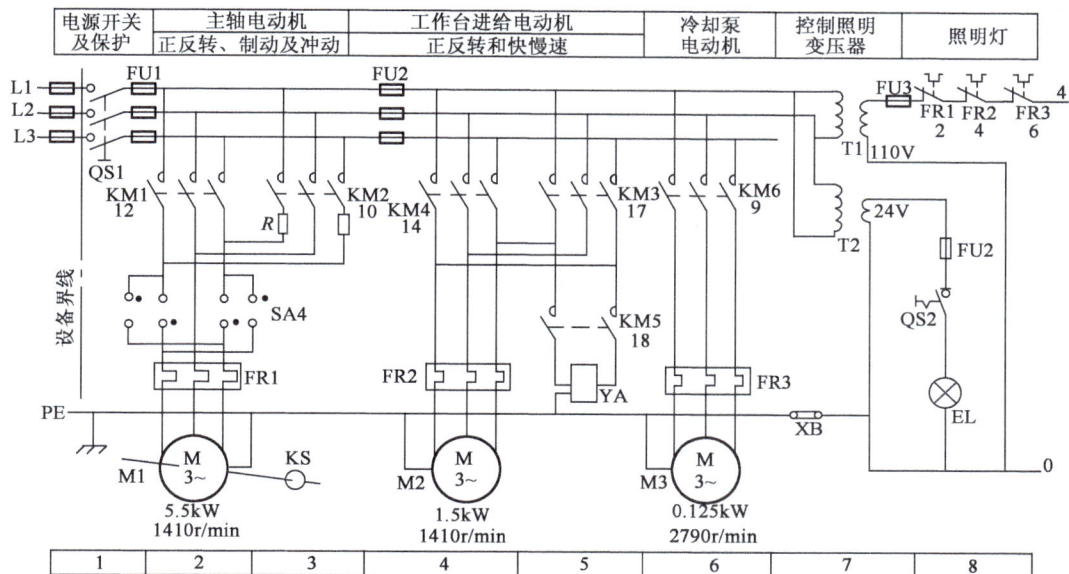

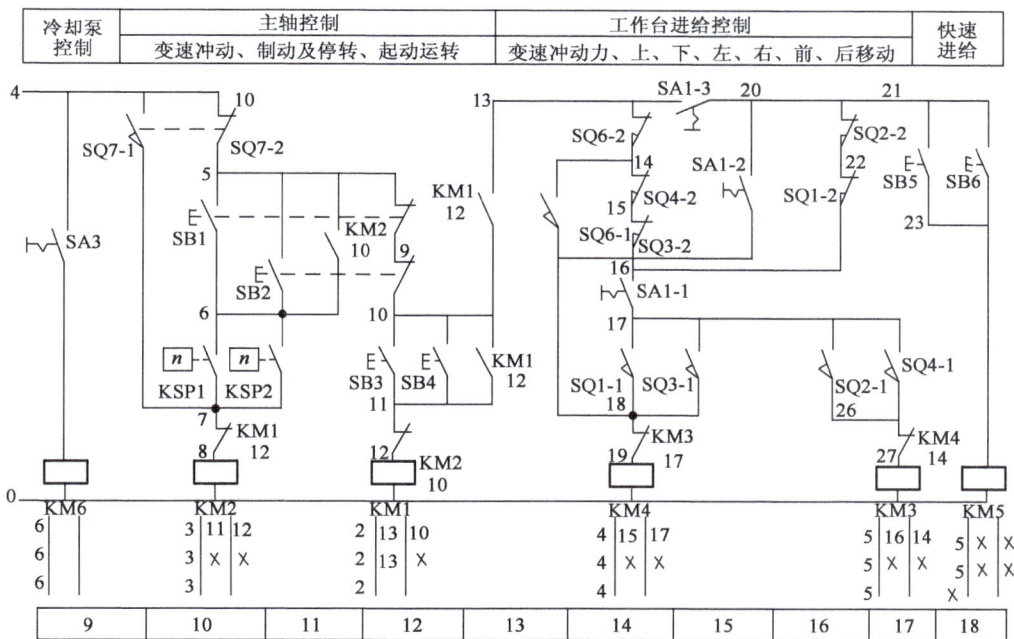

图 5-21 X62W 型万能铣床的电气控制线路

2)控制电路分析

(1)主轴电动机 M1 的控制。控制线路中的 SB3 和 SB4 是两地控制的起动按钮;SB1 和 SB2 是两地控制的停止按钮,它们分别装在机床两处,方便操作。KM1 是主轴电动机 M1 的起动接触器;KM2 是主轴电动机 M1 的反接制动接触器。SQ7 是主轴变速冲动行程 开关。主轴电动机是通过弹性联轴器和变速机构的齿轮传动链来传动的,可使主轴获得 18

级不同的转速。

①主轴电动机 M1 的起动。起动前先合上电源开关 QS1,再把主轴换向转换开关 SA4 扳到主轴所需的旋转方向,然后按一下起动按钮 SB3(或 SB4),接触器 KM1 的线圈得电吸合,KM1 主触点闭合,主轴电动机 M1 起动。

当电动机 M1 的转速高于 100r/min 时,速度继电器 KS 的动合触点 KS1(或 KS2)闭合,为主轴电动机 M1 的停车制动做好准备。

②主轴电动机 M1 的停车制动。当需要主轴电动机 M1 停转时,按停止按钮 SB1(或 SB2),接触器 KM1 线圈失电释放,同时接触器 KM2 线圈得电吸合,KM2 主触点闭合,使主轴电动机 M1 的电源相序改变,进行反接制动。

当主轴电动机转速低于 100r/min 时,速度继电器 KS 的触点断开,使电动机 M1 的反向电源切断,制动过程结束,电动机 M1 停转。

③主轴变速时的冲动控制。主轴变速时的冲动控制,是利用变速手柄与冲动行程开关 SQ7 通过机械上的联动机构进行控制的。

变速时,先把变速手柄向下压,然后拉到前面,转动变速盘,选择所需的转速,再把变速手柄以连续较快的速度推回原来的位置;当变速手柄推向原来位置时,其联动机构瞬时压合行程开关 SQ7,使 SQ7-2 断开,SQ7-1 闭合,接触器 KM2 线圈瞬时得电吸合,使主轴电动机 M1 瞬时反向转动一下,以利于变速后的齿轮啮合,行程开关 SQ7 即刻复原,接触器 KM2 又失电释放,主轴电动机 M1 断电停转,主轴的变速冲动操作结束。

主轴电动机 M1 在转动时,可以不按停止按钮直接进行变速操作,因为将变速手柄从原位拉向前面时,压合行程开关 SQ7,使 SQ7-2 断开,切断接触器 KM1 线圈电路,电动机 M1 便断电;然后 SQ7-1 闭合,使接触器 KM2 线圈得电吸合,电动机 M1 进行反接制动;当变速手柄拉到前面后,行程开关 SQ7 复原,主轴电动机 Ml 断电停转,主轴变速冲动结束。

(2)工作台进给电动机 M2 的控制。转换开关 SA1 是控制圆工作台运动的,在不需要圆工作台运动时,转换开关 SA1 的触点 SA1-1 闭合,SA1-2 断开,SA1-3 闭合。

工作台作进给运动时,转换开关 SA2-1 断开,SA2-2 闭合。

工作台的运动方向有上、下、左、右、前、后 6 个方向。

①工作台的上、下和前、后运动的控制。工作台的上、下(升降)运动和前、后(横向)运动完全是由"工作台升降与横向操纵手柄"来控制的。此操纵手柄有两个,分别装在工作台的左侧前方和后方,操纵手柄的联动机构与行程开关 SQ3 和 SQ4 相连接,行程开关装在工作台的左侧,前面一个是 SQ4,控制工作台的向上及向后运动;后面一个是 SQ3,控制工作台的向下及向前运动,此手柄有 5 个位置,如表 5-7 所示。

工作台升降与横向操纵手柄位置 表 5-7

手柄位置	工作台运动方向	离合器接通的丝杠	行程开关动作	接触器动作	电动机运转
向上	向上进给或快速向上	垂直丝杠	SQ4	KM3	M2 正转
向下	向下进给或快速向下	垂直丝杠	SQ3	KM4	M2 反转
向前	向前进给或快速向前	横向丝杠	SQ3	KM4	M2 反转
向后	向后进给或快速向后	横向丝杠	SQ4	KM3	M2 正转
中间	升降或横向进给停止	—	—	—	—

此 5 个位置是联锁的,各方向的进给不能同时接通。当升降台运动到上限或下限位置时,床身导轨旁的挡铁和工作台底座上的挡铁撞动十字手柄,使其回到中间位置,行程开关动作,升降台便停止运动,从而实现垂直运动的终端保护。工作台横向运动的终端保护也是利用装在工作台上的挡铁撞动十字手柄来实现的。

当主轴电动机 M1 的控制接触器 KM1 动作后,其辅助动合触点把工作台进给运动控制电路的电源接通,所以只有在 KM1 闭合后,工作台才能运动。

a. 工作台向上运动的控制:在 KM1 闭合后,需要工作台向上进给运动时,将手柄扳至向上位置,其联动机构一方面接通垂直传动丝杠的离合器,为垂直运动丝杠的传动做好准备;另一方面它使行程开关 SQ4 动作,其动断触点 SQ4-2 断开,动合触点 SQ4-1 闭合,接触器 KM3 线圈得电吸合,KM3 主触点闭合,电动机 M2 正转,工作台向上运动。

b. 工作台向后运动的控制:当操纵手柄向后扳动时,由联锁机构拨动垂直传动丝杠离合器,使它脱开而停止转动,同时将横向传动丝杠的离合器接通进行传动,使工作台向后运动。工作台向后运动也由 SQ4 和 KM3 控制,其电气工作原理同向上运动。

c. 工作台向下运动的控制:当操纵手柄向下扳时,其联动机构一方面使垂直传动丝杠的离合器接通,为垂直丝杠的传动作准备;另一方面压合行程开关 SQ3,使其动断触点 SQ3-2 断开,动合触点 SQ3-1 闭合,接触器 KM4 线圈得电吸合,KM4 的动合触点闭合,电动机 M2 反转,工作台向下运动。

d. 工作台向前运动的控制:工作台向前运动也由行程开关 SQ3 及接触器 KM4 控制,其电气控制原理与工作台向下运动相同,只是将手柄向前扳时,通过机械联锁机构,将垂直丝杠的离合器脱开,而将横向传动丝杠的离合器接通,使工作台向前运动。

②工作台左右(纵向)运动的控制。工作台左右运动同样是用工作台进给电动机 M2 来传动的,由工作台纵向操纵手柄来控制。此手柄也是复式的,一个安装在工作台底座的顶面中央部位;另一个安装在工作台底座的左下方。手柄有三个位置:向右、向左、中间位置。当手柄扳到向右或向左运动方向时,手柄的联动机构压下行程开关 SQ1 或 SQ2,使接触器 KM3 或 KM4 动作来控制电动机 M2 的正、反转。当将手柄扳到中间位置时,纵向传动丝杠的离合器脱开,行程开关 SQ1-1 或 SQ2-1 断开,电动机 M2 断电,工作台停止运动。

工作台左右运动的行程可通过调整安装在工作台两端的挡铁位置来控制,当工作台纵向运动到极限位置时,挡铁撞动纵向操纵手柄,使它回到中间位置,工作台停止运动,从而实现纵向运动的终端保护。

③工作台进给变速时的冲动控制。在改变工作台进给速度时,为了使齿轮易于啮合,也需要进给电动机 M2 瞬时冲动一下。变速时先将蘑菇形手柄向外拉出并转动手柄,转盘也跟着转动,把所需进给速度的标尺数字对准箭头,然后再把蘑菇形手柄用力向外拉到极限位置并随即推回原位;就在把蘑菇形手柄用力向外拉到极限位置瞬间,其连杆机构瞬时压合行程开关 SQ6,使 SQ6-2 断开、SQ6-1 闭合,接触器 KM4 线圈得电吸合,进给电动机 M2 反转,因为这是瞬时接通,故进给电动机 M2 也只是瞬时接通而瞬时冲动一下,从而保证变速齿轮易于啮合。当手柄推回原位时,行程开关 SQ6 复位,接触器 KM4 线圈失电释放,进给电动机 M2 瞬时冲动结束。

④工作台的快速移动控制。工作台的快速移动也是由进给电动机 M2 来拖动的,在纵向、横向和垂直 6 个方向上都可以实现快速移动控制。动作过程如下:

先将主轴电动机 M1 起动,将进给操纵手柄扳到需要的位置,工作台按照选定的速度和方向作进给移动,再按下快速移动按钮 SB5(或 SB6),使接触器 KM5 线圈得电吸合。KM5 主触点闭合,使牵引电磁铁 YA 线圈得电吸合,通过杠杆使摩擦离合器合上,减少中间传动装置,使工作台按原运动方向作快速移动;当松开快速移动按钮 SB5(或 SB6)时,电磁铁 YA 失电,摩擦离合器分离,快速移动停止,工作台仍按原进给速度继续运动。工作台快速移动是点动控制。

若要求快速移动在主轴电动机不转情况下进行,则可先起动主轴电动机 M1,但应将主轴电动机 M1 的转换开关 SA4 扳在"停止"位置,再按下 SB5(或 SB6),工作台就可在主轴电动机不转的情况下获得快速移动。

(3)冷却泵电动机 M3 的控制。在主轴电动机 M1 起动后,将转换开关 SA3 闭合,接触器 KM6 线圈得电吸合,冷却泵电动机 M3 起动,通过机械机构将冷却液输送到机床切削部分。

(4)照明电路。机床照明电路由变压器供给 24V 安全电压,并由开关 QS2 控制。

2. 常见故障分析及修理

1)按停止按钮后主轴不停

原因之一是由于主轴电动机起动和制动频繁,往往造成接触器 KM1 的主触点发生熔焊,以致无法分断主轴电动机电源造成的;另一个原因是制动接触器 KM2 的主触点中有一相接触不良,当按下停止按钮 SB1(或 SB2)时,起动接触器 KM1 释放,制动接触器 KM2 吸合,但由于制动接触器 KM2 的三个主触点只有两相接通,因此电动机不会产生反向转矩,仍按原方向旋转,速度继电器 KS 仍然接通,在这种情况下,只有切断进线电源才能使电动机停转。检查这种故障时,可按下 SB1(或 SB2),若 KM1 能释放、KM2 能吸合,就说明控制线路是正常的,但无反接制动,即可断定接触器 KM2 的主触点中有一相接触不良。

2)主轴停车时没制动作用

主要原因是速度继电器 KS 发生故障,速度继电器的动合触点 KS1 或 KS2 不能按旋转方向正常闭合,就会产生停车时没制动作用;速度继电器 KS 中推动触点的胶木摆杆有时会断裂,这时速度继电器的转子虽随电动机转动,但不能推动触点使 KS1 或 KS2 闭合,也不会有制动作用。

此外,速度继电器转子的旋转是通过联轴器与电动机轴同时旋转的,当弹性连接件损坏、螺钉松动或打滑,都会使速度继电器的转子不能正常旋转,KS1 或 KS2 也不能正常闭合,在停车时主轴电动机就没有制动作用。

速度继电器动触点调节得过紧时,制动过程中的反接制动电路会过早被切断,强制停车的作用随之会早结束,这样自由停车的时间必然延长,表现为虽有制动但制动的效果不显著。

速度继电器的永久磁铁转子磁性消失,也会造成制动作用不明显。

3)主轴停车制动后产生短时反向旋转

这是由于速度继电器 KS 的动触点弹簧调整得过松,使触点分断过迟,以致在反接制动的惯性作用下,电动机 M1 停止后仍会反向短时旋转。这只要将触点弹簧调节适当就可以消除。

4)主轴变速时无冲动过程

多数原因是行程开关 SQ7 的动合触点 SQ7-1 闭合接触不好,这只要将行程开关的动合触点 SQ7-1 修复好即可。其次是下压主轴变速手柄时,机械顶销未碰上主轴冲动行程开关

SQ7 所致。

5）工作台各个方向都不能进给

用万用表先检查控制回路电压是否正常，若控制回路电压正常，可扳动操纵手柄至任一运动方向，观察其相关接触器是否吸合，若吸合则断定控制回路正常；这时着重检查电动机主回路，常见故障有接触器主触点接触不良、电动机 M2 接线脱落或绕组断路等。

6）工作台不能向上运动

若发现接触器 KM3 没吸合，则故障原因必定在控制回路，可依次检查 SA1-3、SA2-2、SQ2-2、SQ1-2、SA1-1、SQ4-1、KM4 动断触点及 KM3 线圈；若向下、向左和向右进给均正常，就是向上不能运动，故障原因必定是 SQ4-1 没闭合。

7）工作台前后进给正常、但左右不能进给

由于工作台向前、向后进给正常，则证明进给电动机 M2 主回路和接触器 KM3 或 KM4 及行程开关 SQ1-2 或 SQ2-2 的工作都正常，而 SQ1-1 和 SQ2-1 同时发生故障的可能性也较小，这样，故障范围就缩小到三个行程开关的三个触点 SQ3-2、SQ4-2、SQ6-2 上，这三个触点只要有一个接触不良或损坏，就会使工作台向左或向右不能进给。可用万用表分别测量这三个触点之间的电压来判断哪个触点损坏。在这三个触点中，SQ6 是变速冲动行程开关，变速时常因手柄扳动用力过猛而损坏。

练 习 题

1. 电气设备的检修的一般要求有哪些？

2. 控制设备的日常维护的主要内容有哪些？

3. 诊断机床电气故障的方法和步骤是什么？

4. 熔断器有哪些常见故障？如何检修？

5. 接触器有哪些常见故障？如何检修？

6. 热继电器有哪些常见故障？如何检修？

7. C650-2 型卧式车床的电气系统有哪些常见故障？如何解决？

8. X62W 型万能铣床的电气系统有哪些常见故障？如何解决？

9. 电气控制电路检查的基本步骤及方法是什么？

单元六

典型机电设备的检修

【知识目标】

1. 了解掌握数控机床的结构组成和检测验收。

2. 熟悉数控机床机械结构故障诊断与排除方法。

3. 熟悉数控机床电气系统故障诊断与排除方法。

【能力目标】

1. 初步具有常见数控机械结构故障的分析和排除能力。

2. 初步具有常见数控电气系统故障的分析和排除能力。

▶▶ 一、数控机床的基本概念

1.数控技术与数控机床

数控技术,简称数控(Numerical Control,简称 NC),是利用数字化信息对机械运动及加工过程进行控制的一种方法。由于现代数控都采用了计算机进行控制,因此也可以称为计算机数控(Computer Numerical Control,简称 CNC)。

数控机床种类繁多,有车床、钻床、铣床、镗床类,磨削类,电加工类,锻压类,激光加工类和其他特殊用途的专用机床等。对于采用数控技术进行控制的机床,我们称之为数控机床(NC 机床)。它是一种综合应用了计算机技术、自动控制技术、精密测量技术和机床设计等先进技术的典型机电一体化设备。

2.数控机床的组成

数控机床由数控装置、伺服驱动装置、检测反馈装置和机床本体四大部分组成,再加上程序的输入/输出设备、可编程控制器、电源等辅助部分,如图 6-1 所示。

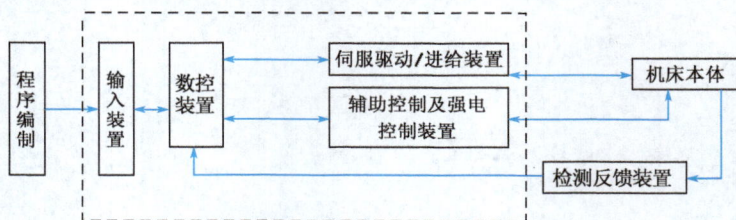

图 6-1　数控机床的组成

1)数控装置

数控装置是数控系统的核心,由硬件和软件两大部分组成,如图 6-2 所示。它接受从机床输入装置(软盘、硬盘、纸带阅读机、磁带机以及网络或串口传输等)输入的控制信号代码,经过输入、缓存、译码、寄存、运算、存储等转变成控制指令实现直接或通过可编程逻辑控制器(PLC)对伺服驱动系统的控制。

2)伺服驱动/进给装置

伺服驱动/进给装置是数控装置与主机之间的连接环节,它是接受数控装置插补生成的进给脉冲信号,经过信号放大后,驱动机床主机的执行机构,实现机床的运动进给。伺服驱动/进给装置包括主轴驱动单元(主要控制主轴的速度)、进给驱动单元(主要是进给系统的速度控制和位置控制)、主轴电动机和进给电动机等。

3)检测反馈装置

检测反馈装置是通过现代化的测量元件:脉冲编码器、旋转变压器、感应同步器、光栅、磁尺和激光等,将执

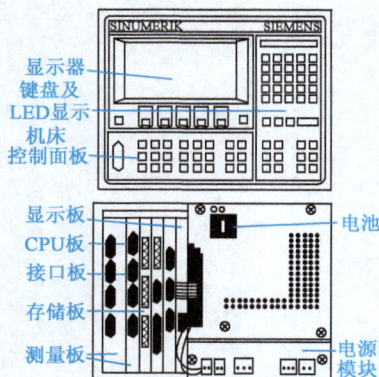

图 6-2　数控装置

行元件(如电动机、刀架等)或工作台等的速度和位移量检测出来,经过相应的电路将所测得信号反馈回伺服驱动装置或数控装置,构成半闭环或全闭环系统,补偿进给电动机的速度或执行机构的运动误差,以达到提高运动机构精度的目的。

4)机床本体

机床本体就是数控机床的机械结构件,包括床身、箱体、立柱、导轨、工作台、主轴、进给机构、刀具交换机构等。此外,为保证数控机床功能的充分发挥,还有一些辅助系统,如冷却系统、润滑系统、液压(或气动)系统、排屑系统、防护系统等。

▶▶ 二、数控机床使用中应注意的问题

数控机床生产效率高,零件加工精度好,产品质量稳定,还可以完成很多普通机床难以完成或根本不能加工的复杂型面的零件加工。但是,数控机床整个加工过程是由大量电子元件组成的数控系统按照数字化的程序完成的,在加工中途由于数控系统或执行部件的故障造成的零件报废或安全事故,一般情况操作者是无能为力的。所以,对于数控机床工作的稳定性、可靠性的要求最为重要。为此,在使用数控机床时应予以注意以下一些问题。

1. 数控机床的使用环境

一般来说,数控机床的使用环境没有什么特殊的要求,可以同普通机床一样放在生产车间里,但是,要避免阳光的直接照射和其他热辐射,要避免太潮湿或粉尘过多的场所,特别要避免有腐蚀气体的场所。腐蚀性气体最容易使电子元器件受到腐蚀变质,或造成接触不良,或造成元器件间短路,影响机床的正常运行。要远离振动大的设备,如冲床、锻压设备等。对于高精密的数控机床,还应采取防振措施(如防振沟等)。

由于电子元器件的技术性能受温度影响较大,当温度过高或过低时,会使电子元器件的技术性能发生较大变化,使工作不稳定或不可靠而增加故障的发生,特别是我国南方和北方温度差异大。因此,对于精度高、价格昂贵的数控机床使其置于有空调的环境中使用是比较理想的。

2. 电源要求

数控机床对电源没有什么特殊要求,一般都允许波动±10%,但是由于我国供电的具体情况,不仅电源波动幅度大(有时远远超过10%),而且质量差,交流电源上往往叠加有一些高频杂波信号,用示波器可以清楚地观察到,有时还出现幅度很大的瞬间干扰信号,破坏数控系统的程序或参数,影响机床的正常运行。数控机床采取专线供电(从低压配电室就分一路单独供数控机床使用),或增设稳压装置,都可以减少供电质量的影响和电气干扰。

3. 数控机床应有操作规程

操作规程是保证数控机床安全运行的重要措施之一,操作者一定要按操作规程操作。机床发生故障,操作者要注意保留现场,并向检修人员如实说明出现故障前后的情况,以利于分析、诊断出故障的原因,及时排除故障,减少停机时间。

4. 数控机床不宜长期封存不用

购买数控机床后要充分利用,尽量提高机床的利用率,尤其是投入使用的第一年,更要充分利用,使其容易出故障的薄弱环节尽早暴露出来,故障的隐患尽可能在保修期内得以排除。有了数控机床舍不得用,这不是对设备的爱护,反而会由于受潮等原因加快电子元器件

的变质或损坏。如果工厂没生产任务,数控机床较长时间不用,也要定期通电,不能长期封存起来,最好是每周能通电 1～2 次,每次空运行 1h 左右,以利用机床本身的发热量来降低机内的湿度,使电子元器件不致受潮;同时也能及时发现有无电池报警发生,以防止系统软件、参数的丢失。

▶▶▶ 三、数控机床检修前的准备工作

为了能及时排除故障,应在平时做好检修前的充分准备,主要有以下三个方面。

1. 技术准备

检修人员应在平时充分了解系统的性能。为此,应熟读有关系统的操作和检修说明书,掌握数控系统的框图、结构布置以及电路板上可供检测的测试点上正常的电平值或波形。检修人员应妥善保存好数控系统现场调试之后的系统参数文件和 PLC 参数文件,它们可以是参数表或参数纸带。另外,随机提供的 PLC 用户程序、报警文件、用户宏程序参数和刀具文件参数以及典型的零件程序、数控系统功能测试纸带等都与机床的性能和使用有关,都应妥善保存。数控机床检修常用资料主要有:

(1)数控机床电气使用说明书。

(2)数控机床电气原理图。

(3)数控机床电气互联图。

(4)数控机床结构简图。

(5)数控机床电气参数。

(6)数控机床 PLC 控制程序。

(7)数控系统操作手册。

(8)数控系统编程手册。

(9)数控系统安装及检修手册。

(10)伺服驱动系统使用说明书。

检修人员必须对这些资料认真仔细地阅读,对照机床本身,使实物与图样资料联系起做到心中有数。当机床出现故障时,根据故障的性质,一方面找到机床故障发生的区域,另一方面翻阅相应的技术资料,作出正确的判断。

2. 工具准备

作为最终用户,检修工具只需准备一些常用的仪器设备,如交流电压表、直流电压表,其测量误差在 1%～2% 范围内即可。万用表应准备一块机械式的,可用它测量晶体管,各种规格的螺钉旋具也是必备的。如有纸带阅读机,则还应准备清洁纸带阅读机用的清洁液和润滑油等化学用品。如有条件,最好还具备一台带存储功能的双线示波器和逻辑分析仪,这样在查找故障时,可使故障范围缩小到某个元器件、零件。无论使用何种工具,在进行检修时,都应确认系统是否通电,不要因仪器测头造成元器件短路而引起系统的更大故障。

3. 备件准备

为了能及时排除故障,用户应准备一些常用的备件,如各种熔断丝、晶体管模块以及直流电动机用电刷。至于备用电路板,则视用户经济条件而定。一般来说,可不必准备,一是花钱多;二是长期不用,反而更易损坏。

数控机床的检测验收工作,是一项工作量大而且复杂、试验和检测技术要求高的工作。要用各种检测仪器和手段对机床的机、电、液、气各部分及整机进行综合性能及单项性能检测,最后得出对该数控机床的综合评价。这项工作为数控机床今后稳定可靠地运行打下一定的基础,可以将某些隐患消除在检测验收阶段中,因此,这项工作必须认真、仔细,并将符合要求的技术数据整理归档,作为今后设备维护、故障诊断及检修中恢复技术指标的依据。

▶▶ 一、数控机床的精度检验

数控机床精度是保证机床性能的基础,加强机床精度的维护、定期进行精度检查是机床使用、维护工作中的一项重要内容。机床精度的维护,要做到严格执行机床的操作和维护规程,严禁超性能使用。

1.几何精度检验

几何精度检验,又称静态精度检验,是综合反映机床关键零部件经组装后的综合几何形状误差。常用的检测工具有精密水平仪、精密方箱、直角尺、平尺、平行光管、千分表、千分尺、主轴心棒等,如图6-3所示。检测工具的精度必须比所测的几何精度高一个等级。

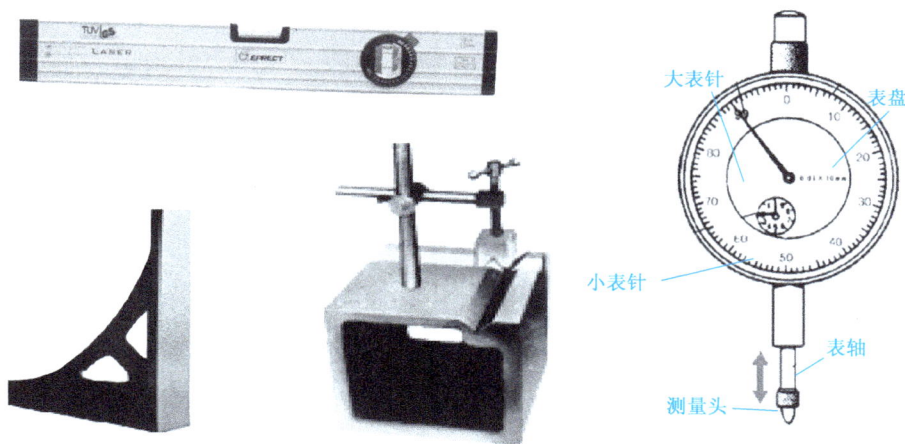

图6-3　常用的检测工具

卧式加工中心几何精度检验(表6-1):

(1)X、Y、Z坐标轴的相互垂直度。

(2)工作台面的平行度。

(3)X、Z轴移动时工作台面的平行度。

(4)主轴回转轴线对工作台面的平行度。

(5)主轴在Z轴方向移动的直线度。

(6)X轴移动时工作台边界与定位基准面的平行度。

(7)主轴轴向及孔径跳动。

（8）回转工作台精度。

检 测 内 容		检 测 方 法	允许误差（mm）	实测误差
各坐标轴之间的垂直度	X 轴和 Y 轴		0.015/300	
	Y 轴和 Z 轴		0.015/300	
	X 轴和 Z 轴		0.015/300	

2. 定位精度检验

定位精度检验是测量机床各坐标轴在数控系统控制下所能达到的位置精度。

定位精度检验常用的工具有：千分尺、量块、标准长度刻线尺、光学读数显微镜、标准转台、高精度圆光栅、双频激光干涉仪等。

（1）直线运动定位精度。

（2）直线运动重复定位精度。

（3）直线运动的原点复归精度。

（4）直线运动失动量。

（5）回转工作台的定位精度。

（6）回转工作台的重复分度精度。

3. 切削精度检验

数控机床切削精度检验，又称动态精度检验，是在切削加工条件下，对机床几何精度和定位精度的一项综合考核。切削精度检验可分单项加工精度检验和加工一个标准的综合性试件精度检验两种。

1）单项加工精度检验

①镗孔精度。

②镗孔的同轴度。

③镗孔的孔距精度。

④直线铣削精度。

⑤外圆车削。

⑥端面车削。

⑦螺纹车削。

2）加工一个标准的综合性试件精度检验

美国 NAS（国家宇航标准）在 30 年前就制定了"圆形—菱形—方形"试件标准（现在是中国机床工具工业协会 CMTBA 的标志），如图 6-4 所示。

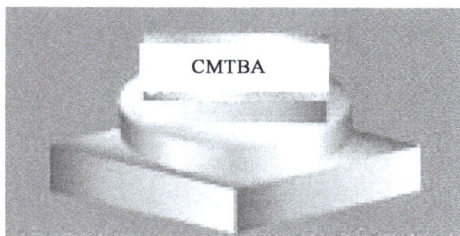
图 6-4 "圆形—菱形—方形"试件标准的试件标志

▶▶▶ 二、数控机床的性能检验

1. 主轴性能

（1）手动操作。

（2）手动数据输入方式（MD1）。主轴由低速到最高速旋转，测量各级转速值，转速允差为设定值的 ±10%。进行此项检查的同时，观察机床的振动情况。主轴在 2h 高速运转后允许温升 15C。

（3）主轴准停。连续操作五次以上，检验其动作的灵活性和可靠性。有齿轮挂挡的主轴箱，应多次试验，其动作应准确可靠。

2. 进给性能

1）手动操作

分别对 X、Y、Z 直线坐标轴（回转坐标 A、B、C）进行手动操作，检验正、反向的低、中、高速进给和快速移动的起动、停止、点动等动作的平稳性和可靠性。

2）手动数据输入方式（MDI）

通过 G00 和 G01F 指令功能，测定快速移动及各进给速度，其允许误差为 ±5%。

3）软硬限位

通过上述两种方法，检验各伺服轴在进给时软硬限位的可靠性。数控机床的硬限位是通过行程开关来确定的，一般在各伺服轴的极限位置，因此，行程开关的可靠性就决定了硬限的可靠性。软限位是通过设置机床参数来确定的，限位范围是可变的。软限位是否有效可观察伺服轴在到达设定位置时，伺服轴是否停止来确定。图 6-5 所示为数控机床全闭环进给伺服系统原理图。

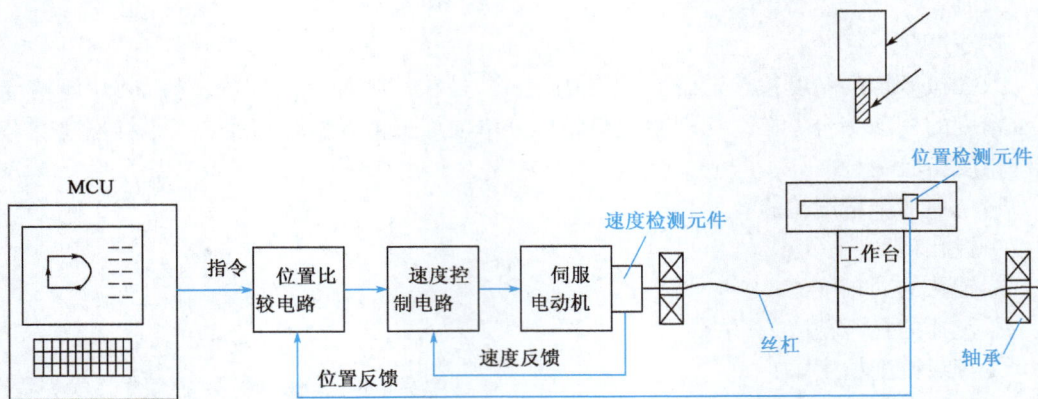

图 6-5　数控机床全闭环进给伺服系统原理图

3. 刀具交换时间

根据技术指标,测定交换刀具的时间。

4. 机床噪声

数控机床噪声包括主轴箱的齿轮噪声、主轴电动机的冷却风扇噪声、液压系统油泵噪声。机床空运转时,噪声不得超过标准规定值 85dB。

5. 润滑装置

检验定时定量润滑装置的可靠性,润滑油路有无泄漏,油温是否过高,以及润滑油路到润滑点的油量分配状况等。

6. 气、液装置

检查压缩空气和液压油路的密封,气液系统的调压功能及液压油箱的工作情况等。

7. 附属装置

检查冷却装置能否正常工作,排屑器的工作状况,冷却防护罩有无泄漏,带负载的交换托盘(APC)能否自动交换并准确定位,接触式测量头能否正常工作。

▶▶ 三、数控系统功能检验

(1)运动指令功能——功能实现及准确性。

(2)准备指令功能——坐标系选择、暂停、刀补。

(3)操作功能——检验回原点、执行程序、进给倍率、急停等功能的准确性。

(4)CRT 显示功能——检验位置、程序、各种菜单显示功能,如图 6-6 所示。

(5)连续空载运行。用编制的程序进行空运转试验,验证程序的正确性。开动机床,分别将进给倍率开关、快速超调开关、主轴速度超调开关进行多种变化,使机床在上述各开关的多种变化的情况下进行充分地运行,然后将各超调开关置于 100% 处,使机床充分运行,观察整机的工作情况是否正常。

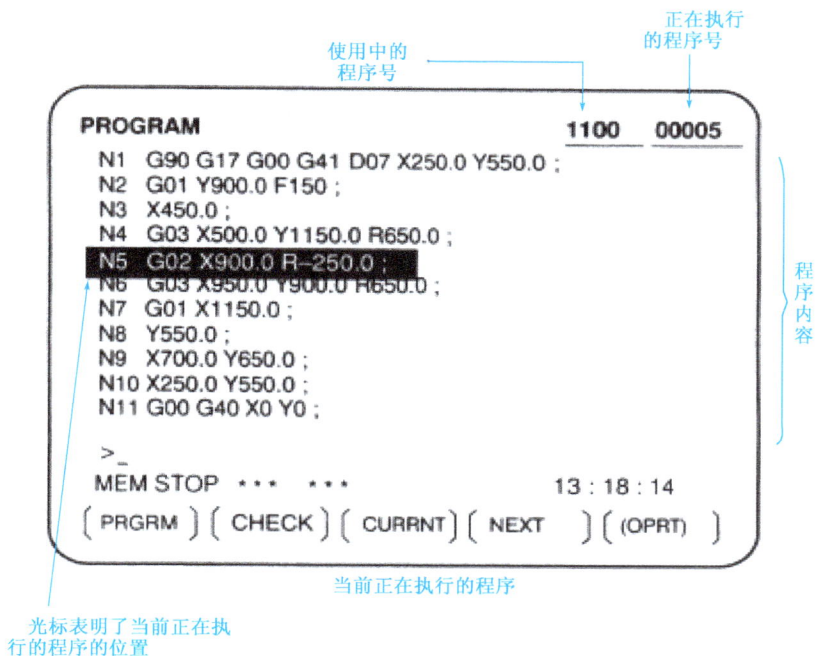

图 6-6　CRT 显示功能

学习项目三　数控机床机械结构故障诊断与检修

数控机床在机械结构上和普通机床不同点在于传动链缩短,传动部件的精度高,机械维护的面更广,包括主轴、进给轴、导轨和丝杠、刀库和换刀装置、液压和气动等。因此,必须熟悉机械故障的特征,掌握数控机床机械故障的诊断的方法和手段,还要注意数控机床机电之间的内在联系。

▶▶ 一、主轴部件故障诊断与检修

主轴部件主要包括主轴、轴承、传动件和密封件,对于具有自动换刀能力的数控机床,主轴部件还应有刀具自动装卸装置、主轴准停装置和吹屑装置等。

数控机床主轴部件是影响机床加工精度的主要部件,它的回转精度影响工件的加工精度;它的功率大小与回转速度影响加工效率;它的自动变速、准停和换刀等影响机床的自动化程度。

1. 主传动链的维护

(1)熟悉数控机床主传动链的结构、性能和主轴调整方法,严禁超性能使用。出现不正常现象时,应立即停机排除故障。

(2)使用带传动的主轴系统时,需定期调整主轴传动带的松紧程度,防止因传动带打滑造成丢转现象。

(3)注意观察主轴箱温度,检查主轴润滑恒温油箱,调节温度范围,防止各种杂质进入油箱,及时补充油量。每年更换一次润滑油,并清洗过滤器。

（4）经常检查压缩空气气压，调整到要求标准值，足够的气压才能将主轴锥孔中的切屑和灰尘清理干净，保持主轴与刀柄连接部位的清洁。主轴中刀具夹紧装置长时间使用后，会产生间隙，影响刀具的夹紧，需及时调整液压缸活塞的位移量。

2. 主轴部件故障诊断与检修

主轴部件出现的故障有主轴运转时发出异常声音、自动调速装置故障、主轴快速运转的精度保持性故障等。表6-2所示为主轴部件常见故障及其诊断方法。

主轴部件故障诊断与检修　　　　　　　　　　　　表6-2

序号	故障现象	故障原因	排除方法
1	切削振动大	主轴箱和床身连接螺钉松动	恢复精度后紧固连接螺钉
		轴承预紧力不够、游隙过大	重新调整轴承游隙。但预紧力不宜过大，以免损坏轴承
		轴承预紧螺母松动，使主轴窜动	紧固螺母，确保主轴精度合格
		轴承拉毛或损坏	更换轴承
		主轴与箱体超差	修理主轴或箱体，使其配合精度、位置精度达到要求
		其他因素	检查刀具或切削工艺问题
		如果是车床，则可能是转塔刀架运动部位松动或压力不够而未卡紧	调整修理
2	主轴箱噪声大	主轴部件动平衡不好	重做动平衡
		齿轮啮合间隙不均匀或严重损伤	调整间隙或更换齿轮
		轴承损坏或传动轴弯曲	修复或更换轴承，校直传动轴
		传动带长度不一或过松	调整或更换传动带，不能新旧混用
		齿轮精度差	更换齿轮
		润滑不良	调整润滑油量，保持主轴箱的清洁度
3	主轴无变速	电器变挡信号是否输出	电气人员检查处理
		压力是否足够	检测并调整工作压力
		变挡液压缸研损或卡死	修去毛刺和研伤，清洗后重装
		变挡电磁阀卡死	检修并清洗电磁阀
		变挡液压缸拨叉脱落	修复或更换
		变挡液压缸窜油或内泄	更换密封圈
		变挡复位开关失灵	更换新开关
4	齿轮和轴承损坏	变挡压力过大，齿轮受冲击产生破损	按液压原理图，调整到适当的压力和流量
		变挡机构损坏或固定销脱落	修复或更换零件
		轴承预紧力过大或无润滑	重新调整预紧力，并使之润滑充足
5	主轴不转动	主轴传动指令是否输出	电气人员检查处理
		保护开关没有压合或失灵	检修压合保护开关或更换
		卡盘未夹紧工件	调整或修理卡盘
		变挡复位开关损坏	更换复位开关
		变挡电磁阀体内泄漏	更换电磁阀

序号	故障现象	故障原因	排除方法
6	主轴发热	主轴轴承预紧力过大	调整预紧力
		轴承研伤或损坏	更换轴承
		润滑油脏或有杂质	清洗主轴箱,更换新油
		主轴端盖研伤	更换端盖,调整间隙

▶▶ 二、滚珠丝杠副故障诊断与检修

1.滚珠丝杠螺母副的维护

滚珠丝杠螺母副如图 6-7 所示。

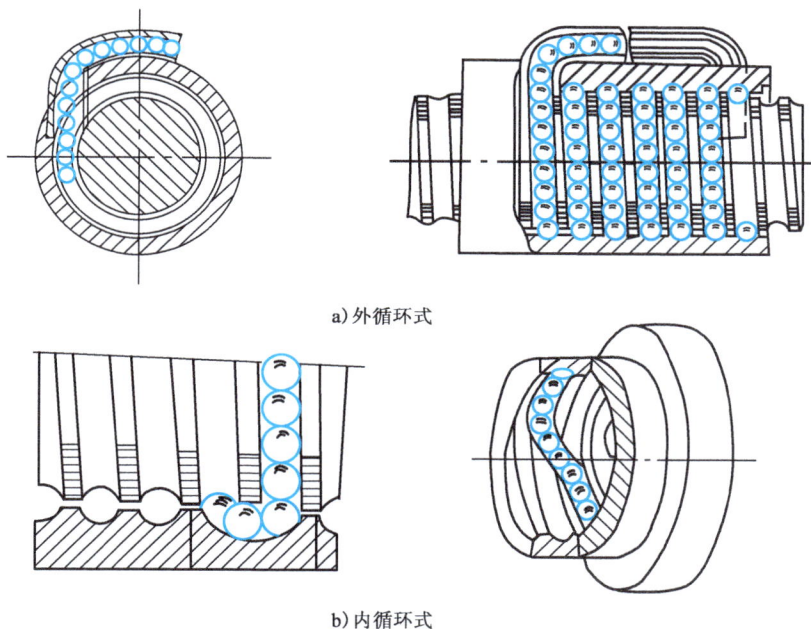

a)外循环式

b)内循环式

图 6-7　滚珠丝杠螺母副

（1）定期检查、调整滚珠丝杠螺母副的轴向间隙,保证反向传动精度和轴向刚度。

（2）定期检查滚珠丝杠支撑与床身的连接是否有松动以及支撑轴承是否损坏。如有以上问题,要及时紧固松动部位,更换支撑轴承。

（3）采用润滑脂润滑的滚珠丝杠,每半年一次清洗滚珠丝杠上的旧润滑脂,换上新的润滑脂。用润滑油润滑的滚珠丝杠,每次机床工作前加油一次。

（4）注意避免硬质灰尘或切屑进入滚珠丝杠防护罩和工作中碰击防护罩,防护装置如有损坏要及时更换。

2.滚珠丝杠副故障诊断与检修

滚珠丝杠副故障大部分是由运动质量下降、反向间隙过大、机械爬行轴承噪声大等原因造成的。滚珠丝杠副故障诊断与检修如表 6-3 所示。

序号	故障现象	故障原因	排除方法
1	滚珠丝杠副噪声	丝杠支撑轴承的压盖压合情况不好	调整轴承压盖,使其压紧轴承端面
		丝杠支撑轴承可能破损	如轴承破损更换新轴承
		电动机与丝杠联轴器松动	拧紧联轴器锁紧螺钉
		丝杠润滑不良	改善润滑条件使润滑油量充足
		滚珠丝杠副滚珠有破损	更换新滚珠
2	滚珠丝杠运动不灵活	轴向预加载荷太大	调整轴向间隙和预加载荷
		丝杠与导轨不平行	调整丝杠支座位置,使丝杠与导轨平行
		螺母轴线与导轨不平行	调整螺母座的位置
		丝杠弯曲变形	校直丝杠
3	滚珠丝杠副润滑状况不良	检查各滚珠丝杠副润滑	用润滑脂润滑的丝杠需移动工作台取下罩套,涂上润滑脂

▶▶ 三、刀架、刀库及换刀装置故障诊断与检修

1. 刀库及换刀装置的维护

(1)用手动方式往刀库上装刀时,要确保装到位,装牢靠,并检查刀座上的锁紧是否可靠。

(2)严禁把超重、超长的刀具装入刀库,防止在机械手换刀时掉刀或刀具与工件、夹具等发生碰撞。

(3)采用顺序选刀方式需注意刀具放置在刀库上的顺序是否正确;其他选刀方式也要注意所换刀具号是否与所需刀具一致,防止换错刀具导致事故发生。

(4)注意保持刀具刀柄和刀套的清洁。

(5)经常检查刀库的回零位置是否正确,检查机床主轴回换刀点位置是否到位,并及时调整,否则不能完成换刀动作。

(6)开机时,应先使刀库和机械手空运行,检查各部分工作是否正常,特别是各行程开关和电磁阀能否正常动作。检查机械手液压系统的压力是否正常,刀具在机械手上锁紧是否可靠,发现不正常要及时处理。

2. 刀库及换刀装置故障诊断与检修

刀库及换刀装置回转不停或没有回转、有夹紧或没有夹紧、没有切削液等,换刀定位误差过大、机械手夹持刀柄不稳定、机械手运动误差过大等都会造成换刀动作卡住,整机停止工作;刀库中的刀套不能夹紧刀具、刀具从机械手中脱落、机械手无法从主轴和刀库中取出刀具。这些都是刀库及换刀装置易产生的故障。表 6-4 所示为刀库及换刀装置故障诊断与检修。

▶▶ 四、液压与气压传动系统故障诊断与检修

1. 液压系统维护

驱动对象:液压卡盘、液压拨叉变速、机械手、主轴夹紧机构。

序号	故 障 现 象	故 障 原 因	排 除 方 法
1	刀库中的刀套不能卡紧刀具	检查刀套上的调整螺母	顺时针旋转刀套两边的调整螺母压紧弹簧,顶紧卡紧销
2	刀库不能旋转	连接接电动机轴与蜗杆轴的联轴器松动	紧固联轴器上的螺钉
3	刀具从机械手中脱落	检查刀具质量	刀具质量不得超过规定值
		机械手卡紧销损坏或没有弹出来	更换卡紧销或弹簧
4	刀具交换时掉刀	换刀时主轴箱没有回到换刀点或换刀点飘移	重新操作主轴箱运动,使其回到换刀点位置,重新设定换刀点
		机械手抓刀时没有到位,就开始拔刀	调整机械手手臂,使手臂爪抓紧刀柄再拔刀
5	机械手换刀速度过快或过慢	以气动机械手为例,气压太高或太低和换刀气阀节流开口太大或太小	调整气压大小和节流阀开口

（1）定期对油箱内的油液进行取样化验,检查油液质量,定期过滤或更换油液。

（2）定期检查冷却器和加热器的工作性能,控制液压系统中油液的温度在标准要求内。

（3）定期检查更换密封件,防止液压系统泄漏。

（4）定期检查清洗或更换液压件、滤芯,定期检查清洗油箱和管路。

（5）严格执行日常点检制度,检查系统的泄漏、噪声、振动、压力、温度等是否正常,将故障排除在萌芽状态。

2.气动系统维护

气动系统用于主轴锥孔吹气和开关防护门。数控加工中心气动原理图如图 6-8 所示。

（1）选用合适的过滤器,清除压缩空气中的杂质和水分。

（2）注意检查系统中油雾器的供油量,保证空气中含有适量的润滑油来润滑气动元件,防止生锈、磨损而造成空气泄漏和元件动作失灵。

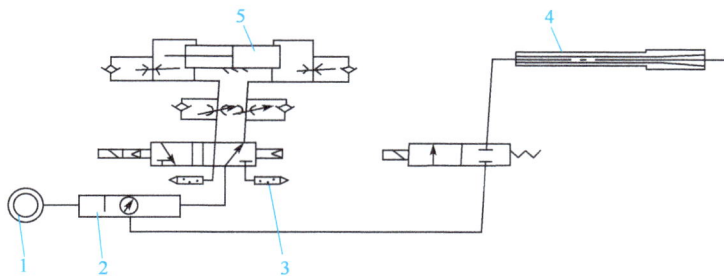

图 6-8　数控加工中心气动原理图

1-气源;2-压缩空气调理装置;3-消声器;4-主轴;5-防护门气缸

（3）定期检查更换密封件,保持系统的密封性。

（4）注意调节工作压力,保证气动装置具有合适的工作压力和运动速度。

（5）定期检查、清洗或更换气动元件、滤芯。

学习项目四　数控机床电气系统故障诊断与检修

▶▶ 一、数控机床电气系统的维护

数控机床电气系统经过一段较长时间的使用,某些元器件总要老化甚至损坏,有些机械部件,如纸带阅读机更是如此。为了尽量延长元器件的寿命和零部件的磨损周期,防止各种故障,特别是恶性事故的发生,就必须对数控电气系统进行日常维护。图 6-9 为数控机床电气系统接线图。具体的日常维护要求,在数控系统的使用、检修说明书中都有明确的规定。概括起来,要注意以下几个方面。

1. 严格遵守操作规程和日常维护制度

数控系统编程、操作和检修人员必须经过专门的技术培训,熟悉所用数控机床的数控系统的使用环境、条件等,能按机床和系统使用说明书的要求正确、合理地使用,应尽量避免因操作不当引起的故障。通常,首次采用数控机床或由不熟练工人来操作,在使用的第一年内,有 1/3 以上的系统故障是由于操作不当引起的。同时,根据操作规程的要求,针对数控系统各种部件的特点,确定各自维护条例。如明文规定哪些地方需要天天清理(如数控系统的输入/输出单元——光电阅读机清洁,检查机械结构部分是否润滑良好等),哪些部件要定期检查或更换。

2. 应尽量少开数控柜和强电柜的门

因为在机加工车间的空气中一般都含有油雾、灰尘甚至金属粉末,一旦它们落在数控系统内的电路板或电子元器件上,容易引起元器件间绝缘电阻下降,甚至导致元器件及电路板的损坏。有的用户在夏天为了使数控系统能超负荷长期工作,采取打开数控柜的门来散热,这是一种极不可取的方法,其最终将导致数控系统的加速损坏。正确的方法是降低数控系统的外部环境温度。因此,应该有一种严格的规定,除非进行必要的调整和检修,否则不允许随意开启数控柜门,更不允许在使用时敞开数控柜门。

一些已受外部尘埃、油雾污染的电路板和接插件,可采用专用电子清洁剂喷洗。在清洁接插件时可对插孔喷射足够的液雾后,将原插头或插脚插入,再拔出,即可将脏物带出,可反复进行,直至内部清洁为止。接插件插好后,多余的喷液会自然滴出,将其擦干即可,经过一段时间之后,自然干燥的喷液会在非接触表面形成绝缘层,使其绝缘良好。在清洗受污染的电路板时,可用清洁剂对电路板进行喷洗。喷完后,将电路板竖放,使污物随多余的液体一起流出,待晾干之后即可使用。

3. 定时清扫数控柜的散热通风系统

应每天检查数控柜上的各个冷却风扇工作是否正常。视工作环境的状况,每半年或每季度检查一次风道过滤器看是否有堵塞现象。如果过滤网上灰尘积聚过多,则需及时清理,否则将会引起数控柜内温度过高(一般不允许超过 55℃),造成过热报警或数控系统工作不可靠。

清扫的具体方法如下:①拧下螺钉,拆下空气过滤器;②在轻轻振动过滤器的同时,用压缩空气由里向外吹掉空气过滤器内的灰尘;③过滤器太脏时,可用中性清洁剂(清洁剂和水的配方为5：95)冲洗(但不可揉擦)，然后置于阴凉处晾干即可。

由于环境温度过高，造成数控柜内温度超过60℃时，应及时加装空调装置。安装空调后，数控系统的可靠性会有明显的提高。

4. 数控系统的输入/输出装置的定期维护

目前使用的20世纪80年代的产品，绝大部分都带有光电式纸带阅读机。当读带部分被污染时，将导致读入信息出错，为此，应做到以下几点：①每天必须对纸带阅读机的表面(包括发光体和受光体)、纸带压板以及纸带通道用蘸有酒精的纱布进行擦拭；②每周定时擦拭纸带阅读机的主动轮滚轴、压紧滚轴以及导向滚轴等运动部件；③每半年对导向滚轴、张紧臂滚轴等加注润滑油一次；④一旦使用纸带阅读机完毕，就应将装有纸带的阅读机的小门关上，防止灰尘落入。

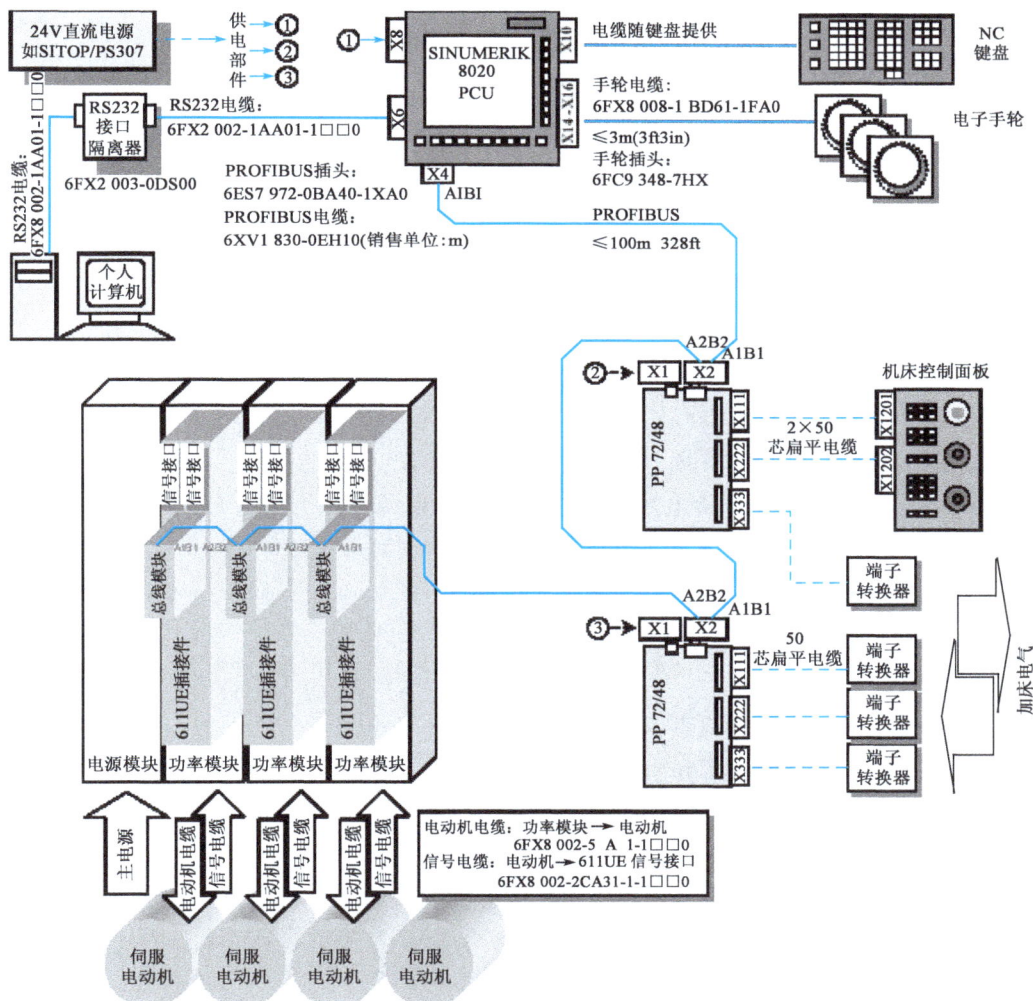

图6-9 数控机床电气系统接线图

5. 定期检查和更换直流电动机电刷

虽然在现代数控机床上有用交流伺服电动机和交流主轴电动机取代直流伺服电动机和

直流主轴电动机的倾向,但 20 世纪 80 年代生产的数控机床,大多使用直流伺服系统。直流电动机电刷的过度磨损将会影响电动机的性能,甚至造成电动机损坏。为此,应对电动机电刷进行定期检查和更换。数控车床、数控铣床、加工中心等,应每年检查一次,频繁加速机床(如冲床等),应每两个月检查一次。检查步骤如下。

(1)要在数控系统处于断电状态,且电动机已经完全冷却的情况下进行检查。

(2)取下橡胶刷帽,用螺钉旋具拧下刷盖,取出电刷。

(3)测量电刷长度,如磨损到原长的一半左右时必须更换同型号的新电刷。

(4)仔细检查电刷的弧形接触面是否有深沟或裂缝,以及电刷弹簧上有无打火痕迹,如有上述现象必须用新电刷交换,并在一个月后再次检查。如还发生上述现象,则应考虑电动机的工作条件是否过分恶劣或电动机本身是否有问题。

(5)用不含金属粉末、不含水分的压缩空气导入电刷孔,吹净粘在孔壁上的电刷粉末。如果难以吹净,可用螺钉旋具尖轻轻清理,直至孔壁全部干净为止。但要注意不要碰到换向器表面。

(6)重新装上电刷,拧紧刷盖。如果更换电刷,要使电动机空运行一段时间,以使电刷表面与换向器表面吻合良好。

6. 经常监视数控系统的电网电压

通常情况数控系统允许的电网电压波动范围在额定值的 10%~15%,如果超出此范围,轻则使数控系统不能稳定工作,重则会造成重要电子元器件损坏。因此,要经常注意电网电压的波动。对于电网质量比较恶劣的地区,应及时配置数控系统用的交流稳压装置,这将会明显降低故障率。

7. 定期更换存储器用电池

存储器如采用 CMOS RAM,为了在数控系统不通电期间能保持存储的内容,内部设有可充电电池维持电路。在正常电源供电时,由 +5V 电源经一个二极管向 CMOS RAM 供电,并对可充电电池进行充电。当数控系统切断电源时,则改为由电池供电来维持 CMOS RAM 内的信息。在一般情况下,即使电池尚未失效,也应每年更换一次电池,以便确保系统能正常地工作。另外,一定要注意的是,电池的更换应在数控系统供电状态下进行,这样才不会造成存储参数丢失。一旦参数丢失,在调换新电池后,可将参数重新输入。

8. 数控系统长期不用时的维护

为提高数控系统的利用率和减少数控系统的故障,数控机床应满负荷使用,而不要长期闲置不用。由于某种原因,造成数控系统长期闲置不用时,为了避免数控系统损坏,需注意以下两点:

(1)要经常给数控系统通电,特别是在环境湿度较大的梅雨季节更应如此。在机床锁住不动(即伺服电动机不转)的情况下,让数控系统空运行,利用电器元件本身的发热来驱散数控系统内的潮气,保证电子元器件性能稳定可靠。实践证明,在空气湿度较大的地区,经常通电是降低故障率的一个有效措施。

(2)如果数控机床的进给轴和主轴采用直流电动机来驱动时,应将电刷从直流电动机中取出,以免由于化学腐蚀作用,使换向器表面腐蚀,造成换向器性能变坏,甚至使整台电动机损坏。

9.备用电路板的维护

印制电路板长期不用容易出故障,因此对所购的备用板应定期装到数控系统中通电运行一段时间,以防损坏。

▶▶ 二、常见电气系统故障诊断

数控装置控制系统故障主要利用自诊断功能报警号,计算机各板的信息状态指示灯,各关键测试点的波形、电压值,各有关电位器的调整,各短路销的设定,有关机床参数值的设定,专用诊断元件,并参考控制系统检修手册、电气图册等加以排除。控制系统部分的常见故障如下。

1.电池报警故障

当数控机床断电时,为保存好机床控制系统的机床参数及加工程序,需靠后备电池予以支持。这些电池到了使用寿命,其电压低于允许值时,就产生电池故障报警。当报警灯亮时,应及时予以更换,否则,机床参数就容易丢失。因为换电池容易丢失机床参数,所以应该在机床通电时才更换电池,以保证系统能正常地工作。

2.键盘故障

在用键盘输入程序时,若发现有关字符不能输入、不能消除、程序不能复位或显示屏不能变换页面等故障,应首先考虑有关按键是否接触不好,予以修复或更换。若不见成效或者所用按键都不起作用,可进一步检查该部分的接口电路、系统控制软件及电缆连接状况等。

3.熔断丝故障

控制系统内熔断丝熔断故障,多出现于对数控系统进行测量时的误操作,或由于机床发生撞车等意外事故。因此,检修人员要熟悉各种熔断丝的保护范围,以便发生问题时能及时查出并予以更换。

4.刀位参数的更改

FANUC 10T 系统控制的 F12 数控车床带有两个换刀台。在加工过程中,由于机床的突然断电或因意外操作了急停按钮,使机床刀具的实际位置与计算机内存的刀位号不符,如果操作者不注意,往往会发生撞车或打刀报废零件等事故。因此,一旦发现刀位不对时,应及时核对控制系统内存刀位号与实际刀台位置是否相符,若不符,应参阅说明书介绍的方法,及时地将控制系统内存中的刀位号改为与刀台位置一致。

5.控制系统的"Not Ready(没准备好)"故障

(1)应首先检查 CRT 显示面板上是否有其他故障指示灯亮及故障信息提示,若有问题应按故障信息目录的提示去解决。

(2)检查伺服系统电源装置是否有熔断丝熔断、断路器跳闸等问题,若合闸或更换了熔断丝后,断路器再跳闸,应检查电源部分是否有问题;检查是否有电动机过热,大功率晶体管组件过电流等故障而使计算机监控电路起作用;检查控制系统各板是否有故障灯显示。

(3)检查控制系统所需各交流电源、直流电源的电压值是否正常。若电压不正常,也可造成逻辑混乱而产生"Not Ready"故障。

6.机床参数的修改

对每台数控机床都要充分了解并掌握各机床参数的含义及功能,它除能帮助操作者很好地了解该机床的性能外,有的还有利于提高机床的工作效率或用于排除故障。

例如西门子 7ME 系统控制的 FP5C 加工中心,随着温度及使用状况的变化,可能会使伺服系统的漂移值超过给定的允许值,使机床不能工作并产生报警。如果及时对控制系统的 IE16 参数值,作适当更改并进行手动补偿即可排除故障。再如,该机床有时出现进给轴时走时停等现象,这是由于行程开关接触电阻过大,使有关信号没能及时发出。若不属上述原因,可通过对有关轴位置测量回路的测量,使感应同步器产生的正弦信号与 DEST 信号的相位对齐,并对 IE7 参数进行必要的修改使故障排除。

近年来数控机床的软件功能比较丰富,通过对有关参数的更改可扩展机床的功能、提高各轴的进给率及主轴转速的上限值、在循环加工中缩短退刀的空行程距离等,从而达到提高工作效率的目的。

7. 机床软超程故障的排除

FANUC10 系统控制的 F12 数控车床,由于编程或操作失误而发生 OT001～OT006 等软超程故障,有时以超程的反方向运动可以解除。若上述方法无效,则可按如下办法解除:

(1)同时按压"—"和"·"键,起动电源。

(2)CRT 上显示 IPL 方式及如下内容:

1　CUMP MEMORY

2　—

3　CLEAR FILE

4　SETTING

5　—

6　END IPL

(3)键入"4"、"INPUT",以选择"SETTING"。

(4)键入"N"之后,显示"CHECK SOFT AT POWER ON?"。

(5)第(2)项再次显示之后,键入"6"、"INPUT"则改变 IPL 方式,故障自然消除。

当然,控制系统部分的故障现象远不止这些。如 CRT 显示装置的亮度不够、无显示;光电阅读机的故障;输入/输出打印机故障;机床参数的全消除方法;数控装置的初始化方法;备板的更换方法及注意事项等。因系统的不同,其方法也有所不同,这就需要根据具体情况,参考有关检修资料及个人工作经验予以解决。

▶▶▶ 三、伺服系统故障诊断

伺服驱动装置如图 6-10 所示。

1. 常见伺服系统故障及诊断

伺服系统故障可利用 CNC 控制系统自诊断的报警号、CNC 控制系统及伺服放大驱动板的各信息状态指示灯、故障报警指示灯,参阅有关检修说明书上介绍的关键测试点的波形、电压值,CNC 控制系统、伺服放大驱动板上有关参数的设定、短路销的设置及相关电位器的调整,功能兼容板或备板的替换等方式来解决。比较常见的故障有以下几种。

1)伺服超差

所谓伺服超差,即机床的实际进给值与指令值之差超过限定的允许值。对于此类问题应作如下检查:

（1）检查 CNC 控制系统与驱动放大模块之间、CNC 控制系统与位置检测器之间、驱动放大器与伺服电动机之间的连线是否正确、可靠。

（2）检查位置检测器的信号及相关的 D/A 转换电路是否有问题。

（3）检查驱动放大器输出电压是否有问题，若有问题，应予以修理或更换。

（4）检查电动机轴与传动机构之间是否配合良好，是否有松动或间隙存在。

（5）检查位置环增益是否符合要求，若不符合要求，对有关的电位器应予以调整。

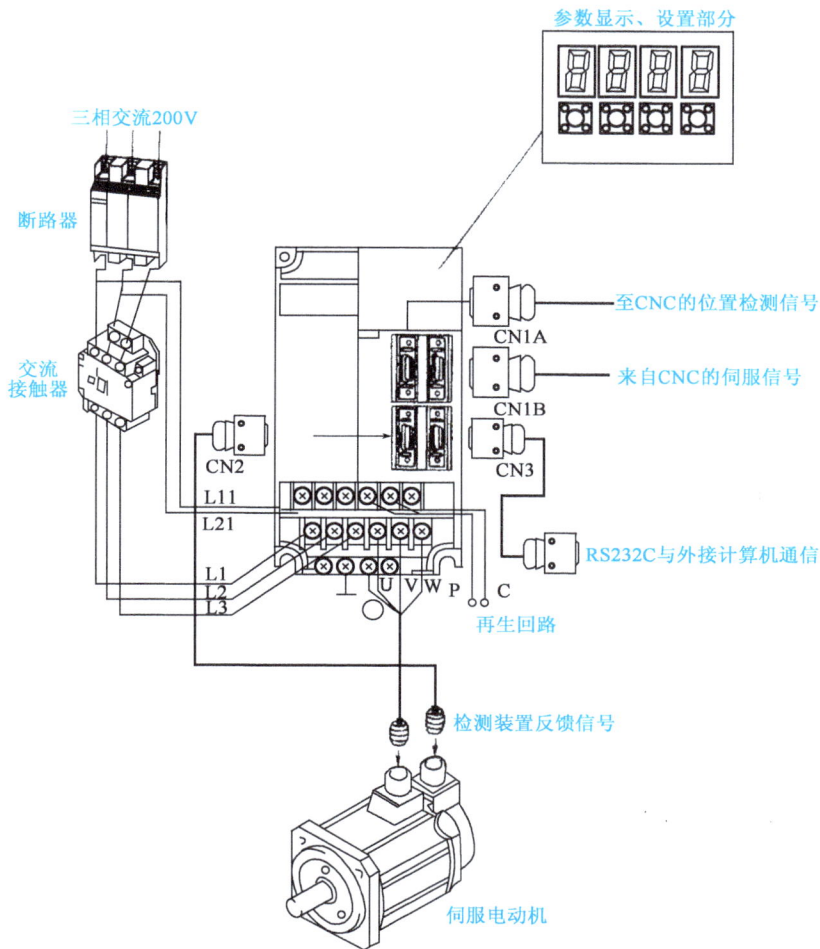

图 6-10　伺服驱动装置

2）机床停止时，有关进给轴振动

（1）检查高频脉动信号并观察其波形及振幅，若不符合要求应调节有关电位器，如三菱 TR23 伺服系统中的 VR11 电位器。

（2）检查伺服放大器速度环的补偿功能，若不合适，应调节补偿用电位器，如三菱 TR23 伺服系统中的 VR3 电位器。一般顺时针调节响应快，稳定性差易振动；逆时针调节响应差，稳定性好。

（3）检查位置检测用编码盘的轴、联轴器、齿轮系统是否啮合良好，有无松动现象，若有问题应予以修复。

3)机床运行时声音不好,有摆动现象

(1)首先检查测速发电机换向器表面是否光滑,清洁,电刷与换向器之间是否接触良好。因为问题往往出现在这里,若有问题应及时进行清理或修整。

(2)检查伺服放大部分速度环的功能,若不合适应予以调整,如三菱 TR23 系统的 VR3 电位器。

(3)检查伺服放大器位置环的增益,若有问题应调节有关电位器,如三菱 TR23 系统的 VR2 电位器。

(4)检查位置检测器与联轴器之间的装配是否有松动。

(5)检查由位置检测器来的反馈信号波形及 D/A 转换后的波形幅度。若有问题,应进行修理或更换。

4)飞车现象(即通常所说的失控)

(1)位置传感器或速度传感器的信号反相,或者是电枢线接反了,即整个系统不是负反馈而变成正反馈了。

(2)速度指令给的不正确。

(3)位置传感器或速度传感器的反馈信号没有接或者是有接线断开情况。

(4)CNC 控制系统或伺服控制板有故障。

(5)电源板有故障而引起的逻辑混乱。

5)所有的轴均不运动

(1)用户的保护性锁紧如急停按钮、制动装置等没有释放,或有关运动的相应开关位置不正确。

(2)主电源熔断丝断。

(3)由于过载保护用断路器动作或监控用继电器的触点未接触好,呈常开状态而使伺服放大部分信号没有发出。

6)电动机过热

(1)滑板运行时其摩擦力或阻力太大。

(2)热保护继电器脱扣,电流设定错误。

(3)励磁电流太低或永磁式电动机失磁,为获得所需力矩也可引起电枢电流增高而使电动机发热。

(4)切削条件恶劣,刀具的反作用力太大引起电动机电流增高。

(5)运动夹紧、制动装置没有充分释放,使电动机过载。

(6)由于齿轮传动系统的损坏或传感器有问题,所引入的噪声进入伺服系统而引发的周期性噪声,可使电动机过热。

(7)电动机本身内部匝间短路而引起的过热。

(8)带风扇冷却的电动机,若风扇损坏,也可使电动机过热。

7)机床定位精度不准

(1)滑板运行时的阻力太大。

(2)位置环的增益或速度环的低频增益太低。

(3)机械传动部分有反向间隙。

(4)位置环或速度环的零点平衡调整不合理。

(5)由于接地、屏蔽不好或电缆布线不合理，而使速度指令信号渗入噪声干扰和偏移。

8)零件加工表面粗糙

(1)首先检查测速发电机换向器的表面光滑状况以及电刷的磨合状况，若有问题，应修整或更换。

(2)检查高频脉冲波形的振幅、频率及滤波形状是否符合要求，若不合适应予调整。

(3)检查切削条件是否合理，刀尖是否损坏，若有问题需改变加工状态或更换刀具。

(4)检查机械传动部分的反向间隙，若不合适应调整或进行软件上的反向间隙补偿。

(5)检查位置检测信号的振幅是否合适并进行必要的调整。

(6)检查机床的振动状况，如机床水平状态是否符合要求、机床的地基是否有振动、主轴旋转时机床是否振动等。

2.主轴伺服系统故障及诊断

主轴伺服系统分直流和交流两种。20世纪80年代后期的数控机床，大多采用交流主轴伺服系统；而在此之前都采用直流主轴伺服系统。现以FANUC公司生产的主轴伺服系统为例，介绍其故障及诊断。

1)FANUC公司直流主轴伺服系统故障及诊断

(1)主轴不转。引起这一故障的原因有：①印制电路板太脏；②触发脉冲电路故障，不产生脉冲；③主轴电动机动力线断或主轴控制单元的连接不良；④高/低挡齿轮切换离合器切换不正常；⑤机床负载太大；⑥机床未给出主轴旋转信号。

(2)电动机转速异常或转速不稳定。造成此故障的原因有：①D/A(数/模)转换器故障；②测速发电机故障；③速度指令错误；④电动机不良(包括励磁损失)；⑤过负荷；⑥印制电路板不良。

(3)主轴电动机振动或噪声太大。这类故障的起因有：①电源缺相或电源电压不正常；②控制单元上的电源频率开关(50/60Hz切换)设定错误；③伺服单元上的增益电路和颤抖电路调整不好；④电流反馈电路调整不好；⑤三相输入的相序不对；⑥电动机轴承故障；⑦主轴齿轮啮合不好或主轴负荷太大。

(4)发生过电流报警。发生过电流的可能原因有：①电流极限设定错误；②同步脉冲紊乱；③主轴电动机电枢线圈内部短路；④+15V电源异常。

(5)速度偏差过大。其原因有：①负荷太大；②电流零信号没有输出；③主轴被制动。

(6)熔断丝熔断。其原因有：①印制电路板不良(LED1灯亮)；②电动机不良；③发电机不良(LED1灯亮)；④输入电源反相(LED3灯亮)；⑤输入电源缺相。

(7)热继电器跳闸。这时LED4灯亮，表示过负载。

(8)电动机过热。这时LED4灯亮，表示过载。

(9)过电压吸收器烧坏。这是因为外加电压过高或干扰。

(10)运转停止。这时LED5灯亮，表示电源电压过低，控制电源混乱。

(11)这时LED2灯亮，表示励磁丧失。

(12)速度达不到高转速。其原因是：①励磁电流太大；②励磁控制回路不动作；③晶闸管整流部分太脏造成绝缘降低。

(13)主轴在加/减速时工作不正常。造成此故障的原因有：①减速极限电路调整不当；②电流反馈回路不良；③加/减速回路时间常数设定和负载惯量不匹配；④传动带连接不良。

(14)电动机电刷磨损严重或电刷上有火花痕迹或电刷滑动面上有深沟。造成此故障的原因有：①过载；②换向器表面太脏或有伤痕；③电刷上粘有多量的切削液；④驱动回路给定不正确。

2）FANUC 公司交流主轴伺服系统故障及诊断

在伺服单元的中间偏左处有四个发光二极管，它们从右至左排列分别代表十六进制的 1、2、4、8。表 6-5 列出了相应的故障及其分类。

表 6-5

交流主轴伺服系统的故障分类

故障编号	故障指示灯				故 障 内 容
	8	4	2	1	
1				○	电动机过热
2			○		电动机速度偏离指令值
3			○	○	直流回路上 F7 熔断丝熔断
4		○			交流输入电路的 F1、F2 或 F3 熔断丝熔断
5		○		○	印制电路板上的 AF2 或 AF3 熔断丝熔断
6		○	○		电动机速度超过最大额定速度（模拟系统检测）
7		○	○	○	电动机速度超过最大额定速度（数字系统检测）
8	○				+24V 电源电压超过额定值
9	○			○	大功率晶体管模块的散热板过热

故障诊断与处理如下。

（1）报警 1：表示电动机过热。其可能的原因是电动机超载或电动机的冷却系统太脏或风扇电动机断线等。

（2）报警 2：表示电动机速度偏离指令值。其可能的原因是：①电动机过载；②转矩极限设定小；③大功率晶体管损坏；④再生放电回路中熔断丝熔断，这时需降低加/减速频率；⑤速度反馈信号不对，此时用示波器检查 CH7 和 CH8 的波形并调整 RV18 和 RV19，使波形的占空比为 1∶1；⑥连接断线或接触不良。

（3）报警 3：如果此时还发生直流回路上的熔断丝 F7 熔断，其原因是：大功率晶体管模块坏了。此时可用机械式万用表检查，如果晶体管模块 C-E 极间、C-B 极间、B-E 极间不是几百欧姆而是无穷大或短路，则说明该模块已损坏。

（4）报警 4：它表示交流输入电路的熔断丝 F1、F2、F3 熔断。其原因是：①交流电源侧的阻抗太高，如自耦变压器串联在系统中；②晶体管模块损坏；③二极管模块或晶闸管模块损坏；④交流电源输入端的浪涌吸收器或电容损坏；⑤印制电路板损坏。

（5）报警 5：表示印制电路板上熔断丝 AF2 或 AF3 熔断。其原因是：交流电源异常或是印制电路板有故障。

（6）报警 6：它表示模拟系统检测到电动机的转速超过最高的额定转速。其原因是：①印制电路板设定不对（特别是 S5 的设定）或未调整好；②ROM 编号不对；③印制电路板不良。

（7）报警 7：它表示电动机的转速超过最高的额定转速（二进制系统检测）。其原因同报警 6。

（8）报警 8：+24V 电压过高。其原因是：①交流电压过高，已超过额定值的 10％以上；②电源电压切换开关设定错误，应设定为 220V。

（9）报警 9：大功率晶体管模板的散热板过热。其原因是：负载过大或冷却风扇坏或是灰尘太多。

（10）报警 10：+15V 太低。其原因是：交流输入电压过低。

（11）报警 11：直流回路电压太高。其原因是：①熔断丝 F5、F6 熔断，此时应按报警 3 的方法处理；②交流电源阻抗过高；③印制电路板故障。

（12）报警 12：表示直流回路电流过大，其原因是：①电动机绕组短路或接线端子处短路；②晶体管模块损坏；③印制电路板损坏。

（13）报警 13：表示印制电路板上的 CPU 损坏。

（14）报警 14：表示印制电路板上的 ROM 异常。其原因是：ROM 编号不对或 ROM 片损坏。

（15）报警 15：选择板报警。其原因是：①选择板连接故障；②主轴切换回路等的功能选择板不良。

3.进给伺服系统故障及诊断

图 6-11 所示为进给伺服系统结构形式。

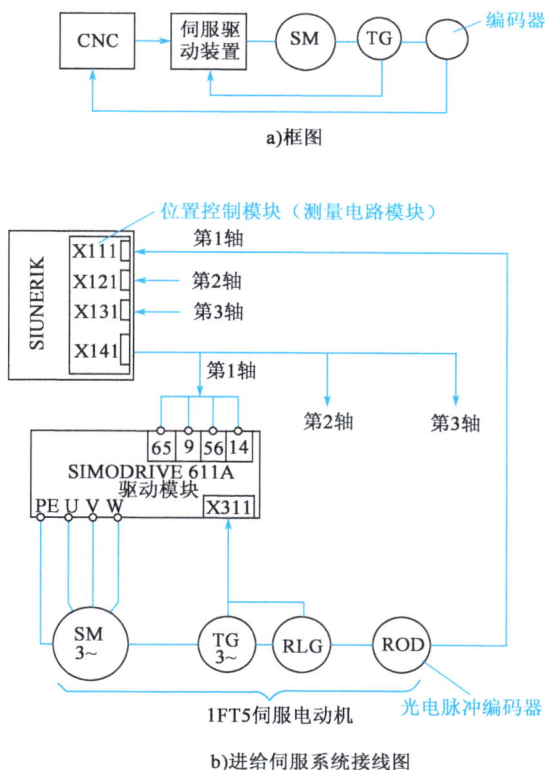

图 6-11　进给伺服系统结构形式

进给伺服系统的故障率约占数控系统故障的 1/3。进给伺服系统也有直流与交流两种，其故障现象均可分为三种类型：①可在 CRT 上显示其故障信息、代码；②利用伺服单元板上发光二极管显示故障;③没有任何报警指示的故障。前一种类型的故障可借助系统检修手册诊断排除,在此不详述。现仍以 FANUC 公司生产的伺服系统为例分别介绍直流与交流伺服系统后两种类型的故障分析及排除方法。

1)FANUC 公司直流进给伺服系统故障及诊断

(1)CRT 和速度控制单元上无报警的故障。

①机床失控(飞车)。其原因是:位置检测器的信号不正常,这很可能是由于连接不良引起的;电动机和检测器连接故障,往往可用诊断号 DGN800-804 判断;速度控制单元不良。

②机床振动。其原因是:参数设定错误,用于位置控制的参数(如 DMR、CMR)设定错误;速度控制单元上的设定棒设定错误;如上述两项均无问题,则应检查机床的振动周期,如振动周期与进给速度无关,则可将速度控制单元上的检测端子 CH5 和 CH6 短路。

如振动减小,则可将速度控制单元上的端子 S9、S11 短路再进行观察;如振动继续减小,则是速度控制单元上的设定不合适所致。如在 CH5 和 CH6 短路情况下振动不减小,则可减小 RVl 值(逆时针方向转动)观察振动是否减小。如减小且振动周期在几十赫兹,则是由机床固有振动引起的;如未减小,则是速度控制单元的印制电路板不良。

③每个脉冲的定位精度太差。除机床本身的问题外,还可能是伺服系统增益太低造成的,这时可将 RVI 往右调两个刻度来解决。

(2)速度控制单元上的硬件报警在速度控制单元的印制电路板的右下方有七个报警指示灯:BRK、HVAL、HCAL、OVC、LVAL、TGLS 以及 DCAL;在它们的下方还有两个状态指示灯:PRDY(位置已准备好信号)和 VRDY(速度已准备好信号)。在正常情况下,一旦电源接通,首先应该是 PRDY 灯亮,过一会儿 VRDY 灯才亮,如果不是这个顺序亮灯,则说明伺服单元存在问题。例如 BRK 报警,它表示空气断路器跳闸动作,这个报警只发生在直流伺服单元中。其故障排除顺序流程图如图 6-12 所示。

2)FANUC 公司交流进给伺服系统故障及诊断

伺服单元印制电路板上有六个指示灯,除 DRDY 指示灯外,从上到下有 HV、HC、LV、DC、OH 五个指示灯。

(1)DC 报警。其原因有:①印制电路板上控制再生放大的晶体管 Q1 损坏;②印制电路板设定错误,如采用侧置式再生放大单元,S2 却设定为 L;③加/减速频率太高,应不超过 1~2 次/s。

(2)LV 报警其原因有:①输入交流电压过低,应检查伺服变压器抽头是否正确;②变压器和印制电路板的连接不好,应检查交流输入和直流电压是否正常;③+5V 熔断丝熔断;④印制电路板不良,特别是电源一接通即发生报警,多为晶体管 Q1 损坏。

(3)HC 报警其原因有:①电动机动力线接错;②数控系统侧的伺服板异常;③电动机线圈内部短路;④晶体管模板损坏。

(4)HV 报警其原因有:①交流输入电压过高,超过允许范围;②负载惯量过大,此时需增加加/减速时间常数;③侧置式再生放电单元连接不对;④伺服电动机故障,应检查电动机线圈与机壳间绝缘是否不良。

(5)OH 报警其原因有:①印制电路板上 S1 设定不正确;②伺服单元过热,散热片上热动开关动作,需改变切削条件或负载;③侧置式再生放电单元过热,需改变加/减速频率,减轻负荷,也有可能 Q1 不良;④电源变压器过热,需改变切削条件,减轻负荷或换变压器;⑤电柜散热器的热动开关动作,如果在室温下出现,则需更换热动开关。

诊断开始

空气断路器动作

关断电源，按复位开关

等待10min，再合电源

空气断路器又动作？ —N→ 无故障，可继续工作

↓Y

速度控制板二极管模块DS短路？ —Y→ 更换新模块

↓N

与DS部件相关的电容短路？ —Y→ 更换新电容

↓N

跳过断路器接入电源

工作正常？ —Y→ 空气断路器故障 更换新的断路器

↓N

伺服单元不良

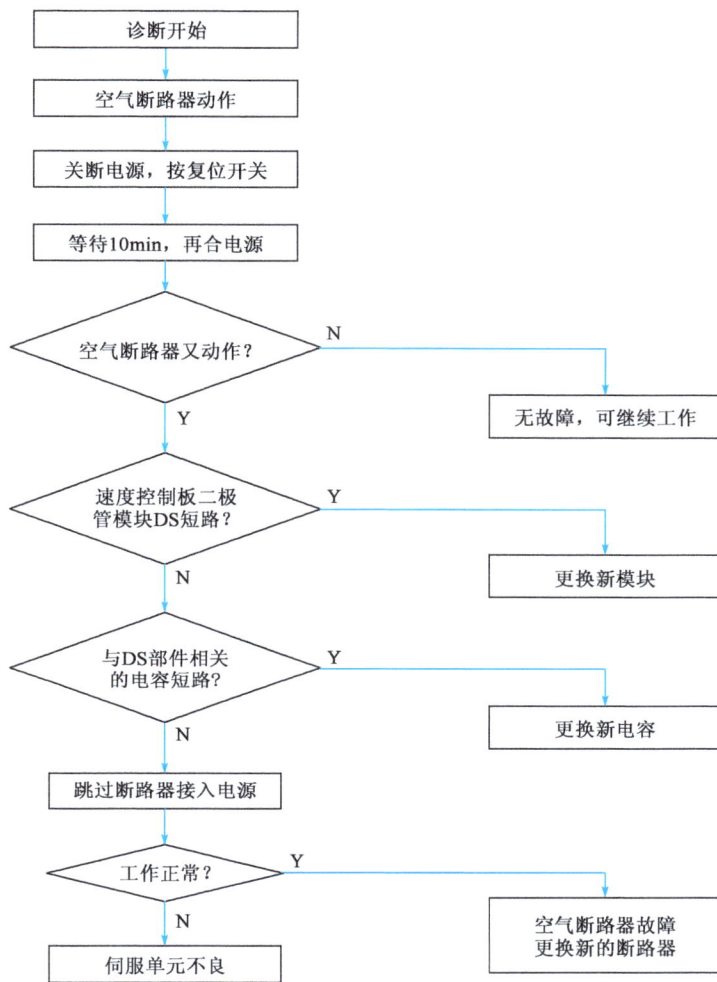

图 6-12　BRK 报警故障排除流程图

练　习　题

1. 数控机床在使用中应注意哪些问题？

2. 数控机床精度检验包括哪些内容？

3. 数控机床性能检验包括哪些内容？

4. 机床主轴发热、主轴噪声大的原因有哪些？

5. 滚珠丝杠运动不灵活以及润滑不良的原因有哪些？

6. 刀库及换刀机械手维护有哪些要求？

7. 数控电气系统的维护有哪些要求？

8. 伺服系统有哪些常见故障？

单元七

铁路大型养路机械的检修

【知识目标】

1. 掌握大型养路机械检查维护方法。
2. 掌握大型养路机械动力传动系统的检修方法。
3. 掌握大型养路机械工作装置的检修方法。
4. 掌握大型养路机械液压系统的检修方法。
5. 掌握大型养路机械电气系统的检修方法。
6. 掌握大型养路机械制动系统的检修方法。

【能力目标】

1. 具有对大型养路机械进行日常检查维护的能力。
2. 初步具有大型养路机械动力传动系统、工作装置故障的分析和排除能力。
3. 初步具有大型养路机械液压系统、电气系统、制动系统故障的分析和排除能力。

学习项目一　大型养路机械检修技术基础

为了保证列车运行的安全、正点，必须使铁路线路经常处于良好状态，这就要对铁路线路进行经常的维修与维护，这项工作一般称为养路工作。过去养路工作都是用人工操作的，不但劳动强度大，而且维修工作的质量差、效率低，不能适应日益增长的铁路运输任务的需要。实现机械化养路，特别是大型养路机械的推广使用，是提高铁路线路维修质量、提高生产率、确保列车安全和正点、减轻工人劳动强度的一项重要措施。

▶▶ 一、大型养路机械的主要类型

1.捣固车

捣固车用在铁路线路的新线建设、旧线大修清筛和运营线路维修作业中，对轨道进行拨道、起道抄平、道砟捣固及道床肩部道砟的夯实作业，使轨道方向、左右水平和前后高低均达到线路设计标准或线路检修规则的要求，提高道床石砟的密实度，增加轨道的稳定性，保证列车安全运行。图 7-1 所示为 D08-32 型捣固车实物图。

图 7-1　D08-32 型捣固车

2.清筛机

道砟清筛机是清筛道床中道砟的作业机器，是大型养路机械中线路大修机组的主型设备。它将脏污的道砟从轨枕下挖出，进行清筛后，将清洁道砟回填至道床，将筛出的污土清除到线路外。图 7-2 所示为 QS-650 型清筛机实物图。

图 7-2　QS-650 型清筛机

3.动力稳定车

动力稳定车是模拟列车对轨道的动力作用原理而设计的。铁路线路经过破底清筛和捣固作业后,道床仍不够密实,道床横向阻力和稳定性都较差,动力稳定车的作业可以使大检修后铁路线路迅速提高道床横向阻力和道床的稳定性,从而提高线路检修后首次列车的运行速度,为取消线路作业后列车慢行创造了条件。图7-3所示为动力稳定车实物图。

图7-3 动力稳定车

4.配砟整形车

道床配砟整形车是大型养路机械中线路大修机组的重要配套设备。一般,配砟整形车位于作业机组中或作业机组之首或穿插于捣固车之后,用于将道床整理成形,同时将散落在轨枕或扣件上的道砟清扫干净,它具有对道床进行配砟、整形和清扫轨枕枕面等作用。图7-4所示为配砟整形车实物图。

图7-4 配砟整形车

5.钢轨打磨车

钢轨打磨车是对钢轨进行打磨,以消除钢轨波浪磨耗、擦伤、飞边,提高轨面平顺度,改善轮轨关系的专用设备。图7-5所示为钢轨打磨车实物图。

▶▶ 二、大型养路机械的基本结构

大型养路机械主要由车体、动力传动系统、工作装置、液压与气动系统、电气系统、制动系统及操作系统等部分组成。

图 7-5 钢轨打磨车

1. 车体

车体结构包括车架、前后驾驶员室、车钩缓冲装置、转向架等。

2. 动力传动系统

动力传动系统由柴油发动机、离合器、联轴器、万向传动轴、液力机械变速器、分动齿轮箱、液压泵、液压马达、车轴齿轮箱、轮对等组成。

3. 工作装置

(1)捣固车的工作装置包括捣固装置、夯实装置、起拨道装置等。

(2)清筛机的工作装置包括挖掘装置、筛分装置、道砟回填分配装置、污土输送装置和起、拨道装置等。

(3)动力稳定车工作装置包括前、后稳定装置等。

(4)配砟整形车工作装置包括中心犁、肩犁、清扫装置等。

(5)钢轨打磨车工作装置包括钢轨打磨小车、打磨电动机、砂轮等。

4. 液压与气动系统

(1)液压系统主要包括各工作装置液压回路、走行驱动液压回路、润滑系统和回油冷却液压系统等。

(2)气动系统主要包括检测小车气动回路、各工作装置解锁回路、气动刮水器回路、喇叭气动回路等。

5. 电气系统

电气系统包括整车电源系统、柴油发动机控制电路、作业控制电路和辅助控制电路等。

6. 制动系统

制动系统包括空气制动、驻车制动和基础制动。

7. 操作系统

操作系统包括前后驾驶台、作业操作台、各种操作手柄、各种仪表和监视指示灯等。

▶▶▶ 三、大型养路机械的检修装备

大型养路机械的检修装备是完成检修工作的物质技术基础,是提高大型养路机械检修

质量、工作效率、安全生产的重要保证。大型养路机械检修装备主要包括各种检修工具、量具、检修仪表仪器和专用工装设备。除了前面介绍的常用工具外，还要用许多专用检修工具设备，如表7-1所示。

大型养路机械专用检修工具设备　　　　表7-1

序号	名　称	数　量	单位	用　途
1	磁粉探伤仪	1	台	常用零部件的探伤检测
2	专用六通道车轴超声波探伤仪	1	台	大型养路机械车轴探伤
3	样轴试块	根据轴型数量确定	根	车轴探伤仪的标定
4	传感器检测仪	1	台	传感器的检测和标定
5	传动轴探伤机	1	台	传动轴、销轴及扒板等探伤
6	电子插件检测仪	1	台	检测电路板
7	铁谱仪	1	台	油液分析
8	光谱仪	1	台	油液分析
9	颗粒计数器	1	台	液压油污染度测量
10	内窥镜	1	台	查看部件有无损坏或异常
11	制动机试验台	根据制动机型号确定	台	制动机性能试验
12	轮径尺	1	把	检查轮径
13	轮对内距尺	1	把	检查内侧距
14	手持红外测温仪	2	台	测温用
15	激光转速表	1	台	转速测量
16	捣固装置检修工装	根据检修能力确定	套	捣固装置修理
17	架车机(25L)	根据检修能力确定	套	架车
18	高温高压清洗机	2	台	清洗
19	冷水高压清洗机	2	台	清洗
20	零件热水清洗机	2	台	零件清洗
21	拔销器	2	台	机械检修
22	轴承内圈加热器	1	台	轴承加热
23	高压油管压装设备	1	台	油管组装
24	滤油机	2~4	台	过滤柴油、液压油等
25	油处理加热器	1	台	检修加热
26	扭力扳手	根据检修能力确定	把	拆装螺栓

▶▶ 四、大型养路机械检修安全规则

(1)机组施工作业前后的设备保养工作应在驻地停留线上进行。各车要实施防溜措施，发动机要熄火，如邻线有车辆通过应设专人防护。

(2)设备保养工作应分工进行，并要注意相互配合与协调。当进入车体内擦拭机器或调整更换零部件时，应严格按操作要求进行，注意防止磕碰头部和手脚。

(3)需要蹬踏车体上部时，手要紧握扶手，不准穿带钉的鞋或塑料底鞋登高。

(4)登高人员与车下人员同时作业时，上部人员要防止物件下落击伤他人，下部人员也

要避开有危险的位置,并应戴上安全帽。

(5)机组加注燃油时,要注意防火,绝对禁止在油箱附近及加油作业中吸烟。

(6)禁止在机械上或机械附近使用明火,如果必须就地使用电焊或气焊时,应尽量远离油箱,并要准备足够的灭火器具,清除附近的易燃物品。

(7)机械在作业现场临时出现故障需检修时,也要采取防溜措施,视情况停止发动机运转、关闭电源,并在邻线一侧设专人防护。只有检修人员全部撤离机械后,方准重新启动发动机。

(8)在现场拆卸较大零部件时,应根据拆装的条件事先制订安全措施,防止砸伤手脚和损坏零件。

(9)使用过的油脂及棉线要妥善保管,严禁乱扔乱放,以防发生火灾。

(10)大型养路机械返回基地检修时,在布置检修工作的同时,要提出安全注意事项。当拆卸较大或较复杂的零部件时,要有技术人员在场指导,严禁蛮干。

(11)大型养路机械在库内动车时,要检查并确认各工作装置的位置正确、车上车下无障碍物,就位后要放置铁鞋。

(12)使用起重机械吊装物件时,要由专人指挥,吊车驾驶员与司索工应经过培训并考试合格,捆、挂应牢固平稳,起落要缓慢,吊钩下严禁站人。

(13)使用叉车的人员必须经过培训并有操作证方能上岗驾驶。作业时应有专人指挥,装卸物件要起落平稳,严禁在车间内高速行驶。

(14)使用架车机或千斤顶架车时,应有专人指挥,步调一致,同起同落,防止受力不均造成偏斜。支撑物应牢固可靠,支撑物的承载能力必须大于被支撑物的质量,其所在地面应坚硬无下沉。用枕木垛时,应搭成井字形,并用扒钉固定。

(15)各种试验设备应由专人负责维护与使用,使用规则与技术要求要明文写出并挂在设备附近的墙上,以利提醒和监督。

(16)清洗配件一般使用清洗剂,个别情况下必须使用汽油时,应报有关部门批准,并采取相应的防火措施。清洗油槽应有铁盖。清洗过的废油及各种油脂、线头应妥善处理,不准随意泼洒。

(17)厂房内应按有关规定配齐消防器材。检修时不得在设备附近动用明火与吸烟,必须动用明火时,应采取相应的安全措施并要有不低于工长级别的人员在场监督。

(18)厂房内的炉火要严格管理,炉火周围严禁堆放易燃物品,各种油脂严禁接近炉火或用火烘烤。

(19)每天工作结束后必须清扫检修现场,清理油脂及易燃物,按要求清点各种工、机具。

学习项目二　大型养路机械的检查保养

大型养路机械的检查保养可分为日常检查保养、定期检查保养和针对性检查保养。日常检查保养在每天作业前后由操作人员按规定项目进行,每台设备每日保养检修时间应不少2h。定期检查保养(一级至三级)需按规定的间隔时间对机械进行规定项目的检查保养。在二级、三级保养间隔期内,应安排相应的低一级保养工作。一级、二级检查保养由操作人员配合检修专业人员实施,三级检查保养由检修专业人员实施,并可结合冬检进行。针对性检查保养包括机械的临时停放、工地转移、长期封存及磨合期的检查保养。

▶▶ 一、日常检查保养

大型养路机械的日常检查保养工作应做到"四勤",即勤清洗、勤检查、勤紧固、勤调整。

1. 柴油发动机的日常检查保养

柴油发动机检查保养周期图如图 7-6 所示。

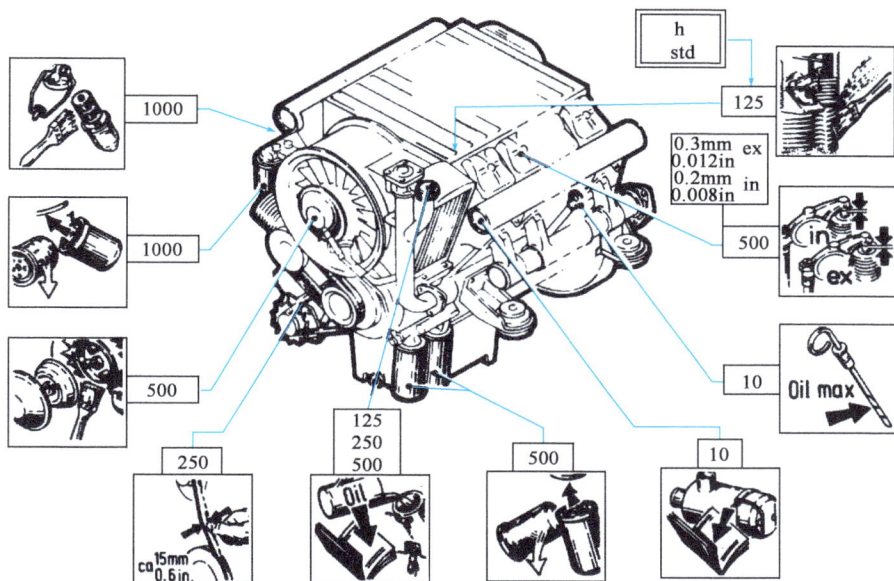

图 7-6　大型养路机械柴油发动机检查保养周期图

（1）按要求检查润滑油油位,磨合期（新发动机或解体检修后 50h 内）应每天检查两次,正常运用中每天检查一次。当润滑油油位为油标尺下刻度时,必须立即补油。

（2）按要求检查清洗空气滤清器,并检查进气管凸缘及接头处的紧固状态。

（3）检查驱动发动机和制冷压缩机的 V 形带张紧状况。在 V 形带中间用手指下压 10～15mm 为正常。

（4）每周清洗一次柴油粗滤清器滤芯。

2. 动力传动系统及走行机构的检查保养

（1）检查车钩及缓冲装置,检查制动风管有无异常。

（2）检查车轮、车轴、轴箱等有无异常。

（3）检查各传动轴有无裂纹,连接凸缘、连接螺栓有无松动。

（4）检查走行液压马达、减速器等的油位,每周检查一次车轴齿轮箱的油位。

（5）启动发动机,检查变矩器的油位,检查动力换挡变速器是否有异响。

（6）检查各离合器的动作状态是否良好。

（7）检查各传动轴转动时有无异常。

（8）检查液压减振器和橡胶减振器的作用是否正常。

3.制动系统的检查保养

(1)检查空气压缩机的工作是否正常、压缩空气压力显示是否正确(双针压力表的白针在 0.65～0.7MPa 的范围内)。

(2)排放储风缸中的积水。

(3)检查制动闸瓦的磨损情况,闸瓦间隙应在 3～10mm。试验空气制动和液压制动。

(4)检查驻车制动是否有效。

(5)检查旁路制动的性能良好。

4.液压系统的检查保养

(1)检查液压油箱油位。

(2)用液压选择开关检查各液压油路的压力。

(3)检查各油管及接头有无漏泄。

(4)检查各液压泵及液压马达的安装及连接有无松动,运转时有无异响。

5.操纵装置和电气、气动控制系统的检查保养

(1)检查无线列调、运行监控装置和机车信号的性能良好。

(2)检查各仪表显示是否正常,清除仪表板面上的灰尘。

(3)检查各指示灯的工作状态。

(4)检查各操纵手柄、旋钮及开关的位置是否正确。

(5)检查手动输入电位计工作是否正常。

(6)检查故障报警显示系统是否正常。

(7)检查作业指示灯,前后车灯及室内照明灯是否良好。

(8)检查各照明开关的作用及状态,尤其要注意检查制动信号灯和走行离合器指示灯的显示是否正确。

(9)检查车内通话系统。

(10)检查 GVA(RVA 和 UVA)的工作状况。检查记录仪的工作是否正常。

(11)检查气动系统压力是否正常,各管路、气缸等有无漏泄,检查气锁、刮水器、弦线等装置的状况。

(12)检查气动回路给油器的油位。

6.车体及其他部分的检查保养

(1)擦试车体及外部各部件。

(2)检查各检测小车、打磨小车、捣固装置、稳定装置、犁板、挖掘链扒齿和导槽等工作机构的锁定机构或保险绳、保险销是否可靠。

(3)检查车下各装置的紧固、锁定状态。

(4)检查各连接部件及紧固螺栓有无松动。

(5)按有关规定和要求向润滑部位加注润滑油。润滑油润滑方式如图 7-7 所示。

7.捣固装置的检查保养

(1)检查润滑油箱的油位。

(2)夹持油缸连接销轴处每 2～3h 加注一次润滑脂,待润滑脂从两边缝隙中挤出,表示润滑脂已注满。润滑脂润滑方式如图 7-8 所示。

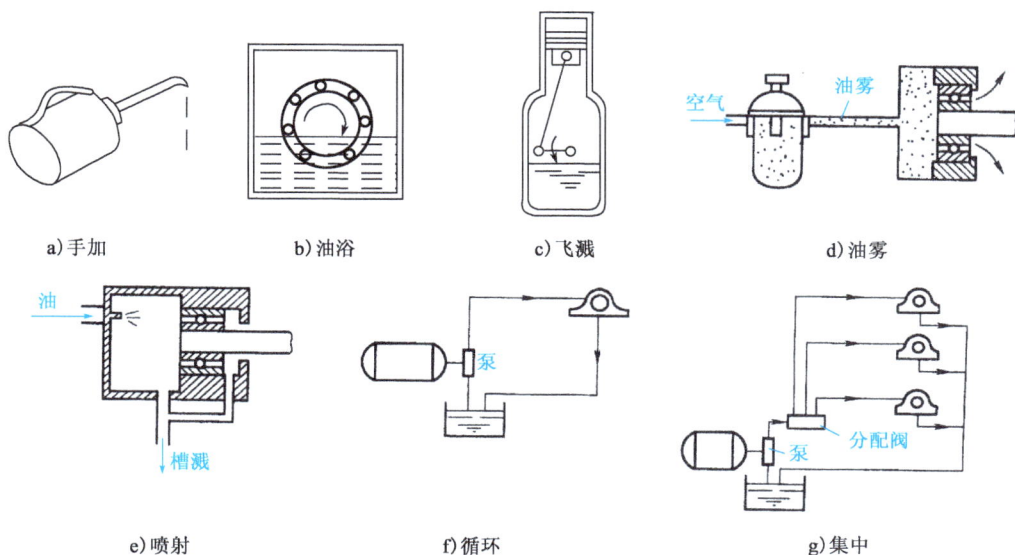

a)手加　　　　b)油浴　　　　c)飞溅　　　　d)油雾

e)喷射　　　　f)循环　　　　g)集中

图 7-7　润滑油润滑方式

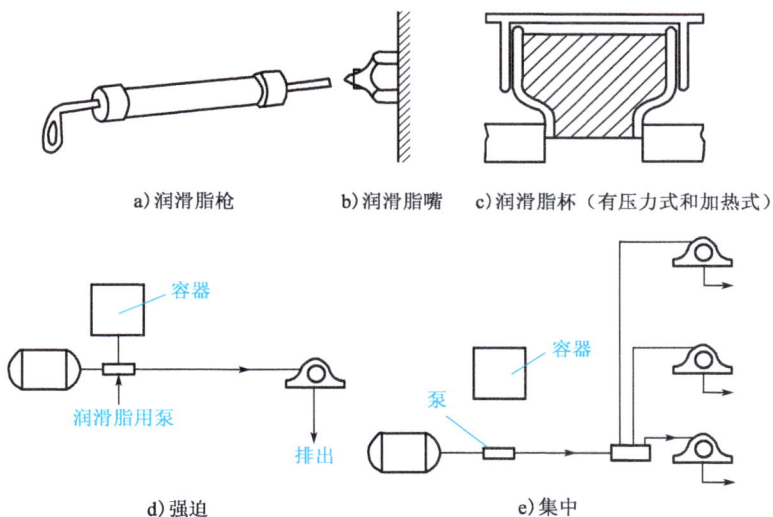

a)润滑脂枪　　　b)润滑脂嘴　　　c)润滑脂杯（有压力式和加热式）

d)强迫　　　　e)集中

图 7-8　润滑脂润滑方式

（3）各铰接部位加注润滑油。

（4）检查偏心轴轴盖有无松动及轴承有无异响。

（5）检查镐头磨损情况和镐头紧固螺栓的紧固状态，更换磨损超限的镐头（磨损不得大于 25mm）。

（6）检查捣固镐开、合动作是否灵活。

（7）检查提升液压缸的安装铰座、活塞杆的球铰接处有无松动和异常。

（8）检查捣固装置横移导向杆有无松动。

（9）检查各软管、接头、液压缸的外泄漏情况，更换泄漏严重的软管。

8. 捣固车起、拨道装置及检测机构的检查保养

(1)清除起、拨道导向柱上的尘土和油污,向导向套内加注润滑油。

(2)检查拨道和抄平弦线的张紧气缸有无泄漏及弦线的张紧情况(气缸压力为0.25MPa)。

(3)检查拨道仪表工作是否正常。

(4)检查拨道检测机构的横移机构。

(5)检查夹轨钳滚轮的安装及滚轮的磨损情况。

(6)检查电子摆调节螺钉有无松动。

(7)检查正矢和高度传感器的工作状态。

9. 稳定装置的检查保养

(1)检查激振器箱的油位。油位低于规定值时,按要求补油。

(2)检查激振器轴承是否有异响。

(3)检查传动轴连接杆有无松动和异常。

(4)检查升降液压缸、夹钳液压缸的安装是否可靠。

10. 配砟整形车工作装置的检查保养

(1)检查犁板有无变形和裂纹。

(2)检查犁板铰接销轴,向铰接及滑动部位加注适量润滑油。

(3)检查各犁板、清扫装置连接液压缸等有无异常。

(4)检查清扫刷及清砟输送带的工作是否正常。

11. 清筛机工作装置的检查保养

(1)向导槽中部和底部的导向滚轮加注润滑脂。

(2)检查挖掘链扒齿、紧固螺栓和安全销的状态是否良好。

(3)检查导槽的连接是否可靠。

(4)检查导槽中耐磨板固定螺栓有无松动。

(5)检查振动驱动箱油位,按有关规定补油。

(6)检查振动筛螺栓的紧固状态,将丢失的螺栓补齐。

(7)检查输送带的滚轮和托架。

(8)排除气路滴油杯中的水分。

12. 打磨车工作装置的检查保养

(1)清除各打磨小车、检测小车及转向架等车体下部部件的灰尘。

(2)清除挡火板及打磨装置上粘贴的打磨灰渣。

(3)检查挡火板的悬挂状态及提升动作是否正常。

(4)检查各打磨砂轮的磨耗情况,更换磨耗到限的砂轮。

(5)检查打磨小车和检测小车的悬挂锁定是否可靠。

(6)按要求向打磨电动机升降导杆的润滑部位加注润滑油。

(7)检查各紧固螺栓的紧固状态。

1.一级检查保养

1）发动机的检查保养

（1）发动机每工作100h后，进行以下检查保养。

①取样化验发动机机油。若需更换机油，必须在热机状态下进行。放机油时，待全部机油流出后再将放油螺塞拧紧。加注新机油时必须保证加油口及新机油的清洁，必要时可采取有效的过滤清洗措施。当油面至油尺上部的刻度时，停止加油。加油后，发动机经短时间运转应再次检查油面。

②按操作要求清洗燃油滤清器的滤芯和滤体，装配时要注意滤体和密封圈的正确状态。

③清洗发动机、变矩器油散热器和中冷器的外表面（若施工环境灰尘较多，应经常清洗），特别应注意风冷发动机散热片、汽缸盖垂直散热片间通道的通畅和清洁。检查进气管上的橡胶管及汽缸盖上的排气管的密封状态是否良好。清洗的方法可根据现场情况采用金属丝刷、压缩空气吹洗、蒸汽喷嘴吹洗及用柴油或洗涤剂清洗等方法。当采用吹洗方法时，应从排气侧开始。当采用柴油或洗涤剂时，应经足够的浸润时间后，再用高压水冲洗，并迅速启动发动机，使残留的水分蒸发，以防零部件表面生锈。清洗时，要注意遮盖保护高压油泵、发电机、起动电动机、调节器等，严防水或污物进入。如洗涤剂为易燃物质，要注意不得使其与发动机排气管总成已有的绝缘材料接触，以免当发动机运转时产生燃烧事故。

④检查发动机紧急停车装置的作用是否灵活可靠。

（2）发动机每工作200h后进行以下检查保养。

①按操作要求更换机油滤筒或机油滤清器的滤芯。更换滤筒时，要注意清洗滤清器托架的密封面，严禁用工具拧紧滤筒。装好滤筒后，启动发动机，注意检查机油压力是否正常和滤筒的密封是否良好。如机油滤清器为纸质滤芯，发动机工作20～30h须进行更换。若滤芯为金属网，发动机每工作200h清洗一次。清洗时发现金属网有损坏，必须更换新滤芯。

②按操作要求清洗冷却风扇液力耦合器的机油滤清罩。安装时要注意O形密封圈的位置，切忌损伤O形密封圈。

③检查并拧紧发动机上的各紧固螺栓。

2）动力传动系统的检查保养

大型养路机械动力传动系统简图如图7-9所示。

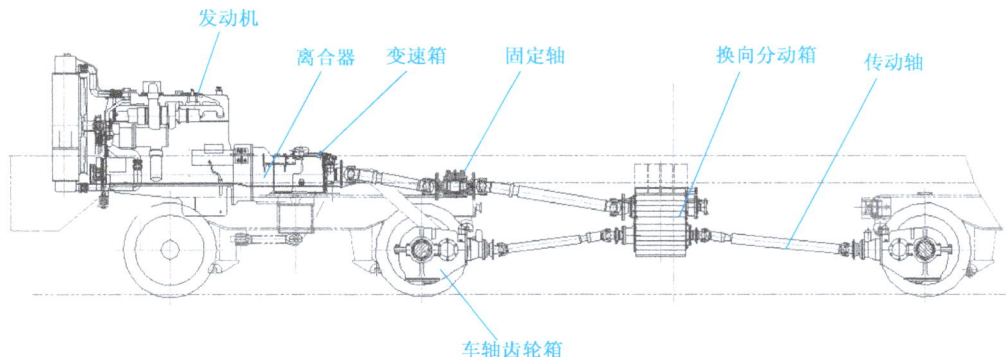

图7-9 大型养路机械动力传动系统简图

（1）按操作要求检查各齿轮箱的油位，润滑油不足时，按规定补油。

（2）向各传动轴的万向接头加注润滑脂。

（3）检查过桥传动轴箱的油位，按要求补油。

（4）检查车轴齿轮箱的轴端盖的密封状态是否良好。

（5）检查车轴齿轮箱的油位，不足时按要求补油。

（6）向拖车轴的减振弹簧座加注润滑油。

（7）检查传动带的张紧度是否合适。

3）液压系统的检查保养

（1）按要求检查液压油箱的油位，补油时必须使用精密滤油机。

（2）检查各种软管、接头有无泄漏现象。

（3）检查吸油滤清器及回油滤清器的指示表针是否在正确的位置。

（4）检查各种压力阀、方向阀的安装及连接是否牢固，清除阀体表面的油污。

（5）检查各液压泵、液压马达的工作状态。

（6）按规定取样化验液压油的污染程度及进行铁谱分析。

4）电气控制系统的检查保养

（1）清除各电气箱内的灰尘。

（2）检查各线路板的插装是否可靠。

（3）检查各继电器、接触器的安装是否牢固。

（4）检查各接线端子板上线头的连接是否可靠。

（5）保养各限位开关。

（6）保养各刀开关。

（7）检查各指示灯的显示是否正确。

（8）检查各照明灯、信号灯。

（9）检查蓄电池电解液的密度，维护蓄电池各接线端子。

按要求检查蓄电池电解液面高度，当液面太低时，应补充蒸馏水。每周检查一次蓄电池电解液密度，在全充电状态下其密度应为 $1.28\sim1.30\text{g/cm}^3$；在半放电状态下其密度应为 1.25g/cm^3；在全放电状态下其密度应为 $1.10\sim1.15\text{g/cm}^3$。冬季当发动机停止运转后，应将蓄电池拆下，放在温室内保存。蓄电池电解液密度的检查如图 7-10 所示。

5）车体及其他部件的检查保养

（1）检查撒砂装置的工作状况。

（2）彻底清洁车体及驾驶室内外。

（3）检查清洁空调及取暖器。

（4）检查刮水器装置。检查喇叭的工作状态。

（5）检查各焊接部位、连接部位状态是否良好。

6）捣固装置的检查保养

（1）清洁捣固装置横导向杆，并进行润滑。

（2）检查捣固装置与钢轨对中是否正确。

（3）检查捣固装置升降液压缸的安装铰架及连接球铰处有无异常，并紧固螺钉。

（4）清洁捣固装置升降导向柱，检查升降导向柱表面有无撞伤，紧固导向柱固定螺栓。

（5）紧固夹持液压缸端盖螺钉。

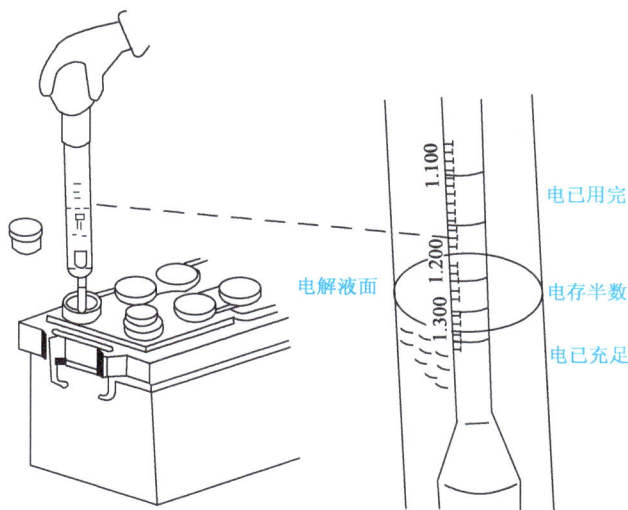

图 7-10　蓄电池电解液密度的检查

（6）检查夹持液压缸的油管有无磨损及接头处有无泄漏。

（7）用电子听诊器仔细检查偏心轴轴承的转动状态。

7）捣固装置起、拨道装置及检测机构的检查保养

（1）给拨道滚轮加注润滑脂。

（2）向拨道和起道液压缸安装及连接销轴处加注润滑脂。

（3）向起、拨道机构的升降导向柱加注润滑脂。

（4）向夹钳滚轮的悬挂销轴和中心销轴处加注润滑脂。

（5）向三台检测小车上的探测杆下端的滑动触点处加注润滑油。

（6）向三台检测小车上的探测杆的升降导套加注润滑油。

（7）清洗 D 点小车横移机构的丝杆，并加注适量的润滑油。

（8）检查正矢传感器、水平传感器和高低传感器的工作状态。

（9）检查弦线的张紧情况。

8）稳定装置的检查保养

（1）向激振器的传动轴万向接头处加注润滑脂。

（2）给夹轨轮和走行轮加注润滑脂。

（3）向夹轨钳销轴和夹轨液压缸的销轴处加注润滑油。

（4）给横移轮导向套加注润滑油。

（5）检查拉杆的松紧度，使各拉杆受力一致。

（6）检查鼓形橡胶减振器的状态。

（7）检查锁定机构的可靠性。

（8）检查激振器箱内的油位。

9）配砟整形车工作装置的检查保养

（1）向中心犁轴、砟肩犁调整液压缸销子处加注润滑油。

（2）向侧犁销和销套加注润滑油。

（3）按要求给清扫装置的轴承、输送带轴承加注润滑脂。

（4）向清扫装置升降导向柱加润滑油。

（5）检查输送带的状况及链条传动机构各部分动作是否正常。

10）清筛机工作装置的检查保养

（1）检查挖掘链驱动液压马达的紧固螺钉有无松动。

（2）检查振动筛的斗门动作是否正常。

（3）检查导槽上的导向滚轮，并加注润滑脂。

（4）检查输送带的张紧状态是否符合要求。

（5）检查挖掘链轮的磨损。

（6）检查挖掘链轮减速器的油位。

（7）检查导槽耐磨板的磨损情况和螺钉的紧固状态。

（8）检查枕下的石砟刮板工作状态。

11）打磨列车工作装置的检查保养

（1）检查气动控制系统，排净油水分离器的积油和积水。

（2）检查打磨小车车轮的磨损程度。

（3）检查电动机轴承的状态并加注润滑脂。

（4）检查应急手摇泵的工作是否正常。

（5）检查测量小车各工作风缸的工作情况，各管接头的连接是否紧固。

2. 二级检修保养

1）发动机的检查保养

（1）发动机每工作 300h 后，进行以下检查保养。

①完成一级检查保养的各项检查保养工作。

②在冷机状态下，用厚度为 0.2～0.3mm 的塞尺检查气门间隙，不符合要求的要进行调整。若外界工作环境灰尘较大时，其检查周期应缩短为 200h。

（2）发动机每工作 600h 后，进行以下检查保养。

①完成 300h 的各项检查保养工作。

②检查汽缸盖温度报警器的外观状态，并拆下进行动作值的测试。其测试方法为：将温度传感器（用于温度表的指示）和温度报警开关（用于温度报警灯）拆下后浸入 170～175℃的热油内，这时温度表的指针应指向红色区域，报警灯应发亮。

③检查直流发电机的状态。按要求清洁换向器并更换到限电刷。

④检查进气、排气总管的紧固情况。

⑤检查进、排气管与汽缸盖的连接密封状态，必要时应进一步紧固连接螺栓。

2）动力传动系统的检查保养

（1）完成一级检查保养的各项检查保养工作。

（2）更换 ZF 动力换挡变速器液力传动油的滤清器，化验液力传动油。

（3）化验分动差速齿轮箱的润滑油。

（4）化验车轴齿轮箱的润滑油。

（5）向各种连接杆件的铰接处加注润滑油。

（6）向驻车制动齿轮箱加注润滑油。

3）液压系统的检查保养

（1）完成一级检查保养的各项检查保养工作。

（2）检查液压蓄能器的氮气压力，不足时补充氮气。

（3）更换伺服油路的高压滤清器滤芯。

（4）检查调整各液压回路的压力。

（5）检查各电磁换向阀、电液换向阀的动作状况，必要时按要求进行部分解体清洗。

（6）检查各液压缸的密封状况。

4）电气控制系统的检查保养

（1）完成一级检查保养的各项检查保养工作。

（2）清除各限位开关上的油污，检查各限位开关的动作值是否正确，必要时按操作要求进行调整。

（3）用酒精清洗各继电器的触点。

5）车体及其他部件的检查保养

（1）完成一级检查保养的各项检查保养工作。

（2）检查车钩、缓冲器和风管。

（3）紧固各部螺栓。

（4）检查随车工具及应急救援器材。

6）捣固装置的检查保养

（1）完成一级检查保养的各项检查保养工作。

（2）更换偏心轴主轴承箱内的润滑油，并取油样进行铁谱分析。

（3）向捣固架横移液压缸连接销轴处加注润滑油。

（4）检查并调整捣固深度、捣固架横移的自动控制系统。

（5）检查并调整捣固装置各液压回路的压力。

7）捣固车起、拨道装置及检测机构的检查保养

（1）完成一级检查保养的各项检查保养工作。

（2）对测量线路方向、高低和左右水平的检测系统进行标定，使之达到规定的检测精度。

（3）向检测小车的升降风缸及加载风缸的销轴加注润滑油。

8）稳定装置的检查保养

（1）完成一级检查保养的各项检查保养工作。

（2）更换激振器箱内的润滑油。

（3）检查夹轨轮的磨损程度。

（4）校正激振器振动频率和动力稳定车的走行速度的显示仪。

9）配砟整形车工作装置的检查保养

（1）完成一级检查保的各项检查保养工作。

（2）检查各犁板的磨损情况，对磨损超限的部位进行修复。

（3）检查清扫刷，更换磨损超限的胶棒。

（4）检查各锁定机构是否可靠。

10）清筛机工作装置的检查保养

（1）完成一级检查保养的各项检修保养工作。

（2）向所有可以加注润滑脂的铰接处加注润滑脂。

（3）清洗振动筛振动轴箱上的空气过滤器。

（4）按要求给离合器轴承加注润滑脂并调整离合器间隙。

11)打磨列车工作装置的检查保养

(1)完成一级检查保养的各项检查保养工作。

(2)检查气动控制系统各部的连接状态及各控制阀的功能。

(3)更换磨损超限的打磨小车车轮。

(4)给打磨框架轴心轴承加注润滑脂,更换有故障的打磨电动机。

(5)更换烧损严重的挡火板。

(6)检查打磨小车及挡火板的自动及手动提起动作是否正常。

(7)检查灭火吸水管的安装及功能是否正常。

(8)检查调整砂轮的卡装紧固装置。

3.三级检查保养

1)发动机的检查保养

(1)发动机每工作 1200h 后,进行以下检查保养。

①完成二级检查保养的各项检查保养工作。

②更换柴油滤筒。若使用中出现发动机功率下降的情况,应检查柴油滤芯是否堵塞。更换滤筒应严格注意按操作要求进行。新滤筒装好后,应将放气螺塞松开 2～3 圈,并用手动输油泵泵油,直至放气螺塞处外溢柴油无泡沫时,方可拧紧放气螺塞。

③检查进、排气管道的紧固和密封状态是否符合要求。带有涡轮增压器的发动机,对其增压空气管道、排气管道以及增压器的机油管道也应进行紧固和密封状态的检查。

④按操作要求检查火焰加热塞的功能及其燃油的供给情况。检查火焰加热塞的功能时,预热约 1min,其加热指示灯必须发亮。进行上述检查时,应注意发动机加速踏板必须置于停车位置。当火焰加热塞的功能良好时,在发动机起动过程中,触摸火焰加热塞附近的进气管应是热的。

(2)发动机每工作 2400h 后,进行以下检查保养。

①完成 1200h 的各项检查保养工作。

②按操作要求更换曲轴箱通气阀的阀芯。

③拆下喷油嘴并在喷油嘴检验仪上进行检查,检查时,喷油嘴检验仪应按发动机的要求调到正确的工作压力。

④对带有涡轮增压器的发动机,清洗增压器脏污,可以按操作要求拆下增压器,在柴油或无腐蚀性的洗涤液中清洗增压器外壳和叶轮。重新安装后,应仔细检查各相关部分的紧固情况。

2)动力传动及走行系统的检查保养

(1)完成二级检查保养的各项检查保养工作。

(2)化验各齿轮箱的润滑油,润滑油质量指标不符合要求的要进行更换,必要时清洗齿轮箱内部。

(3)对各传动轴进行探伤检查,尤其要仔细检查捣固车的传动轴。图 7-11 所示为万向传动装置结构。

(4)更换车轴轴承箱的润滑脂,检查轴承有无损伤,必要时进行探伤。

(5)对车轴进行超声波探伤检查。

(6)向转向架心盘中心销轴加注润滑脂,每两年对中心销轴进行一次探伤检查。

(7)对液压减振器和橡胶弹簧进行性能试验。

（8）检查车轮踏面有无超限擦伤和磨损,同轴的两轮踏面直径差不得超过 1mm,同一转向架上的车轮踏面直径差不得超过 2mm,必要时须旋修车轮。

（9）对空气制动系统按检修规范进行检修。

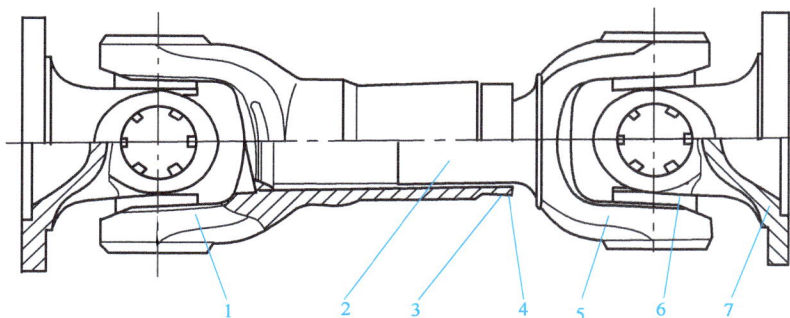

图 7-11　万向传动装置结构

1-万向节滑动叉;2-花键接头轴;3-油封;4-油封盖;5、7-万向节叉;6-十字轴

3）液压系统的检查保养

（1）完成二级检查保养的各项检查保养工作。

（2）放出液压油箱内的油,取样化验液压油的污染程度和理化性能指标,更换不符合要求的液压油。

（3）彻底清洗液压油箱。

（4）清洗回油滤清器。

（5）清洗或更换吸油滤清器。

（6）用专用的油路清洗设备清洗闭式回路。

（7）更换动作不良的压力阀和方向阀。

（8）对液压缸进行耐压密封试验,更换失效的密封件。

（9）更换磨损严重和有泄漏现象的液压软管、钢管及管接头。

（10）检查伺服阀,必要时做伺服阀性能试验,进行机械调零。

（11）按操作要求对液压泵进行流量、压力的测量。

4）电气控制系统的检查保养

（1）完成二级检查保养的各项检查保养工作。

（2）按要求全面调整线路板的电气参数。

（3）更换绝缘不良的导线。

（4）更换或修理性能不良的电路板。

（5）更换损坏的照明灯及指示灯。

（6）全面检查和调整电气控制系统的主要参数。

（7）对蓄电池进行修整和充电。

5）车体及其他部件的检查保养

（1）完成二级检查保养的各项检查保养工作。

（2）整修外观、焊修开焊处。

（3）将散热器内的水放净,根据需要对其进行清洗。

（4）根据情况对车体、驾驶室等进行油漆处理。

6）捣固装置的检查保养

（1）完成二级检查保养的各项检查保养工作。

（2）分解捣固装置，检查各销轴和铜套的磨损情况，更换磨损超限的铜套及销轴。

（3）对夹持液压缸进行密封性能试验，试验压力为 21MPa。

（4）更换夹持液压缸的失效密封组件。

（5）检查偏心轴上各轴承的状态。

（6）对升降液压缸进行密封试验，更换其失效的密封组件，试验压力为 21MPa。

（7）检查升降液压缸活塞杆的连接螺纹以及球铰的工作状态。

（8）更换失效的端面密封件和导向柱的密封件。

（9）更换磨损的液压油管、气管。

（10）更换状态不良的捣固镐夹持宽度调整器。

7）捣固车起、拨道装置及检测机构的检查保养

（1）完成二级检查保养的各项检查保养工作。

（2）检查各检测小车轮的磨损情况，对超限的小车轮进行旋修或更换。

（3）检测各风缸的密封状态，向单作用气缸的弹簧腔加注润滑油。对脏污严重、动作不灵活的风缸要按要求进行分解、清洗，并更新失效的密封件。

（4）检修电子摆。

（5）检修高低传感器。

（6）检修正矢传感器。

（7）检修记录仪。

（8）检查 GVA（RVA）装置。

（9）对夹轨液压缸进行耐压密封试验，更换失效的密封件。

（10）更换损坏的检测弦线。

（11）更换磨损超限的夹轨滚轮和拨道轮。

（12）按要求全面、仔细地调整检测系统，标定检测精度。

8）稳定装置的检查保养

（1）完成二级检查保养的各项检查保养工作。

（2）解体夹轨轮，清洗检查其轴承，焊修或更换磨损超限的夹轨轮。

（3）更换走行小车轮轴承的润滑脂。

（4）更换失效的鼓形橡胶减振器。

（5）检测激振器驱动液压马达的转速。

（6）清洗激振器油箱，更换润滑油。

9）配砟整形车工作装置的检查保养

（1）完成二级检查保养的各项检查保养工作。

（2）焊修或更换磨损的犁板。

10）清筛机工作装置的检查保养

（1）完成二级检查保养的各项检查保养工作。

（2）向所有的轴承加注润滑脂。

（3）向各销轴加注润滑脂。

（4）更换挖掘链轮减速器内的润滑油。

（5）更换振动筛振动轴箱内的润滑油。

(6)给清砟输送带的转动盘加注润滑脂。

(7)检修输送带的托架滚轮。

(8)检修振动筛网。

(9)按要求保养主齿轮箱、挖掘链轮减速器和振动轴箱上的通气器。

(10)向输送带驱动液压马达轴承加注润滑脂。

(11)更换污土回转输送带减速器的润滑油。

11)打磨列车工作装置的检查保养

(1)完成二级检查保养的各项检查保养工作。

(2)更换状态不良的打磨电动机轴承。

(3)清洗散热器,检查加热器的功能,更换不良的水路过滤器。

(4)检查气动控制系统的功能是否正常,更换泄漏超限的控制阀的密封件。

(5)更换不良的打磨电动机。

▶▶ 三、针对性检查保养

1.机械临时停放时的检查保养

(1)每周进行一次全面的日常检查保养工作。

(2)启动发动机并运转 15～20min。

(3)在作业工况状态下,使各工作装置在空载状态下运转,直至各摩擦零件表面保持有一定的油膜为止。

2.工地转移时的检查保养

(1)工地转移前按下列内容进行检查保养:

①机组人员应对动力传动系统及制动系统按一级检查保养所规定的项目进行一次检查保养。

②检查闸瓦状态,并按要求调整闸瓦间隙。

③进行单车制动试车和联挂车制动试车。

④对各车型工作装置的锁定进行加固。

(2)工地转移后,按下列内容进行检查保养:

①解除各车型工作装置锁定机构的加固设施。

②检查捣固车和动力稳定车的方向和水平检测记录系统的检测精度,必要时重新进行标定。

③根据将要进行施工作业区段的钢轨类型调整夹轨钳的伸出长度。

3.机械磨合期的检查保养

(1)启动发动机,怠速运转不少于 10min,待机体温度上升后,带负荷运转。所带负荷不得超过额定负荷的 75%～80%,最高自行速度不得超过 60km/h。

(2)应经常检查各连接部分的松紧程度是否符合要求,传动部件的润滑状态及运转是否正常。

(3)新发动机或大修后的发动机,工作 50h 后必须更换机油,在更换机油的同时应进行下列检查保养工作:

①更换机油滤筒。

②检查缸盖上进排气管的紧固状态。

③检查空气滤清器的橡胶管和卡箍是否连接紧密。

④再次拧紧机油的放油螺塞和发动机支架固定螺栓。

4.长期封存时的检查保养

每月按临时停放时的保养要求进行一次检查保养。

学习项目三　大型养路机械动力传动系统的故障与检修

▶▶ 一、柴油机常见故障与检修

1.柴油机故障的产生原因

柴油机产生故障的原因是多方面的,归纳起来,主要有操作、维护、调整等几个方面。柴油机的故障都会通过一系列的现象表现出来,柴油机工作时,发现有异常现象后,必须及时、周密地分析判断,找出故障所在。只有这样才能快速、准确地排除故障。

1)违章操作

违章操作主要表现在:

(1)新柴油机或大修后的柴油机,不经过充分的磨合而直接高负载运行。

(2)冷起动后,不经过暖车而直接带负荷运行。

(3)长时间超负荷、超速运行。

(4)在机油压力过低、温度过高或机油量不足的条件下运行。

(5)高速运行中使用减压机构停车。

2)使用维护不当

使用维护不当主要表现在:

(1)没能定期更换机油和及时添加机油;没能按时清洗机油滤清器。

(2)没能按时清洗燃油滤清器和燃油箱。

(3)没能按时清洗空气滤清器。

(4)不按期检查和调整气门间隙。

(5)不按规定检查蓄电池充电量,未及时补足电解液。

3)装配和调整错误

装配和调整的错误主要有:

(1)定时齿轮啮合关系错误;配气相位角调整不符合要求;供油时间、进排气时间不正确;气门间隙不符合要求,气门关闭不严等。

(2)活塞与汽缸套配合间隙不符合要求,活塞环开口位置没有交错安装,油环倒装等。

(3)供油提前角不正确,各缸供油间隔和供油量不均匀。

(4)各部件压力调节系统调整不正确(如机油泵压力调节阀、滤清器旁通阀、油压低时自动停车装置阀等)。

2.风冷柴油机常见故障及排除方法

清筛机使用风冷柴油机的常见故障及排除方法如表7-2所示。

常 见 故 障		产 生 原 因	排 除 方 法
柴油机不能起动或起动困难		(1)蓄电池电力不足,接线柱松动、氧化,起动电动机有故障; (2)燃油箱无油,开关未打开,油管堵塞,滤清器堵塞,冬季石蜡析出堵塞; (3)喷油嘴有故障,气门间隙不正确,汽缸盖垫片漏气,活塞环过度磨损	(1)蓄电池充电或换新,检查紧固接线柱,检查修复起动电动机; (2)油箱加油排气,打开开关,清洗管路、滤清器,按季节更换标准柴油; (3)清洗喷油器,调整气门间隙,拧紧或更换汽缸垫片,更换活塞环等
柴油机功率不足		(1)燃油流量太小,喷油泵供油不足,喷油器雾化不良或喷油压力低; (2)空气量不足,空气滤清器阻塞; (3)气门间隙不符合规定。气门弹簧折断; (4)废气涡轮增压器的压气机脏污; (5)中冷器空气通路脏污、堵塞; (6)排气管阻塞,接管过长,弯头太多	(1)更换滤油器滤芯并排除空气,检查喷油泵、喷油嘴,清洗或更换偶件; (2)清洗或更换空气滤清器滤芯; (3)调整气门间隙,更换气门弹簧; (4)清洗废气涡轮增压器; (5)清洗中冷器; (6)清除排气管内积炭,调整排气管道
柴油机工作不稳定有熄火现象		(1)调速器调整弹簧变形或飞锤摆动不灵活,拨叉固定件磨损松动; (2)燃油供给系有空气,喷油泵各缸供油量不一致,调节齿杆不灵活,喷油泵柱塞弹簧损坏等	(1)更换新弹簧,拆检修理; (2)排除空气,喷油泵进行台架试验、调整,修复或更换损坏零件
排气烟气不正常	冒黑烟	(1)空气滤清器脏污,燃烧不完全; (2)增压器或中冷器脏污,零件损坏,进气受阻; (3)喷油器雾化不良或滴油,喷油过迟,部分燃料在排气管中燃烧; (4)气门间隙不正确,气门密封不良	(1)清洗空气滤清器; (2)清洗增压器压气机叶轮、进气壳及中冷器,检查密封,更换损坏零件; (3)清洗喷油嘴,调整喷油压力,检查并调整供油提前角; (4)调整气门间隙,清除缺陷
	冒白烟	(1)柴油质量不佳,燃油系中有空气; (2)温度过低,预热塞故障; (3)喷油器雾化不良或滴油,喷油压力过低	(1)更换柴油,排放系统中空气; (2)提高温度,检查预热装置; (3)检查喷油嘴偶件,调整喷油压力
	冒蓝烟	(1)油底壳机油油面太高,机油窜入汽缸; (2)油浴式空气滤清器油面过高; (3)气环结焦或断裂,气门间隙不正确,密封不良,机油进入燃烧室	(1)减少机油至规定油尺刻度; (2)将机油降至油面刻度位置; (3)拆检更换活塞环,调整气门间隙
柴油机过热、温度报警装置动作		(1)汽缸套、汽缸盖散热片脏污; (2)冷却风扇转速太慢、风量不足; (3)废气涡轮增压器压气机脏污; (4)喷油器失灵,喷油量调节不准; (5)空气滤清器脏污	(1)清洗散热片,特别是盖上垂直散热片; (2)检查、检修冷却风扇,使进风道流畅; (3)清洗废气涡轮增压器; (4)检修喷油器,调整喷油量; (5)清洗空气滤清器
机油压力不正常或油压太低		(1)润滑系统漏油; (2)机油泵进空气,油底壳机油不足; (3)机油泵磨损严重,装配不合要求; (4)曲轴承及连杆轴承间隙过大	(1)检查系统密封情况,排除缺陷; (2)排放空气,加注机油至规定油面; (3)检查、调整机油泵; (4)检修或更换轴承

常 见 故 障	产 生 原 因	排 除 方 法
机油温度过高机油消耗量太大	(1)机油牌号不当,机油容量不足; (2)机油散热器堵塞,风扇风量不足; (3)活塞环被粘住或磨损过甚,汽缸套磨损过甚,机油窜入燃烧室	(1)按规定使用机油并加注至规定位置; (2)清洗机油散热器,检修节温器; (3)更换活塞环,必要时更换汽缸套
柴油机工作期间充电指示灯突然发亮	(1)发电机转速太低; (2)发电机不向蓄电池充电	(1)检查 V 形带传动并张紧; (2)检查发电机或电压调节器

3. 风冷柴油机故障分析案例

柴油机无法起动故障分析流程如图 7-12 所示。

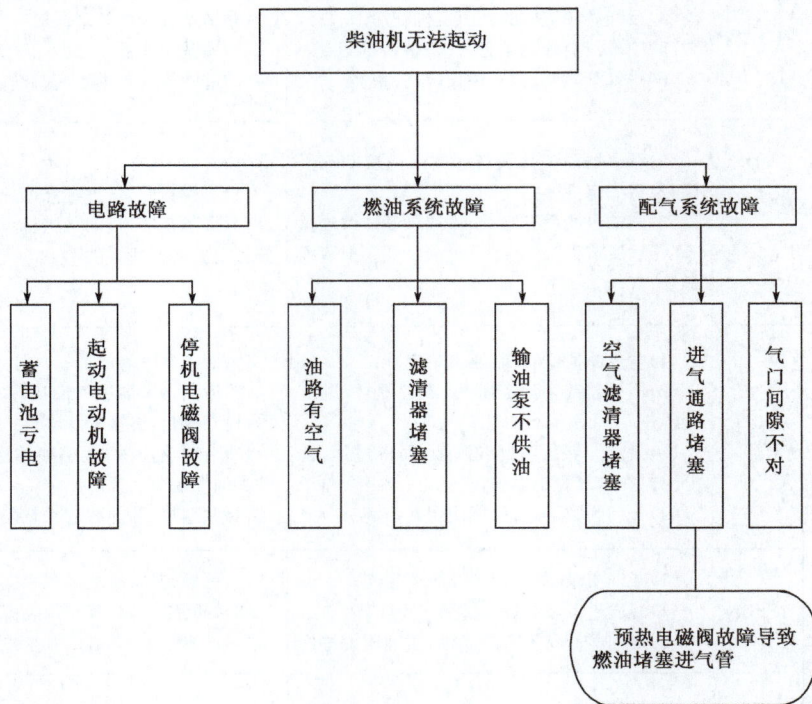

图 7-12　柴油机无法起动故障分析流程图

▶▶ 二、主离合器及其操纵机构的故障与检修

主离合器在使用中,常见的故障有打滑、分离不彻底、踏板沉重及有不正常响声等。

1. 离合器打滑

离合器打滑现象表现为:发动机起步困难;发动机转速增高时,车速不能随之提高;工作装置动力不足;严重打滑时,有烧焦的臭味产生。

产生原因是:离合器压紧力降低;摩擦面状况发生变化,使摩擦系数降低。

主离合器压紧力降低的主要因素有:压紧弹簧弹性下降;摩擦片及压盘磨损严重,使压紧弹簧伸长过多。

摩擦系数降低的主要因素有：摩擦表面粘有油污；摩擦片硬化或严重烧蚀；摩擦片磨损严重时，铆钉外露。

排除方法：摩擦片被油粘污，应查明油污来源。当摩擦片油污不严重时，可用汽油洗净，并用压缩空气吹干；若摩擦片表面硬化、严重烧蚀及铆钉外露时，应更换。若压紧弹簧弹性下降或折断，应及时更换。

2. 主离合器分离不彻底

主离合器分离不彻底表现为：半离半合状态。

产生原因：分离杠杆高度不一致；从动盘翘曲不平；新铆接的摩擦片过厚；中间压盘分离机构失调或分离弹簧折断。

检修方法：调整分离杠杆高度及中间压盘分离机构间隙。校正从动盘不平、摩擦片过厚时，应进行修磨，也可在离合器盖与飞轮之间加适当厚度的垫片调整。

3. 主离合器踏板沉重

在这种气助动的操纵机构中，如踏板沉重，则表明助力系统工作不良。

产生原因可能是：气压不足或管路漏气、气缸活塞密封圈磨损、排气阀密封不严、随动控制失调。

排除方法：排气、更换气缸、检修或更换排气阀。

4. 主离合器有不正常响声

产生原因：此类故障一般多属于长期使用后，零件磨损或损坏所致。如分离杠杆销轴、滚针轴承及轴承座松旷；压盘或中间压盘凸耳与飞轮导向凹槽配合间隙过大；从动盘毂与从动轴花键磨损等。

排除方法：发现主离合器有不正常的响声，一般均应拆卸，进行检查与修理。

▶▶▶ 三、万向传动轴的故障与检修

万向传动轴在工作中承受着巨大的扭矩和动负荷，长期使用后，零件会发生磨损，配合间隙增大。此外，轴管弯曲、凹陷，会造成万向传动装置发响和抖振。

1. 万向节的异响

万向节异响在车速变化时尤为明显。

产生原因：主要是万向十字轴、滚针轴承严重磨损松旷或滚针断碎。

排除方法：更换轴承。严格按照使用维护规程加注润滑脂，可有效地防止此类故障的发生。

2. 花键松旷的异响

传动轴花键松旷也会产生异响，特别在节气门急剧变化的瞬间，响声尤为严重。因此，在维护时，应注重润滑以减轻键槽磨损，并保证传动轴的自由伸缩。

3. 传动轴的抖振

传动轴不平衡，在旋转时由于离心力的作用会产生抖振，严重时会使传动轴零件迅速损坏，影响分动齿轮箱的正常工作。

根据传动轴的构造特点，在使用与检修过程中，应注意保持轴的平衡条件。如消除轴的变形、拆装滑动叉时做记号、检查动平衡片时防止脱落、修复十字轴轴承等。

▶▶ 四、齿轮传动箱的故障与检修

大型养路机械的齿轮传动箱有：分动齿轮箱、车轴齿轮箱、各种工作装置减速器等；它们在构造与工作原理方面基本相同，在使用检修中，产生的故障、原因和排除方法也相类似。齿轮传动箱在使用过程中，由于零件磨损和变形，造成零件配合失常，从而引起一系列故障。常见的故障有：不正常声响及漏油。

1. 不正常响声

传动箱的不正常响声，主要是轴承磨损松旷和齿轮间不正常啮合而引起的噪声。

1）轴承响声

轴承响声是一种杂乱的连续噪声。传动箱轴承经常在高速、重载条件下工作，并承受很大的交变负荷。因此，滚动体与滚道会发生磨损、疲劳剥落、烧蚀等现象，轴承的轴向与径向间隙增加，使滚动体与滚道之间发生撞击而发出噪声。轴承外座圈与轴承座孔磨损松旷也会产生不正常响声。为此，应检查轴承，若有损坏，应予更换，并重新调整轴承紧度。

2）齿轮发响

齿轮正常的啮合间隙和啮合印痕被破坏，是引起齿轮不正常响声的主要原因。

如果响声不严重，可继续使用；严重时，可拆开传动箱盖进行检查，若是啮合间隙超过允许极限、齿轮折断等，应予更换。

2. 润滑不良与泄漏

润滑系统的故障表现在系统的压力高低上。系统压力过高会发生窜油现象，其原因是输油管路堵塞、不畅，必须清洗。系统压力过低会引起齿轮、轴、轴承发热，其原因是多方面的。

车轴齿轮箱润滑系统压力过低的原因：

（1）凸轮柱塞泵的柱塞卡死，油泵不能工作。

（2）系统中止回阀过度磨损，泄漏严重。

（3）吸油滤网堵塞吸不上油。

（4）润滑油不足。

各种齿轮传动箱都设有明显的润滑油位标记，因此，要经常检查油量，及时补充。另外，对齿轮传动箱上的通气孔也应定期检查、清洗，否则通气孔滤网堵塞，会造成密封装置的漏油。

学习项目四 大型养路机械工作装置的故障与检修

▶▶ 一、捣固车工作装置故障与检修

1. 捣固装置温度过高（按照规定不允许高于125℃）。

（1）检查飞轮转速（一般在2050r/min±100r/min）。处理：转速过高则检查发动机功率并进行调整。

（2）检查集中润滑系统是否工作。处理：检修集中润滑系统或现场进行手动加注润滑脂。

（3）检查捣固装置支撑臂紧固螺栓是否松动或脱落。处理：紧固螺栓。

（4）检查捣固装置支撑臂是否有变形。处理：支撑臂的变形主要由于安装液压马达时联轴器位置未到位造成的，或液压马达的紧固螺栓未达到规定拧紧力矩松动造成的，检查调整。

2.捣固装置无振动

（1）液压马达与捣固装置连接的联轴器碎裂。处理：更换联轴器。

（2）检查油压是否正常（详见液压系统故障排查）。

（3）检查是否有异物掉落在捣固装置缝隙内，造成发卡现象（曾经出现过螺栓掉落在捣固装置内导致无法建立振动的情况）。

3.捣固装置漏油故障

（1）镐臂漏油问题。

原因：

①由于镐臂、承压盘、销套、铜套的加工精度不够或组装不规范造成。

②道床板结导致镐臂铜套变形和磨损加剧造成。

③操作错误（如单踏板作业时车辆未停稳或提升到位进行走车）引起。

④非正常的卸镐或装镐不规范造成敲镐等引起。

处理：更换密封及铜套，规范组装即可。

（2）夹持液压缸漏油问题。

原因：液压缸体漏油多是由于缸体强度不够引起的，如使用短时间出现内外泄漏多是因配件质量、组装质量（如更换液压缸活塞总成时，液压缸上的缸盖螺栓未使用高强度螺栓或拧紧力矩不达标等）引起的，也经常发生因操作不当造成夹持液压缸容易漏油的情况。

（3）导向柱漏油问题。

原因：

①导向柱内铜套磨损。

②导向柱固定哈夫块间隙过大，导致捣固装置延导向柱上下动作不顺畅，存在卡滞现象，导致内铜套磨损加剧。

③因非正常卸镐和装镐敲击造成导向柱下部损伤，导致捣固装置上下移动时拉伤密封件。

（4）主轴箱漏油问题。

原因：

①长时间使用，自然磨损使轴承内外圈跑动。

②密封件失效。

③组装不规范，配件不合格。

4.捣固装置不能下插故障

捣固装置不能下插故障分析流程图如图7-13所示。

5.捣固装置振动较大的故障

（1）检查捣固装置框架与车体及横移液压缸连接的锥形尼龙套是否磨损或调整是否到位。处理：更换锥形尼龙套并通过调整垫片进行调整。

（2）检查导向柱与固定哈夫块的间隙是否过大，导致捣固装置产生纵向振动。

捣固装置不能下插

单边还是双边不下插

双边 ← | → 单边

检查公用逻辑信号是否正常 —Y→ 检查液压系统并处理 —Y→ 检查比例控制电路是否正常 —Y→ 检查单边逻辑电路及控制信号并处理

N ↓ | ↓ N

查找并处理

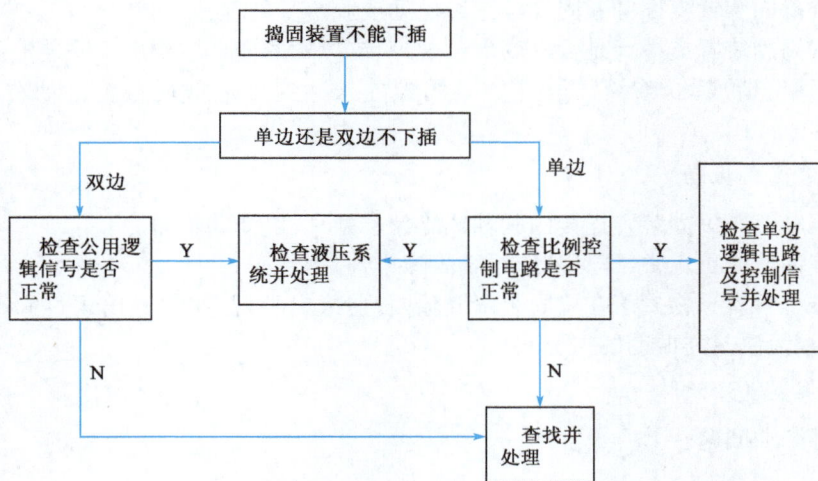

图 7-13　捣固装置不能下插故障分析流程图

（3）检查捣固装置电气控制系统各位置是否调整到位（详见电气系统故障排除）。

（4）检查捣固装置框架与车体连接处有无脱焊、裂缝等情况。

▶▶▶ 二、清筛车工作装置故障与检修

1. 挖掘装置故障与排除

（1）卡链。卡链是挖掘装置工作中突然出现的故障，其原因可能是：

①下降导槽伸缩段上的螺栓松动。

②链节固定销脱落卡住。

③紧固螺栓松动上蹿将链卡住。

卡链后应立即停止挖掘，找出卡链的原因，进行紧固或更换失效零件。

（2）断链。挖掘链长期工作后，链销轴在扒板和中间链节的销孔中被磨细，整条挖掘链也会松弛。挖掘链的松紧程度在链正常情况下除靠张紧液压缸调整外，过度松弛必须摘掉链节来调整。一套新的挖掘链一般允许采用三次摘掉链节的方法来调整松弛程度。换句话说，就是一套新的挖掘链，通过使用，在摘掉三个链节后，再松弛就应更换全套新挖掘链。断链就是链销轴磨细后，承载能力降低，突然承受尖锋载荷时，被拉断的现象。出现这种情况，要及时查明原因，进行处理。

2. 振动筛的故障与检修

振动筛常见的故障是：筛分质量不佳；正常工作时，振动筛振动频率减慢，轴承发热；有敲击声等。

1）筛分质量不佳

筛分质量不佳表现在回填的道砟中不清洁，产生原因有以下几方面。

（1）筛孔堵塞。如果振动筛投料过多，特别是筛面上料层过厚，则振动筛负荷过重，污砟通过筛网时，不能充分被抛起落入筛孔中，甚至将筛孔堵塞。因此要减轻振动筛负荷，减小振动筛的投料量，并及时清理筛面。

（2）振动筛给料不均匀。振动筛工作必须保持水平位置，特别在曲线上应随时调节振动筛的调平装置，检查导板的磨损情况。另外调节挖掘装置的道砟导流闸板投料的位置。

（3）筛网拉的不紧。筛网拉的不紧或松动时，振动效果差、筛分效率低。排除方法是张紧筛网紧固装置。

（4）筛网严重磨损出现孔洞。此时，要及时更换筛网。

2）正常作业时振动筛振动频率减慢，轴承发热

产生原因：

（1）轴承缺少润滑油。应检查润滑油位及润滑液压系统工作状况。

（2）轴承阻涩应清洗轴承、检查注油系统或更换密封元件。

（3）加入的润滑油牌号不对。此时，应清洗再加入适当的润滑油。

（4）轴承损坏或安装不良、密封圈被卡住。在这种情况下，应更换轴承，调整密封套达到正常的间隙。

3）振动筛在工作时发出敲击声

产生原因：

（1）轴承损坏。

（2）筛网拉的不紧或筛面固定的不牢。

（3）轴承固定螺栓松动。

（4）减振弹簧断裂或损坏。

检查出敲击声的原因后，对于损坏零部件给予更换，对于松动件要紧固，并检查防松措施，消除故障。

4）清筛车振动筛不工作

清筛车振动筛不工作故障分析流程图如图7-14所示。

3. 带式输送机的故障与检修

1）输送带跑偏

输送带跑偏是带式输送机经常遇到的问题，对于托辊槽角为30°的输送带跑偏的原因及处理方法如下。

（1）整条输送带安装中心线不直。

（2）输送带本身弯曲或接头不直。排除此故障方法是将输送带修直或在接头处切正、切齐重新胶合。

（3）滚筒中心线同输送带机架中心线不垂直。这种情况主要是机架安装不正引起的，必须重新组装机架。装配时，应保证驱动滚筒与改向滚筒轴线间的平行度。

调整输送带在滚筒上的跑偏也可以改变滚筒轴承座的位置，如图7-15a)所示。调整方法是哪边跑偏就收紧那边的轴承座。这样使输送带跑偏的那边拉力加大，向拉力小的一边移动。

（4）托辊组轴线同输送带中心线不垂直。调整方法是输送带往哪边跑偏，就把那边托辊向输送带前进方向移动，如图7-15b)所示。一般移动几个托辊组就能纠正过来。

（5）滚筒不水平。如果滚筒安装超差，应停机调平；如果滚筒制造外径不一致，则需重新加工滚筒外径。

（6）滚筒表面粘附物料。滚筒表面粘附物料，可使滚筒变成圆锥体，则输送带就会跑偏。特别是输送湿度大的污砟时，如果输送带尾部密封不良时，污土容易落入空载的输送带而粘附于滚筒上。因此，必须经常检查清扫器工作情况，必要时需人工清扫。

（7）输送带一加负载就跑偏。这种情况一般是由于投料点不在输送带中间，应改动投料处挡板的位置。

（8）机架两侧高低不平使输送带不水平，运行时输送带向负荷轻的一边移动，导致跑偏。此时，应校平机架或将托辊组加垫片调平。

（9）输送带无载时发生空车跑偏，而加载后得到纠正。这种现象一般是初张力过大，应进行适当的调整。

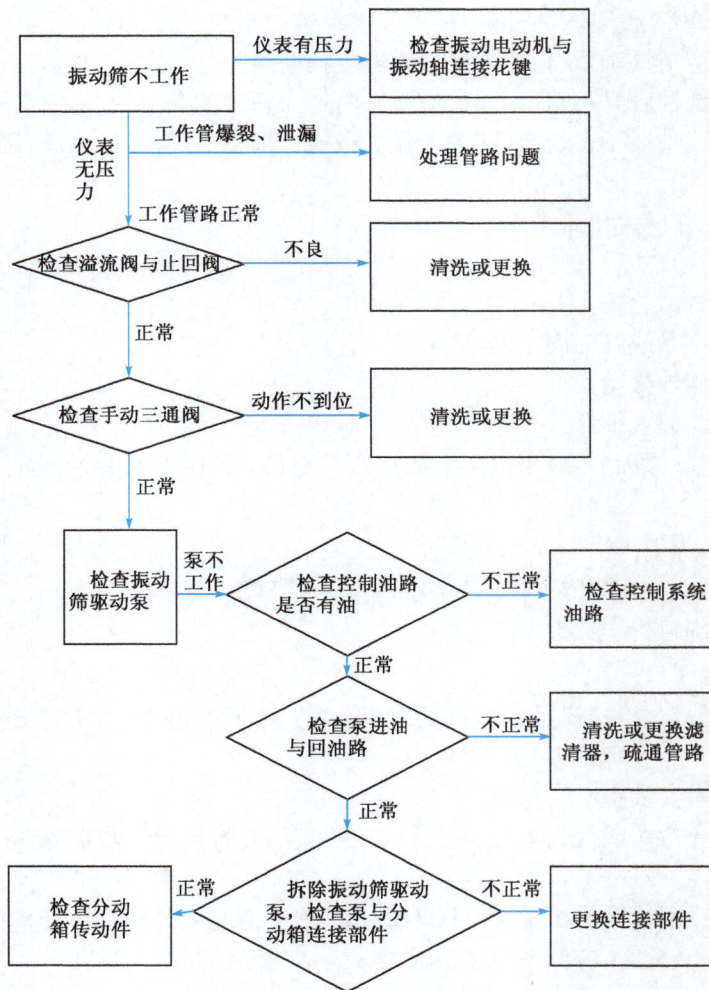

图 7-14　清筛车振动筛不工作故障分析流程图

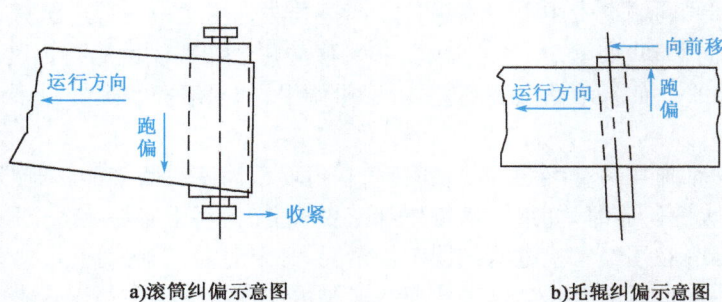

a）滚筒纠偏示意图　　　　　　　　　b）托辊纠偏示意图

图 7-15　输送带纠偏

2)回转污土输送带前支架液压支撑作业中低头

回转污土输送带前支架靠液压系统的液压缸支撑到工作状态,伸向机器前方。此时,液压缸管路在液压锁的控制下闭锁。

产生原因:如果液压锁失控,即磨损后泄漏。

处理方法:检修或更换液压锁,保证回转污土输送带可靠地工作。

▶▶▶ 三、动力稳定车工作装置故障与检修

1.稳定装置无法放下

一般是因为操作顺序错误引起,重新按照顺序操作即可,圆曲线上最好不要进行收放稳定装置作业。

2.稳定装置不能解锁

一般为机械故障,为锁定销锈蚀引起的。

3.稳定头不产生振动故障

(1)液压走行速度低于 0.2km/h,或前小车测量轮上的脉冲传感器损坏。

(2)检查振动联锁信号 Q2J 是否存在。

(3)检查继电器 2U1A 有无动作。

(4)检查振动泵伺服阀有无伺服电流。

(5)检查振动电动机或振动泵是否损坏。

▶▶▶ 四、钢轨打磨车工作装置故障与检修

1.打磨电动机不能起动

1)故障分析

打磨电动机起动控制较为复杂,为弱电控制强电。一般检测方法是从强电电路图的最末端入手,首先检测起动电动机是否正常,依次往上测量和检测热继电器、空气自动开关、接触器是否正常,若以上几项均无故障,则需要从弱电控制电路入手,检测起动继电器及 PLC 输出信号是否正常。

2)常见原因

常见原因有:热继电器故障、空气自动开关跳闸、电动机发热烧毁等。

3)检修措施

定期检查各元器件及时修理或更换。

2.打磨电动机不下压或压力不稳定

1)故障分析

打磨电动机工作为风压控制,由于温度等因素极易造成漏风,导致不下压或者压力不稳定。另外,打磨电动机压力由导向阀、动作阀等控制,任何一个元器件损坏或者动作不灵敏都可能出现打磨点击压力不稳定或者不下压。

2)处理措施

打磨作业条件恶劣,灰尘多,极容易出现阀芯阻滞风缸漏风,应该及时除尘和更换导向阀、执行阀。

3.打磨电动机工作角度异常

1）故障分析

由于打磨电动机与底座为螺栓连接,有时会出现松动导致角度不准,也可能为控制角度变化的电压转化器由于发热等导致误差增大。

2）处理措施

加强车下底座连接检查或者定期更换电压转换器。

4.打磨小车不下降或者升降困难

1）故障分析

打磨小车升降为液压控制,冬季气温低,液压油呈凝固态,可能出现打磨小车不下降。也可能是控制小车升降的换向阀或者液压缸密封损坏等。

2）处理措施

施工前预热液压油,定期除尘和更换相应元器件。

学习项目五　大型养路机械液压系统的故障与检修

大型养路机械液压设备在运行中出现的故障主要有漏油、发热、振动、噪声四类。这四类故障有时单独出现,有时伴随出现,也有伴随别的故障(如油中有泡沫伴随液压泵吸空产生噪声)同时或略滞后出现的。在预防性检查中,有经验的检修人员可用触觉、视觉、听觉和嗅觉等简易监测诊断法来判断液压系统的故障。

触觉:可以判断油温的高低(元件及管道)和振动的大小。

视觉:观察外泄漏,油液变色;工作机构不能工作或不能正常工作、走行机构走行无力或不能行走等故障现象,均能由具有一定检修经验的人员检查出来。

听觉:根据液压泵和液压马达的异常声响、溢流阀尖叫声、软管及弯管的振动声判断噪声与振动的大小。

嗅觉:可判别油液变质及液压泵烧结等故障。

▶▶ 一、漏油

这里指是外泄漏,可按图 7-16 所示的外泄漏故障检查流程图进行检查排除。

▶▶ 二、发热

液压系统发热和元件的损坏,经常互为因果,恶性循环,元件质量不好,在使用一段时间后,零件磨损,使系统发热,泄漏增大、效率降低;液压元件质量好时,由于液压油的污染,也会造成液压泵、液压马达的运动副过度磨损、擦伤、咬合,以致产生许多的金属污染物,使系统发热。系统发热原因如图 7-17 所示。

▶▶ 三、振动和噪声

振动和噪声虽属两种现象,但实质均来自物质(体)不同频率的周期性运动,两者互为因果。例如吸油管道的管接头预紧力不足,在运转中松动、漏气,会产生吸空声音,同时也伴随由此而引起的振动。液压系统噪声过大的原因如图 7-18 所示。

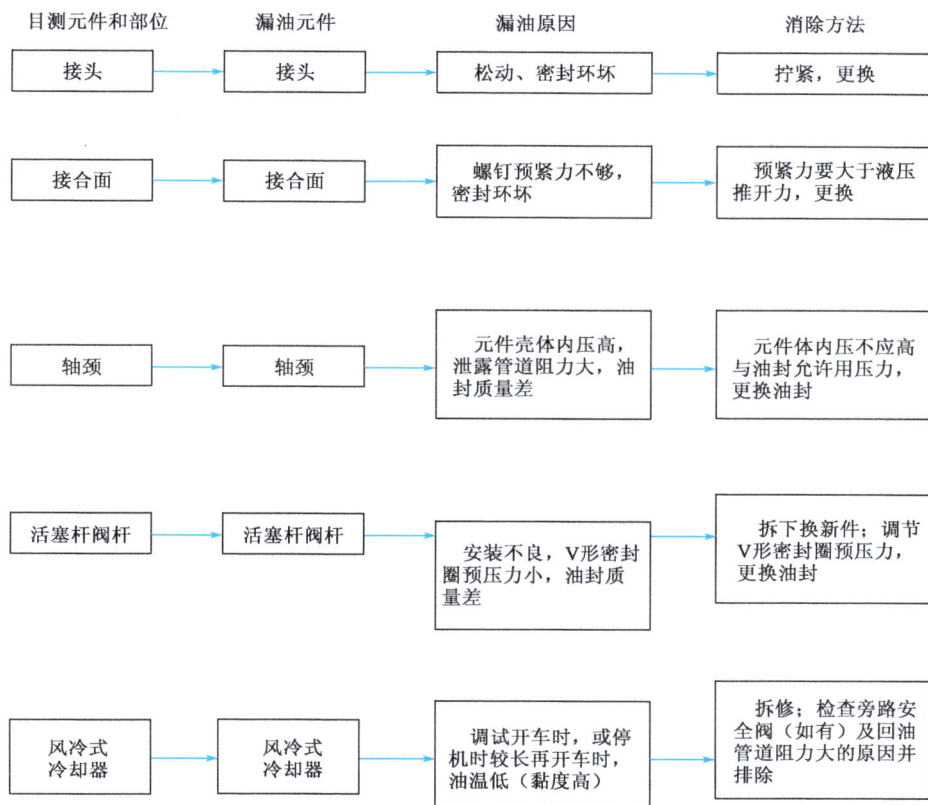

目测元件和部位	漏油元件	漏油原因	消除方法
接头	接头	松动、密封环坏	拧紧，更换
接合面	接合面	螺钉预紧力不够，密封环坏	预紧力要大于液压推开力，更换
轴颈	轴颈	元件壳体内压高，泄露管道阻力大，油封质量差	元件体内压不应高与油封允许用压力，更换油封
活塞杆阀杆	活塞杆阀杆	安装不良，V形密封圈预压力小，油封质量差	拆下换新件；调节V形密封圈预压力，更换油封
风冷式冷却器	风冷式冷却器	调试开车时，或停机时较长再开车时，油温低（黏度高）	拆修；检查旁路安全阀（如有）及回油管道阻力大的原因并排除

图 7-16　外泄漏故障检查流程图

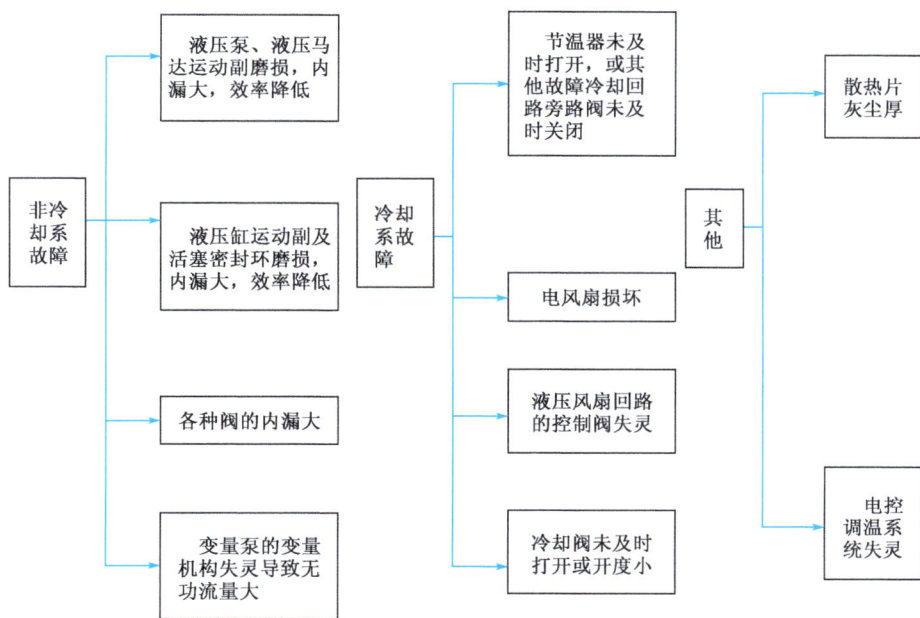

图 7-17　大型养路机械使用中出现发热的原因

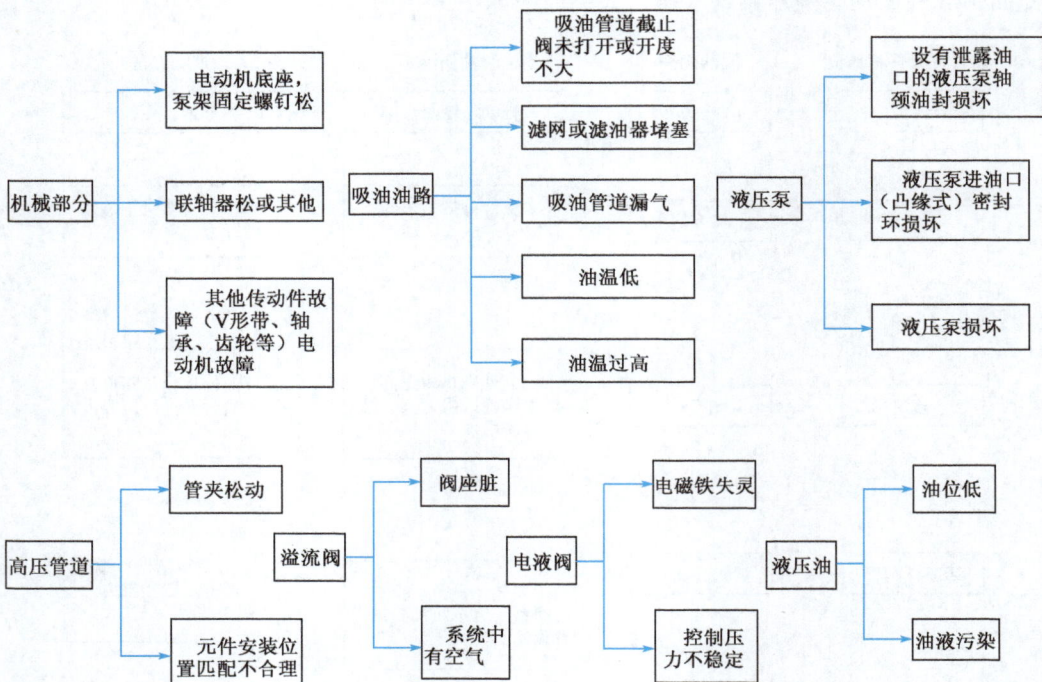

图 7-18　大型养路机械液压系统噪声过大原因

学习项目六　大型养路机械电气系统的故障与检修

电气系统的综合故障多数为短路故障、断路故障和电压不稳故障,大多表面电气故障深层次的原因也是以上故障引发的,而大多此类故障的排查很耗时耗力。因此对电气系统进行紧固、防潮、防尘(三要素)工作至关重要,这是避免电气故障发生的基本方法。同时,操作人员或电气技术人员要养成对显示电路进行监控的习惯,其实,监控电路数据与压力、温度的监控一样重要,通过对电路的监控可以提前发现很多隐性的电气系统故障。对排查电气系统类的故障往往起到"事半功倍"的效果。

▶▶ 一、蓄电池的故障与排除

蓄电池在使用中,常出现各种故障。外部故障有容器或盖子产生裂纹、封口胶破裂、接线松脱、接触不良和极桩腐蚀等;内部故障有极板硫化、极板活性物质脱落、自行放电。下面着重介绍自行放电的处理方法。

1.自行放电的原因

完全充足电的蓄电池,放置不用时逐渐失去电量的现象称为自行放电。其原因之一是电解液含有杂质,在沉附于极板上的杂质与极板之间,以及不同的杂质之间形成电位差,变成了一个局部电池。这种局部电池通过电解液,产生局部电流,就会使正、负极板上的活性物质转变为硫酸铅,从而使蓄电池失去电量。

178

2.排除方法

为了减少自行放电,使用中必须经常保持电池表面和极桩清洁,加注的电解液必须用化学纯净硫酸和蒸馏水配制,加水必须加注蒸馏水。

补救方法:自行放电严重的蓄电池,可将它全部放电或过放电,使极板上的杂质进入电解液,然后将电解液倒掉,并用蒸馏水仔细清洗,最后灌入新电解液进行充电。

装在车中的蓄电池,常有存电不足现象。除自行放电、硫化、内部短路等本身故障外,还常因发电机故障、充电线路接头松动、锈蚀或电池搭铁线接触不良、极桩接头松动、用电线路中有搭铁处过度漏电等原因,致使蓄电池蓄电不足,应检查有关部分,进行修复。

▶▶ 二、硅整流发电机的故障与排除

1.发电机不发电

(1)二极管击穿或内部整流结脱开,不起整流作用,可逐个检查二极管,发现有损坏,必须更换新的。

(2)电刷在电刷架内卡住,发电机不激磁。可拆开发电机检查,将发卡的地方修整(可将电刷架孔锉大一些,或将电刷发卡处磨小一些),如有脏物堵住,则清洁电刷架即可。

(3)激磁绕组不通电。可用万用表电阻 $R \times 1$ 挡将两表笔搭在滑环上,如万用表读数超出规定的磁场线圈电阻值很多(正常值在 8Ω 以内),说明激磁绕组不通,可能是激磁绕组的两端在滑环处的焊接脱落,或激磁绕组引出线转折处断裂,可重新焊接,但应注意不使其搭铁。

(4)定子绕组搭铁。发电机如经常在满负荷情况下长期工作,用久后,由于导线老化,漆层脱落,就有可能搭铁,用万用表 $R \times 100$ 挡检查,如果测出的阻值在 1000Ω 以下时,说明有可能搭铁,可拆开发电机进行检查,并按规定参数重新嵌线。

2.电流表指示有时有电,有时没有电

电流表指示有时有电,有时没有电,很不稳定。这种故障的可能原因有:
(1)传动带过松,有打滑现象,发电机运转时转速不够。
(2)蓄电池与发电机之间的连接导线接触不可靠,或者局部将要断裂。
(3)发电机内部接线不可靠,有松动现象。
(4)电刷与滑环接触不良,或磨损过多。

3.充电电流很小,低速时不充电

(1)二极管损坏一个或两个,可拆开发电机逐个检查。
(2)定子绕组有一相连接不良或断开。
(3)电刷在滑环上接触不良,接触电阻过大,一般是滑环太脏或者电刷已磨尽。

▶▶ 三、起动机的故障与排除

起动机起动系统如图 7-19 所示。

(1)起动机不能运转。检查蓄电池蓄电情况,可以先按电喇叭,听声音,若响而脆,表示蓄电足。也可试开前照灯,若前照灯光亮,表示蓄电足。在蓄电足的情况下,不能起动的原因可能是:蓄电池接线柱氧化,或蓄电池导线搭铁不良,以及起动机的接线柱接触不良(常见的是蓄电池接线柱氧化)。若按下起动按钮后,听到小齿轮向齿圈方向啮合的"咔咔"

声音,或听到蓄电池接线柱处有"啪啪"的声音,仅有起动之势,但不转动,此后再按起动按钮,则起动机无动静,这表明接触不良,而且大多在蓄电池接线柱处,应清除接线柱及导线线头。

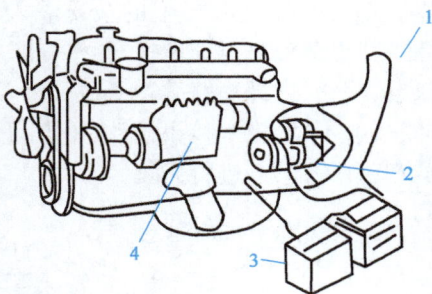

图7-19 起动机起动系统
1-起动开关;2-起动机;3-蓄电池;4-喷油泵

（2）起动机功率不足,空载可以运转,但无力起动发动机。其原因可能是蓄电池蓄电不足或在冷天时发动机机油过黏,或预热装置失灵及发动机忘了减压起动;轴承磨损过甚,转子扫膛;电刷磨损过多,电刷弹簧压力不足,使接触电阻过大;换向器脏污;起动机内部激磁和电枢绕组有局部短路或搭铁不良等。

（3）启动机在柴油机起动后,不能停止转动。这种故障是非常危险的。发生这种故障时,应立即拆开蓄电池搭铁线,否则起动机在短时内就会烧坏。这种故障的原因是:电磁继电器的三对触点因烧损而焊接在一起,使电路不能切断。铁芯表面或和铁芯配合的孔太脏,铁芯复位弹簧太软或折断,使铁芯不能自由退回。

（4）起动机小齿轮尚未与飞轮齿圈啮合,起动机即旋转,小齿轮和飞轮齿圈发生严重的撞击,发出打齿声。产生这种故障的根本原因是:起动机小齿轮未和飞轮齿圈啮合前,控制继电器提前接通了起动机的串激绕组,使起动机高速旋转,两者无法啮合,这可能是吸引电磁铁固定螺钉松动或检修起动机后装配不当造成的。

（5）按下起动按钮时,只听到起动机发出"咔哒"一下响声,起动机却不转。发生这种故障的原因是:虽然吸引电磁铁的线圈能吸引衔铁,但不能使控制继电器的触点闭合,因此,听到的只是吸引衔铁的"咔哒"声,而起动机主电路却没有接通。这是由于电磁线圈短路或接触不良,电磁力太小所引起的。铁芯表面太脏,修理后换用的弹簧太硬,也可能产生上述故障。

（6）起动机空转。这种情况与起动机功率不足,无力启动发动机不一样,而是指起动机功率足够,但却不能带动发动机。起动机空转有下列情况:起动机小齿轮根本不和飞轮齿圈啮合而空转;吸引电磁铁吸力减小,不能使起动机小齿轮在轴上移动,当起动机小齿轮尚未与飞轮啮合时,起动机便旋转起来;或是安装时不注意,使起动机小齿轮与飞轮齿圈端面的距离过大,不能啮合。

▶▶ 四、电气控制系统常见故障与排除方法

1. 二极管的常见故障与排除方法

在大型养路机械上使用大量的各种型号的二极管。这些二极管除了开关和整流作用外,还有两个作用:熄灭火花放电和指示作用。

1）二极管击穿

并联在线圈上的二极管击穿后,会形成较大的短路电流,在每条分支电路上都有自动开关和熔断器,会引起自动开关跳闸和熔断器的熔断丝熔断,这时除了检查有无导线和车架搭铁现象外,还需要用万用表电阻 R×100 挡检查二极管的正、反向电阻（断开线圈的接点）,正向电阻正常值小于1000Ω,越小越好,反向电阻在几十千欧以上,越大越好。如果测出的

正、反向电阻值都很小或都很大,说明二极管损坏。更换二极管时一定要按原规格型号更换,如无进口二极管可参照有关二极管手册,用国产二极管代替。对于串联在电路中起开关作用的二极管击穿后故障不十分明显。

2)二极管内部断路

并联在线圈上的二极管在内部断路后,故障现象不十分明显。如果某个继电器断电时,触点火花比较大,而且触点使用寿命明显缩短,除了检查线圈和线路短路故障外,也需对二极管进行检查。对于串联电路的二极管在内部断路后,故障十分明显,会使某一电路断电,这时除了检查导线断路故障外,可对二极管进行检查。

2.继电器不动作与排除方法

直流电磁继电器和直流电磁阀通电后不动作,有以下原因:线圈引出线接触不良;线圈断线和衔铁卡住。当开关闭合后,继电器或电磁阀不动作,这时可用万用表 50V 电压挡测量线圈出线两端。如果有直流 24V 电压则可判断是线圈故障。这时,可停车或在确保其他设备安全的情况下不停车,将继电器或电磁阀线圈脱离电源,用万用表电阻 R×1 挡检查线圈是否断路。

3.线路与触点故障与排除方法

在大型养路机械上,继电器的数量比较多,这些触点在使用中会出现故障;为了便于操作,在各个驾驶室内都设立了各种开关和显示电路,敷设了大量的导线,这些导线在长期使用中会出现断线、搭铁等故障,在检修时会遇到不少困难。

电位测量法是在机车线路通电的情况下对故障进行查找的一种方法。用电位测量法可在通电情况下测量各个电子或电气元件器件两端电位,因为在正常工作情况下,电流闭环电路上各点电位是一定的。所谓各点电位就是指电路元件上各个点对地的电位是不同的,而且有一定大小的要求。电流是从高电位流向低电位,顺电流方向测量电子电气元件上的电位大小应符合这个规律。通过用万用表测量控制电路上有关点的电位是否符合规定值,就可判断故障所在点,然后再判断是什么原因引起电流值变化的,是电源不正确,是电路有断路,还是元件损坏造成的。使用万用表时,为了防止表笔在测量时引起短路,在表笔笔尖金属部分套上橡皮管或塑料管,大小合适,略紧一些,只要笔尖略为露出一点在外头就可以。

学习项目七　大型养路机械制动系统的故障与检修

▶▶ **一、基础制动故障与检修**

(1)闸瓦偏磨问题。主要原因:①制动梁上的闸瓦轴、套磨损。处理:对制动梁上的闸瓦轴进行补焊并检修,对磨损的套进行更换。②闸瓦吊架下端孔、套磨损。处理:一般采取整体更换方式进行。

(2)水平制动臂磨损。处理:更换同型号的水平制动臂,同时更换销轴,如没有水平制动臂,可以视磨损情况对水平制动臂进行机加工修理,扩孔镶套时应做到孔要对心,套的材质强度要低于销轴和制动臂机体。

(3)手制动旋转困难。原因:传动部件卡死。处理:检查各传动部件,特别检查丝杆螺母与丝杆的垂直度。

(4)手制动旋转后无制动作用。原因:传动部件松脱。处理:检查传动部件,特别检查链条是否断开。

▶▶ 二、中继阀故障与检修

中继阀故障处理方法如表7-3所示。

中继阀的故障处理

表7-3

序号	故障现象	故障原因	处理方法
1	均衡风缸有压力,列车管无压力	遮断阀卡滞	拆检总风遮断阀
		主鞲鞴顶杆折断	拆检双阀口式中继阀,更换主鞲鞴顶杆
2	均衡风缸、列车管压力上升缓慢	主鞲鞴膜板破损	检查更换双阀口式中继阀主鞲鞴膜板
3	排风口一直有排气声	排气阀口被脏物垫住,排气阀关闭不严	拆检双阀口式中继阀,清洗排气阀
		排气阀口破损	更换排气阀套
		排气阀面不平、有刻痕、橡胶脱胶	更换排气阀
		排气阀挡圈断	更换排气阀挡圈
		过充柱塞O形圈损坏,均衡风缸压力泄漏	更换过充柱塞O形圈

▶▶ 三、紧急放风阀的故障与检修

(1)不起紧急制动作用或紧急制动灵敏度差。

①紧急鞲鞴橡胶膜板穿孔、紧急鞲鞴或紧急鞲鞴杆顶部凹穴内的密封圈漏泄。列车管急剧减压时,紧急室压力空气通过漏泄处流向紧急鞲鞴下侧,因而不能形成足以使紧急鞲鞴下移的压力差,或形成此压力差较晚。在机能试验时,当紧急室压力随列车管压力同时下降时,一般就是这个问题。

②安定弹簧过强。紧急鞲鞴两侧的压力差虽形成了,但因安定弹簧过强,紧急鞲鞴不易或不能下降。当列车管压力剧降,而紧急室压力与之相差较大时,一般为这种故障。

③放风阀弹簧过强或导向杆卡住,这时紧急鞲鞴虽下降,但鞲鞴杆压不开放风阀,或不易压开。

④紧急室漏泄或缩孔Ⅰ过大,使紧急鞲鞴两侧形成的压力差较小。

(2)紧急室排气时间不符合要求。紧急鞲鞴下部径向缩孔Ⅲ过大或过小(在发生紧急制动作用后,紧急室的压力空气经这孔排出)。

(3)紧急制动后20s,列车管增压时紧急放风阀排风口漏。

①放风阀弹簧过弱、折损,或放风阀导向杆密封圈过紧,即使紧急室压力空气已全部排完,但放风阀仍未恢复到原来关闭的位置。

②放风阀与阀座间夹有杂物,形成列车管通向排气口的漏缝。

▶▶ 四、空气制动阀的故障与检修

空气制动阀的故障处理如表7-4所示。

序号	故障现象	故障原因	处理方法
1	缓解位,均衡风缸压力上升缓慢	作用柱塞套上均布的径向小孔半堵	拆检空气制动阀,清洗作用柱塞套
		作用柱塞、转换柱塞上的 O 形密封圈磨耗或破损	拆检空气制动阀,更换 O 形密封圈
		转换柱塞套上均布的径向小孔半堵	拆检空气制动阀,清洗转换柱塞套
2	制动位,均衡风缸排风速度不合要求	作用柱塞尾部均衡风缸排风缩堵的缩孔过大,造成均衡风缸压力下降过快	更换排风缩堵或用榔头轻击缩孔四周,以缩小孔口
		作用柱塞尾部均衡风缸排风缩堵的缩孔过小或半堵,造成均衡风缸压力下降过慢	更换排风缩堵或清洗缩孔,并用标准钢针疏通孔口
3	制动保压位,制动缸压力泄漏	单独缓解阀阀口被脏物垫住,阀口关闭不严	拆检单独缓解阀,清洗阀口
		单独缓解阀阀口破损	更换排气柱塞套
		单独缓解阀阀面不平、有刻痕、橡胶脱胶	磨平单独缓解阀阀面或更换单独缓解阀
		单独缓解阀排气柱塞套上 O 形密封圈破损	更换排气柱塞套上 O 形密封圈
		作用柱塞、转换柱塞上的 O 形密封圈磨耗或破损	拆检空气制动阀,更换 O 形密封圈
		单独缓解阀下盖 O 形密封圈损坏	更换下盖 O 形密封圈
		空气制动阀中心顶杆过长,一直顶开单独缓解阀阀口	更换或加修空气制动阀中心顶杆
4	电联锁信号输出不正常	下微动开关与定位凸轮曲面压合不上	更换下微动开关或定位凸轮
		微动开关接线短路	检查微动开关接线及接线座
		下微动开关接线接到上微动开关接线座	重新检查并连接电源输入线与电信号输出线

▶▶▶ 五、单独制动阀(小闸)常见故障与检修

1. 小闸制动压力追随总风缸风压

(1)原因分析:小闸下的调压阀脏污,阀口关闭不严,失去调压作用。

(2)处理方法:掌握小闸放制动位时间,使制动压力不得超过 360kPa,防止擦伤车轮。返回基地后再拆检或更换调压阀,并利用管路风压吹出管道异物,重新调整到小闸最高制动压力为 360kPa。

2. 小闸上闸慢

(1)原因分析:小闸下的调压阀脏堵,使供风量不足。

(2)处理方法:如果此现象只限于一个驾驶室操纵时,应急将 A、B 阀转换成本务机,改用大闸操纵。返回基地后再拆检或更换调压阀,并利用管路风压吹出管道异物,重新调整到小闸最高制动压力为 360kPa。

六、电空阀常见故障与检修

1. 得电不吸合

造成电空阀得电不吸合的原因有两个:一是电空阀线圈烧损或开路;二是因机械卡滞吸合不到位或卡死。处理过程如下。

(1)首先用万用表欧姆挡(K×1)测量两接线柱电阻值在 791～913Ω 范围内,如果阻值小于标准时,为线圈烧损,此时须更换电磁线圈。若阻值为零时,为线圈短路,此现象多发生在接线柱内部外引线处,应折下磁轭外罩,将接线安装座螺栓松开,使短路的线圈接线分离,再将安装座螺栓拧紧即可。如果阻值为无穷大,为线圈开路或是从接线柱内部断线,将电空阀解体后取出线圈,线圈内部开路须更换线圈;若接线内部线头断,可用电烙铁焊接后继续使用。

(2)当用万用表测量阻值在规定范围内时,多为机械卡滞所致,须解体清洗电空阀组成零部件(除橡胶件和线圈),并检查处理之。

2. 失电不释放

造成电空阀失电不释放的原因有两个:一是复位弹簧折断或疲劳;二是机械卡滞。

(1)首先打开下盖检查,若复位弹簧锈死、疲劳或折断,则更换复位弹簧。

(2)机械卡滞多为长时间失修所致。在使用过程中,由于防尘帽丢失后,尘埃及杂物容易侵入动铁芯和紫铜套间,所以必须解体清洗、吹扫,并用绸布擦拭干净。因此,在日常检查中,若发现防尘帽丢失,应及时配装。

3. 漏泄

(1)造成电空阀漏泄的原因:

①阀口部被异物垫起或油垢过多。

②阀座上的锥面阀口裂损。

③阀面胶口印痕过深,胶面本身有凸起、刻痕,引起密封不良。

④O 形密封圈磨耗到极限或破损。

⑤阀杆过长。

(2)按照上述原因,检查并处理如下:

①解体检查上、下阀的橡胶阀口和阀座锥面阀口有无异物,并清洗、擦拭干净。

②检查阀座锥面阀口,若损伤应更换阀座。

③检查阀面胶口有无破损,对压痕过深、不平整的胶面,可在放平了的细砂布上研磨,胶层研磨量应小于 0.5mm,否则更换胶口。

④检查 O 形密封圈,若发现 O 形密封圈破损、老化、变形须及时更换。

⑤测量阀杆行程,应在(1.0±0.1)mm 范围内,否则加修或更换阀杆。

七、干燥器常见故障与检修

干燥器常见故障及处理方法如表 7-5 所示。

184

序号	故障现象	故障原因	处理方法
1	总风缸压力达到(700±20)kPa后,压力继续上升	(1)压力控制器切换差值调整不合适; (2)电空阀断线或其他故障,造成气控阀不能转换工作位置; (3)旁通管路上的截断塞门开启	(1)重新调整压力控制器的切换差值,使之达到(700±20)kPa时发生电路转换; (2)检修电空阀; (3)关闭截断塞门
2	总风缸压力降至(600±20)kPa后,压力不回升	(1)压力控制器调整杆的压力调整不合适; (2)压力控制器触点部位动作不正常	(1)重调压力控制器的最低压力控制值,并多做几次试验; (2)检修或更换压力控制器
3	干燥器"再生"后,滤清筒下气控阀口常排风不止	止回阀泄漏	检修或更换止回阀
4	总风缸排水阀排出较多水或排出白粉末物质	(1)活性氧化铝失效; (2)干燥筒内压缩弹簧压不紧,使活性氧化铝运动加剧而裂碎成粉末	(1)更换吸附剂; (2)更换吸附剂并重新组装干燥筒

练　习　题

1. 引起柴油机的故障有哪些主要原因? 如何判断?

2. 柴油机有哪些常见故障? 原因是什么? 如何排除?

3. 主离合器磨损的原因是什么? 如何调整和检修?

4. 万向传动装置有哪些故障,如何检查与检修?

5. 齿轮传动箱有哪些常见故障? 如何检修与排除?

6. 捣固车工作装置有哪些常见故障?

7. 试分析捣固装置不能下插的故障原因。

8. 清筛机挖掘装置有哪些常见故障? 如何排除?

9. 清筛机振动筛有哪些常见故障? 如何排除?

10. 带式输送机如何进行检修?

11. 大型养路机械液压系统常见的故障有哪些? 如何排除?

12. 大型养路机械电气控制系统常见的故障有哪些? 如何排除?

13. 大型养路机械制动系统常见的故障有哪些? 如何排除?

参 考 文 献

[1] 徐光华.机械设备检修技术基础[M].北京:中国铁道出版社,2008.

[2] 吴先文.机电设备维修技术[M].北京:机械工业出版社,2009.

[3] 佘贵川.大型养路机械运用管理[M].北京:中国铁道出版社,2008.

[4] 毛必显,蒋红晖.道依茨风冷柴油机的构造与原理[M].成都:西南交通大学出版社,2008.

[5] 毛必显,孙宝清.液压传动原理与故障诊断[M].成都:西南交通大学出版社,2007.

[6] 赵凤德.动力稳定车[M].北京:中国铁道出版社,1995.

[7] 中华人民共和国铁道部.大型养路机械使用管理规则[M].北京:中国铁道出版社,2007.

[8] 寇长青,宋慧京.全断面枕底清筛机[M].北京:中国铁道出版社,1998.

[9] 毛必显.大型养路机械 YZ-1 型空气制动机[M].北京:中国铁道出版社,2000.

[10] 许安.工程机械维修[M].北京:人民交通出版社,2004.